国家自然科学基金(编号51074007)资助项目

煤炭生物降解转化新菌种基因工程的构建研究

MEITAN SHENGWU JIANGJIE ZHUANHUA XINJUNZHONG JIYIN GONGCHENG DE GOUJIAN YANJIU

徐敬尧○著

合肥工业大学出版社

图书在版编目(CIP)数据

煤炭生物降解转化新菌种基因工程的构建研究/徐敬尧主著.—合肥：合肥工业大学出版社，2012.6

ISBN 978-7-5650-0739-2

Ⅰ.①煤… Ⅱ.①徐… Ⅲ.①煤炭—生物降解—转化—基因工程—研究 Ⅳ.①TQ536

中国版本图书馆 CIP 数据核字(2012)第 109661 号

煤炭生物降解转化新菌种基因工程的构建研究

徐敬尧 著　　责任编辑 疏利民 魏亮瑜

出 版	合肥工业大学出版社	版 次	2012 年 6 月第 1 版
地 址	合肥市屯溪路 193 号	印 次	2013 年 2 月第 1 次印刷
邮 编	230009	开 本	710 毫米×1000 毫米 1/16
电 话	总 编 室:0551—62903038	印 张	14
	市场营销部:0551—62903198	字 数	340 千字
网 址	www.hfutpress.com.cn	印 刷	合肥星光印务有限责任公司
E-mail	hfutpress@163.com	发 行	全国新华书店

ISBN 978-7-5650-0739-2　　定价：28.00 元

序

煤炭是我国分布最广、储量最多的能源资源。我国是世界上最大的煤炭生产和消费国，煤炭作为我国的基础能源和化工原料，其地位在今后相当长的时间内不会改变。

煤炭生物降解转化是应用于煤炭工业的一项生物工程新技术，它以能耗小、成本低、污染小等优点，备受世界各国的瞩目，目前已成为国内外能源界开发研究的热点。

我国富煤贫油的国情、对国外石油依存度的快速提升以及从国家战略安全和可持续发展的层面上决定了我国的能源战略应以立足国内为主，研究寻找新的可靠的替代品，必须走以煤代油、煤炭绿色转化之路。煤炭生物降解转化彻底改变了传统煤炭液化高能耗、高危险及高污染的“三高”局面，实现了煤炭的“绿色”洁净转化，开辟了煤炭工业可持续发展的新道路。

《煤炭生物降解转化新菌种基因工程的构建研究》一书，通过对煤炭具有降解转化作用的黄孢原毛平革菌和球红假单胞菌进行分析，利用生物基因工程的方法构建高效工程菌，并对降解产物采用先进的FTIR、MS、XRD和TG－DTA等多种现代分析测试技术进行深入地系统研究，得出了很多有价值的研究结论。

徐敬尧博士后多年来从事矿物加工和洁净煤技术的研究。近年来，他主要是对煤炭生物降解转化这一新型交叉学科中具有前瞻性的基础研究课题进行研究。这本书具有较强的系统性，并具有多项创新性的研究成果。相信该书的出版必将会推动煤炭生物降解转化理论和实践研究更深入地进行，并促使我国洁净煤技术的更快发展。

徐敬尧博士后学风严谨、勤奋努力、刻苦钻研。祝徐敬尧博士后的研究不断深入，在煤炭生物降解转化的研究领域取得新的、更大的成就。

安徽理工大学党委书记、教授、博士生导师

2011年10月18日

前　　言

煤炭生物降解转化是一种生物技术和矿物加工以及煤化工技术相结合的跨学科、跨专业的生物工程创新研究，具有能耗低、转化条件温和、绿色环保的特点。其实现了煤炭的“绿色”洁净转化，开辟了煤炭工业可持续发展的新技术，是一项前瞻性的基础研究课题。

本书对具有木质素降解酶系统的黄孢原毛平革菌和具有芳环结构降解酶系统的球红假单胞菌进行了煤炭生物降解转化的系统研究，进而利用生物基因工程的方法对球红假单胞菌和黄孢原毛平革菌进行细胞融合、基因重组方面的尝试，获得了对煤炭生物降解转化的高效工程菌。另外，同步对球红假单胞菌和黄孢原毛平革菌及其原生质体进行紫外和微波的物理诱变育种，用经典的诱变育种方法对其进行菌种改造，选育了优良的煤炭生物降解转化新菌种。

本书对降解产物的特性进行了分析，采用FTIR、MS、XRD和TG-DTA等多种现代分析测试技术，对原煤、硝酸处理煤、煤炭降解后的残渣及煤炭降解产物进行了分析和研究。书中还对煤炭生物降解转化的机理及黄孢原毛平革菌和球红假单胞菌利用生物基因工程的方法进行细胞融合、基因重组的高效工程菌对煤炭的特殊降解转化机理进行了分析研究和论述。

由于作者水平有限，书中的疏漏与谬误之处在所难免，敬请广大读者批评指正。

徐敬尧

2011年10月18日

目　　录

序 …………………………………………………………………………… (1)

前　言 ………………………………………………………………………… (2)

1　绪　论 ……………………………………………………………………… (1)

1.1　煤炭生物降解转化研究的意义 ……………………………………… (1)
1.2　煤炭的加氢液化及微生物液化技术的研究 ………………………… (3)
1.3　煤炭生物降解转化可行性研究 ……………………………………… (6)
1.4　煤炭生物降解转化研究概况 ……………………………………… (10)
1.5　微生物菌种选育技术 ……………………………………………… (16)
1.6　主要研究内容、技术关键及创新点 ……………………………… (25)

2　材料、研究方法及主要设备 ……………………………………………… (29)

2.1　试验材料 …………………………………………………………… (29)
2.2　煤样实验分析方法及煤炭微生物降解转化率计算方法 ………… (30)
2.3　降解用微生物的生物特性的研究 ………………………………… (32)
2.4　煤及煤生物降解转化产物的结构特性分析 ……………………… (36)
2.5　试验用主要仪器及设备 …………………………………………… (43)

3　黄孢原毛平革菌及其紫外、微波诱变菌用于煤炭降解转化的实验研究 …………………………………………………………………………… (45)

3.1　黄孢原毛平革菌的选择、培养及生物学特征 …………………… (45)
3.2　黄孢原毛平革菌用于煤炭降解转化实验研究 …………………… (52)
3.3　黄孢原毛平革菌的紫外诱变及其煤炭降解转化实验研究 ……… (56)
3.4　黄孢原毛平革菌的微波诱变及其煤炭降解转化实验研究 ……… (61)

4　球红假单胞菌及其紫外、微波诱变菌用于煤炭降解转化实验研究 … (66)

4.1　球红假单胞菌的选择、培养及生物学特征 ……………………… (66)

4.2 球红假单胞菌用于煤炭降解转化实验研究 ……………… (71)
4.3 球红假单胞菌的紫外诱变及其煤炭降解转化实验研究 …… (79)
4.4 球红假单胞菌的微波诱变及其煤炭降解转化实验研究 …… (82)

5 球红假单胞菌、黄孢原毛平革菌原生质体的制备、诱变和跨界融合及其用于煤炭降解转化实验研究 ……………………………… (86)

5.1 球红假单胞菌原生质体的制备与再生 ……………………… (86)
5.2 球红假单胞菌原生质体的紫外诱变及其煤炭降解转化实验研究 ………………………………………………………… (90)
5.3 球红假单胞菌原生质体的微波诱变及其煤炭降解转化实验研究 ………………………………………………………… (92)
5.4 黄孢原毛平革菌原生质体的制备与再生 …………………… (94)
5.5 黄孢原毛平革菌原生质体的紫外诱变及其煤炭降解转化实验研究 ……………………………………………………… (97)
5.6 黄孢原毛平革菌原生质体的微波诱变及其煤炭降解转化实验研究 ……………………………………………………… (99)
5.7 球红假单胞菌、黄孢原毛平革菌的跨界融合及其煤炭降解转化实验研究 ………………………………………………… (101)

6 煤炭生物降解转化产物的特性研究 ……………………… (110)

6.1 球红假单胞菌降解转化煤炭产物的特性研究 …………… (110)
6.2 黄孢原毛平革菌降解转化煤炭产物的特性研究 ………… (127)
6.3 球红假单胞菌和黄孢原毛平革菌原生质体融合子降解转化煤炭产物的特性研究 ……………………………………… (156)

7 煤炭生物降解转化机理研究与分析 ……………………… (167)

7.1 碱作用机理 ………………………………………………… (167)
7.2 生物分泌的螯合剂的作用机理 …………………………… (169)
7.3 生物酶作用机理 …………………………………………… (170)

8 结　论 …………………………………………………………… (192)

参考文献 ………………………………………………………… (198)

后　　记 ………………………………………………………… (215)

1 绪 论

1.1 煤炭生物降解转化研究的意义

资源的合理利用和环境的绿色保护是人类生存和发展的基本前提条件，二者的关系应该是和谐统一的，经济的发展应该建立在对资源的合理利用和对环境的最小伤害之上。对当今世界而言，矿物燃料提供了91%的一次商品能源，其中煤炭占28%，石油超过40%[1-2]。在世界范围内，煤炭资源相对于其他化石能源要丰富得多，这种能源结构在中国表现得尤为突出。按中国煤炭地质总局1999年第三次全国煤炭资源预测，全国煤炭资源总量为55700亿吨，但探明煤炭储量为10421.35亿吨，探明可经济开发的剩余总储量为1145亿吨；在探明储量中，烟煤占75%，无烟煤占12%，褐煤占13%。中国一次商品能源以煤为主，在我国能源构成中占70%以上。其中，75%的发电燃料、75%的工业燃料、80%的居民生活燃料和60%的化工原料，都是来自煤炭[3]。中国是煤炭生产和消费第一大国，从2005年开始，国家对煤炭的需求在年20亿吨的基础上快速增长，全球每年1/4到1/3的煤炭在中国消耗掉。由此可见：我国能源结构与世界其他国家显著不同，在相当长的时期内，煤炭在中国能源资源中居绝对优势地位，其在中国一次能源结构中的基础地位将是不可替代的。煤炭在加工利用（包括燃烧、传统的转化等）中产生了一系列严重的环境问题，所以对其进行洁净利用已成为趋势。环顾世界，美国的“洁净煤技术示范计划”、日本的“新阳光计划”和“21世纪煤炭技术战略”、欧盟的“兆卡计划”及我国的“中国洁净煤技术‘九五’计划和2010年发展规划”，诸多构想和计划都是以实现煤炭作为燃料的洁净化为最终目的的[1]。

中国的煤炭资源特别是褐煤、风化煤等低阶煤资源十分丰富[4]，已探明的褐煤保有储量达1303亿吨，约占全国煤炭储量的13%[5]。这些低阶煤资源直接燃烧热效率低，工业应用价值低；此外，长期露天堆放，不仅造成能源的浪费，而且容易造成环境污染[6]。因此，如何合理开发和充分利用褐煤及低阶煤资源将是一项值得深入研究的课题。

煤炭作为资源，它的使用既可以作为能源，又可以提取有用的化工产品，其中60%以上的化工原料就来自煤炭。采用高温、高压等手段把煤转变为液体、气体[7-9]等其他类燃料代替油类物质，就是利用其高效转化的一种；而从煤炭中提取化工产品，通常是通过物理和化学的方法在高温、高压条件下进行能源形式的转化，从煤炭转化为油类物质及醇类物质和提取化工产品的过程来看，成本较高、条件苛刻和对环境的高污染是其致命缺陷。而采用微生物转化技术来处理煤炭，使之转化成另一种产品，如燃料、化工产品或作为其他类物质，具有工艺简单、低能耗、无污染和绿色环保等许多常规处理技术难以比拟的优点。因此，煤炭生物转化技术成为国内外研究的热点。我国政府制订的S-863计划生物技术领域，也把环境生物技术列为7个重大关键技术研究与开发项目之一[10]。

煤炭的生物降解转化研究是煤炭加工利用中的新领域，也是化工和能源的新领域，在我国尤其具有重要的研究价值[11]。其一，我国有丰富的煤炭资源，尤其是变质程度、热值和利用价值低的褐煤、风化煤及泥炭的储量和产量很大，适用于煤炭的生物转化。其二，从国家能源和战略安全这一战略角度考虑，不能过分依赖国外石油和天然气资源。这些年我国石油进口迅速增长，据海关统计：2000年中国石油进口量达70.00Mt（约耗资140亿美元）；2003年日均进口原油超过180万桶，进口量占总消费量的比例已经超过30%，新增原油消费量每天达到60.3万桶，占全球新增消费量的40%以上，已经成为石油需求绝对水平的二号大国，增量水平上的头号大国；2007年原油进口量为16317万吨，耗资巨大，且随着我国经济的高速发展，石油进口量有加速增长的趋势，如此景不改，石油能源危机必将成为我国社会主义发展道路上的主要障碍之一。所以，从国家的战略安全和可持续发展的角度考虑，必须研究新的可靠的替代品，回到以煤代油，煤转化的路子上。另外，石油价格的飞涨，增加了国内各方面的负担，有的已经到了难以为继的地步，所以必须研究新的可靠的替代品。其三，由于石油资源逐步的减少和枯竭，也必须寻找新的可靠的替代品。我国化石燃料总资源为4.16万亿吨，其中煤炭占95.6%，石油占3.2%，天然气占1.2%，而占

95%以上的煤炭势必成为必须和必然的替代品，尤其目前我国还具有很多特大型煤化工转化基地，所以本课题的研究有着重要意义。发达国家目前也在朝此努力，早在 2001 年，美国总统布什就谈到要减少对外国石油的依赖，煤炭将成为美国政府能源政策的核心。

煤炭的生物降解转化与利用研究开辟了一条实现煤炭高效、清洁利用、可持续发展的新道路，采用微生物作为煤炭转化的媒介，可参考现行的一些已经通过微生物进行产业化的行业；煤炭的生物降解转化不需要高温、高压，处理得当不会产生较大的和长期的污染，也不需要高成本的建设和运行，具有工艺简单、能耗低、成本低、低污染等许多常规处理技术难以比拟的优点，其一系列优越性日益受到人们的重视和关注。

从当前生物技术的发展来看：各种新技术、新方法的出现和突破为我们彻底改造煤炭生物降解转化菌，培育性能优异的新菌种，逐步实现煤炭的生物降解转化提供了理论上和技术上的支持。通过对煤炭生物降解转化的系统研究，引入现代生物技术的最新成果，实现煤炭的绿色高效转化，这对于高速发展同时环境污染正在局部加剧、迫切需要大量能源的我国现代化的建设和发展将具有十分重要的意义。

1.2 煤炭的加氢液化及微生物液化技术的研究

1.2.1 煤炭的加氢液化

煤炭的加氢液化机理是煤和石油具有类似的结构，其差别在于 C/H 比不同。将煤由固态转化为液态的过程称为煤炭液化，煤液化涉及一系列复杂的化学反应[12]。煤的分子结构显示煤中非共价键力在煤大分子构成中起主要作用，其次是共价键力。煤液化反应过程就是煤中非共价键和共价键的断裂及芳环加氢生成小分子的过程。

目前国内外煤炭液化的工艺包括间接液化和直接液化[13]。

1. 煤炭的间接液化

间接液化工艺可分为合成气法和甲醇法，其中以合成气法为主。该方法是先将煤气化转化为合成气（$CO+H_2$），完全破坏煤的化学结构，然后以合成气为原料，在一定压力、温度、催化剂的条件下，合成液态产品和其他化工产品。合成油中无硫、无氮化物，也不含芳烃，其汽油、煤油、柴油馏分是极其高级的清洁油品或调和组分。典型的煤间接液化工艺是F-T合成法。目前，南非Sasol公司以煤为原料制取液体燃料已实现商业化运行。图1-1是煤间接液化工艺流程图。

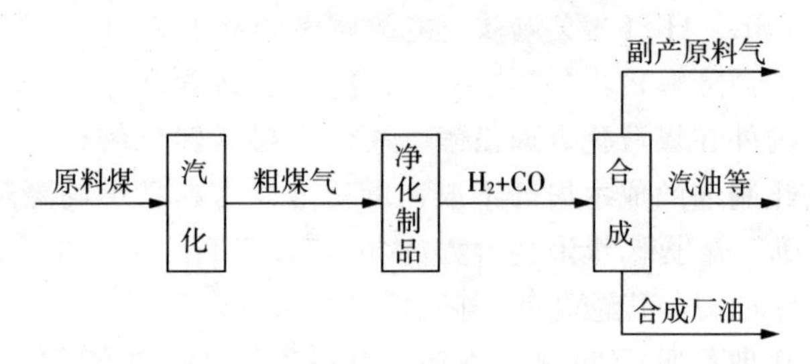

图1-1　煤间接液化工艺流程简图

Fig 1-1　Coal indirect liquefaction process flow chart

2. 煤炭的直接液化

煤炭的直接液化是在高压氢气和催化剂存在的情况下将煤加热至400℃～450℃，使煤粉在溶剂中发生热解、加氢和加氢裂解反应，继而通过气相催化加氢裂解等处理过程，使煤中有机大分子转化为可作液体燃料的小分子，再通过精馏制取汽油、柴油、燃料油等成品油[14]。典型的煤直接液化技术是在400℃、150个大气压左右下将合适的煤催化加氢液化，产出的油品芳烃含量高，硫氮等杂质需要经过后续深度加氢精制才能达到目前石油产品的等级[15]。直接液化的特点是液化油收率高，馏分油以汽油、柴油为主，目标产品的选择性相对较高，但反应条件相对较苛刻。如德国老工艺液化压力甚至高达70MPa，现代工艺如IGOR、HTI、NEDOL等液化压力也达到17～30MPa。然而液化产物组成复杂、分离相对困难、氢耗量大，一般在6%～10%，这样会造成装置的生产能力降低，对煤种的依赖性高。直接液化工艺可分为热裂解法、溶剂法、催化加氢法，以溶剂法和催化加氢法或两种方法结合为主。图1-2是煤炭直接液化工艺流程简图。

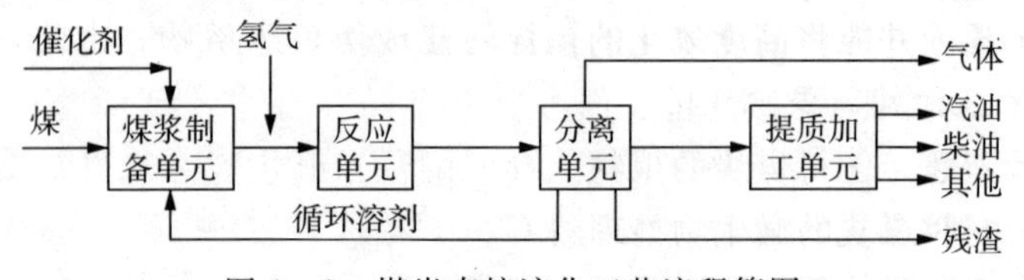

图1-2　煤炭直接液化工艺流程简图

Fig 1-2　Coal direct liquefaction process flow chart

当前，世界各国相继投入了大量的人力和物力进行研究和开发，并形成许多相对成熟的工艺，如德国的 IGOR 工艺，日本的 NEDOL 工艺，美国的 SRC 溶剂精炼煤法、氢煤法 H－Coal、供氢溶剂法 EDS、两段催化法 CTSL、HTI 工艺和煤-油共炼法 UOP，俄罗斯的 FFI 低压加氢液化工艺等[16－20]。

尽管国内外在煤液化方面已做了大量工作，但仍有许多问题尚待解决。如煤液化制油的成本居高不下，而目前技术的生产成本还不足以与石油竞争。所以，提高煤液化合成油技术水平和技术成熟程度是实现产业化的关键。同时，煤液化还伴随着如水和空气污染、地表破坏、固体废物处理及热效率低等问题。通常，直接液化工艺的热效率为 65％～70％，而间接液化工艺的热效率只有 37％～55％。因此，各国科研人员正积极探索反应条件温和、操作工艺简易和产品附加值高的煤液化工艺，以及提高煤液化合成油技术水平和技术成熟程度的新途径和方法。

煤炭液化技术在我国的发展还很不成熟，仍有很多技术上的问题有待解决。但是经过广大科研人员的努力，已取得了可喜的进展。2002 年，内蒙古伊泰集团与中国科学院山西煤炭化学研究所共同开发了“煤基合成油浆态床反应器技术”，在“国家 863”计划、中国科学院及多家企业的支持下，浆态床反应器技术在千吨级装置上试车成功，获得了油品大样；其煤基合成油核心技术于 2004 年通过中国科学院技术鉴定，2005 年通过科技部“国家 863”计划项目验收[21]。另有神华集团内蒙古煤制油直接液化项目、潞安集团山西煤制油间接液化项目在建[22]。

1.2.2 煤炭的生物降解转化

利用微生物加工处理煤炭是煤炭综合利用的一种新的尝试和努力。煤炭的微生物液化的研究，最早可追溯到 20 世纪初，但对煤炭的微生物液化现象的系统研究是 20 世纪 80 年代才开始的。80 年代初，德国E. v. Fkauossa 博士[23]和美国 M. s. coken 教授[24]分别报道了某些真菌能在煤块上生长，并能将高度氧化的褐煤转化成黑色水溶物。由此，煤炭的生物液化技术在世界上引起了许多研究者的注意[25－27]。由于生物催化作用的特异性，使得煤炭的生物处理可以在相对常规过程更温和的条件下完成，同时煤炭的微生物处理将有利于特殊产物的生成，转化产物中或许包含有高附加值的化工产品[28－29]。

低阶煤中通常含有大量木质素结构的物质[7]，用降解木质素的微生物来降解转化低阶煤，就有可能从中得到一些有特殊价值的化学品。这些化学品往往是高度水溶性的，其芳香结构上多含氧和含氮官能团，具有调节土壤性质、促进植物生长和稳定水煤浆的作用，还可用于作为免疫辅药和污水处理剂等。此外，低阶煤的生物加工方法明显的优点是操作可在常温、常压下进行，避免了传统煤加工方法的高温和高压过程，以及由此带来的诸多不利。从长远来看，煤炭的生物降解转化可能是煤炭液化、气化乃至微生物采煤的新途径。

煤炭的生物降解转化与利用研究开辟了一条实现能源良性的、可持续发展的新道路。这在当前全球能源危机和环境保护问题日益紧迫的形式下，对维护全球经济的健康发展有着重要的贡献和深远意义。目前，煤炭的生物降解转化与利用研究虽然尚处于初期，有许多问题亟待解决，但与传统的工业转化方法相比，它具有能耗低、转化条件温和、转化效率高、转化产物的经济效益、应用价值高、设备要求简单和绿色环保等一系列优越性，因而日益受到人们的重视和关注，其研究正方兴未艾。

1.3 煤炭生物降解转化可行性研究

煤、石油和木质素三者在大结构组成上的同源性以及某些微生物在碳素循环中的特殊性决定了煤炭生物转化的可行性。煤的生物降解转化研究是继煤的热化学加工（气化、液化）之后的最新进展，是结合现代生物工程的最新技术。煤是一种燃料，更是一种重要的化工原料。随着煤炭资源的综合开发利用，煤的生物降解转化技术越来越受到人们的重视。这方面的研究工作于 20 世纪 80 年代初蓬勃兴起，目前已取得不少研究成果。尤其随着现代生物技术的发展，更引起人们对煤炭生物降解转化的期望。目前发达国家已取得了一些初步成果，已经筛选出 10 多种有转化效果的菌类，也筛选出一些适合转化的煤种，并且对煤炭生物降解转化的预处理也进行了广泛研究。我国也在积极探索煤炭转化产物的应用，其转化的一些中间产品已经取得初步的应用成果。

1.3.1 煤炭生物加工的研究

煤炭生物加工的研究起源于金属矿的生物加工研究。由于金属矿的品位越来越低，利用常规的加工提质手段成本太高；而利用微生物来加工提纯金属矿如铜、金等，其成本降低很多，而且条件温和，不污染环境，并已实现工业化生产。当前，煤炭生物加工的研究主要集中在两个领域[30－31]：煤炭的生物净化和煤炭的生物转化。

1. 煤炭的生物净化

煤炭的生物净化即生物脱硫，生产条件温和且成本低，不仅不会降低煤的热值，还能脱除煤中的有机硫，从而引起世界各国的广泛关注。这方面的研究开展较早，研究结果报道较多[32－37]，未来微生物脱硫技术只要解决好高效功能菌的选育、硫代谢产物的控制与处理等问题，并着重开展多因素、多菌群、多相反应的复合技术的研究，其大规模应用前景就很乐观[38－39]。

2. 煤炭的生物转化

煤炭的生物降解转化（Biotransformation）属于煤炭生物加工的范畴，是指煤在微生物参与下发生大分子的解聚作用，称为生物降解（Biodegradation）或生物溶解（Biosolubilization），其过程主要是利用真菌、细菌和放线菌等微生物的降解转化作用来实现煤的溶解、液化和气化，使之转化成易溶于水的物质或者烃类气体，从中提取有特殊价值的化学品及制取清洁燃料、工业添加剂与植物生长促进剂等[11]，最终实现煤的溶解、液化和气化，如把溶煤产物转化为具有很高附加值的单一低分子芳烃类和可替代石油作为清洁燃料的甲烷、甲醇和乙醇等物质。目前微生物将纤维素转化为醇、沼气、氢气和一氧化碳为主的煤气，甲烷化技术基本成熟，在常温和常压下即可。利用微生物降解石油和木质素的研究进展迅速，煤与石油、木质素同源，特别是年轻的低阶煤中就含有大量的木质素物质，已试验证明其能被微生物大量降解。因此，开拓具有广泛应用价值和前景的煤炭生物降解转化技术，将有十分重要的意义。

1.3.2 煤炭生物降解转化研究的可行性

研究表明[40]，煤是古代植物在不同自然环境下，经过了一系列生物、化学及物理化学变化而形成的复杂大分子固体混合物，具有多环芳香烃复杂结构[41]，如图 1－3 所示。从过程来看，其经历了两个阶段：泥炭化阶段与煤化阶段。

在泥炭化阶段，成煤的植物残体在泥炭沼泽中受到微生物及自然因素

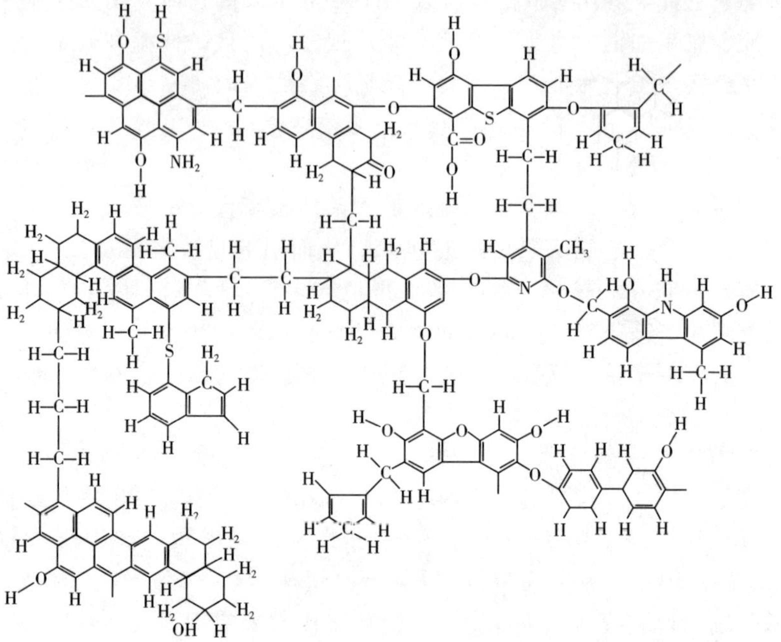

图 1-3　煤的微观结构示意图

Fig 1-3　Schematic representation of structural groups and connecting bridges in bituminous coal

的作用首先分解，纤维素很快分解成单糖类，木质素逐渐氧化成为复杂的、结构多变的腐植酸及水能溶解的苯环衍生物，结果植物残体就逐渐转化成为“腐植质”；其中含有大量的活性官能团，如═CO、—OH、—COOH及 α—氢，它们相互作用，相互反应合成了新的产物，如腐植酸和沥青等。当形成的泥炭被其他沉积物覆盖时，泥炭化阶段作用结束，生物化学作用逐渐减弱直至停止，紧接着在温度和压力为主的物理化学作用下，泥炭逐步转化为褐煤、次烟煤、烟煤[41]，如图 1-4 所示。

煤炭生物降解转化是煤在微生物作用下发生的大分子的氧化解聚作用，称之为生物降解（Biodegradation）或生物溶解（Biosolubilization），两者在概念上没有什么区别。煤炭生物降解转化基本上可以说是煤形成过程的逆过程，通过微生物的作用来达到它的降解。

对木质素结构的大量研究表明，木质素（lignin）是一类复杂的有机聚合物，大量存在于植物细胞壁中。木质素的单体是一类具有苯丙烷

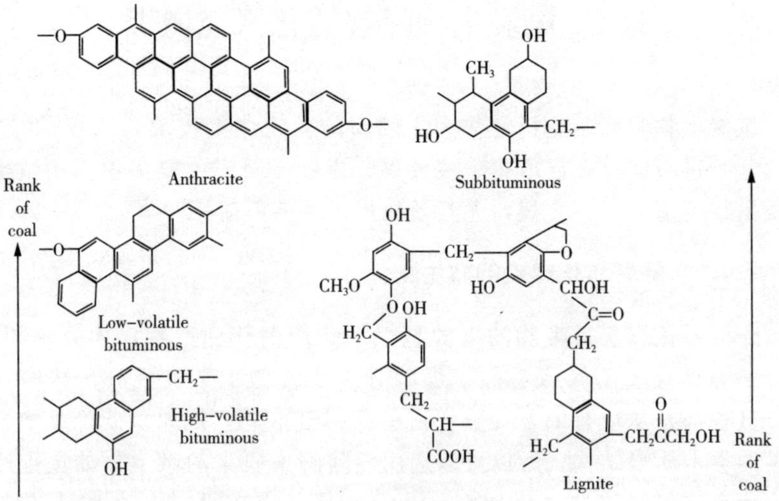

图 1-4　不同阶煤的部分结构

Fig 1-4　Representative partial structure of different ranks of coal

骨架的多羟基化合物，单体间通过 C—C 键和 C—O—C 键形成复杂的无定型高聚物[42-43]。另外，科学研究表明某些真菌能释放木质素降解酶[44]，如木质素过氧化物酶（LiP）和锰过氧化物酶（MnP），从而降解木质素。利用微生物降解木质素和芳香族化合物在造纸工业和环境微生物处理污染物质中报道很多，如吕镇梅、李硕文等研究了用白腐菌降解造纸黑液中木质素的影响因素[45]，这方面的论文[46-47]和书籍[48-49]大都阐明了木质素类物质能够被微生物很好地降解。

一方面，煤是由植物演化而来的，对于低变质程度的煤，如褐煤中存在许多类木质素结构，煤分子中的侧链及桥键较多，活性官能团含量较高，最易被微生物作用，从图 1-4 可清楚地看出。由此联想到培养能降解木质素的微生物来作为降解煤的生物催化剂而降解煤。

另一方面，组成煤的高分子有机聚合物是多环芳香烃结构，假单胞菌菌属用于降解多环芳香烃类研究与实践已有很多报道，如利用假单胞菌进行石油与有机农药的降解[50-52]，故假单胞菌菌属也可以用来降解煤炭。此外，现代生物工程技术为培养专一、高效、降解高聚物能力的菌种提供了有力的保证。

1.4 煤炭生物降解转化研究概况

煤炭生物降解转化研究作为一门新的矿物加工技术，从 20 世纪 80 年代开始进行研究，已取得一些成果。当前，研究主要集中在用微生物或微生物酶清洁、液化煤，尤其是作用于一些低阶煤[53-57]。

1.4.1 降解转化煤炭的微生物

降解转化煤炭微生物的来源是根据它们的代谢产物，如分泌的酶、螯合剂等具有攻击煤或类似于煤的有机化合物中某些成分、结构等作用，这些都是从现有的各种微生物中筛选出来的。例如，低阶煤中含有大量的类木质素结构，所以可以选用能降解木质素的微生物如黄孢原毛平革菌来进行微生物溶煤研究，并已取得一定成果[58-62]。煤中有芳环结构，故可选用能降解芳环的细菌如假单胞菌属来进行溶煤研究[63]。此外，还可从生长在暴露于自然界中煤上的微生物中分离菌种，Gupta 从土壤中分离出一株 Pseudomonal cepacia 菌，能够使煤结构中的羧基碳、醚氧、芳香环和共轭的碳双键均有减少[64]；Ward 从露天褐煤中分离得到 12 株真菌，都能以褐煤作为它们生长的碳源和能源[65]；国内如武丽敏[66]在进行褐煤微生物综合肥料的研究中，从矿区的煤泥中分离纯化了若干株对褐煤有显著作用效果的微生物菌种。不同的微生物与不同的煤样的作用有一定的匹配关系，因此，不同煤种的溶降解煤的微生物的筛选就显得非常重要。我国的煤种繁多，低阶煤的储量很大，进行菌煤匹配的筛选工作具有重大的实际意义。

已经分离鉴定出用于溶降解煤试验的微生物有很多种。细菌类有 Bacillus subtilis，Bacillus pumilus，Bacillus cereus[67] 和 Pseudomonas cepacia strain DLC - 07[68]；放线菌类有 Streptomyces flavovirens[69]，Streptomyces viridosporus，Streptomyces setonii 75Vi2 和 Streptomyces badius 252[70-71]；真菌类的担子菌属中有 Trametes versicolor，Polyporus versicolor[72]，Poria placenta[73] 和 Phanerochaete chrysosporium[74-76]；酵母菌中的一些种[77-78] 及丝状真菌中的 Aspergillus sp. [79]，Aspergillus terreus[77]，Aspergillus terricola，Apergillus ochraceous[70]，Paecilomyces spp. [80-81] 和 cunninghamella sp. [78]。在这些种属中，云芝、

青霉、假单胞菌的液化能力较强。

1.4.2 煤炭生物降解转化的种类

已经试验过的煤种有风化褐煤、褐煤，甚至年轻烟煤。美国北达科他州（North Dakota）的一种天然风化褐煤（Leonardite），未经任何预处理，就能很容易为一些真菌所降（溶）解，最大溶解可达70%～90%[82-83]。采用表面固体培养时，在云芝菌丝体面层上的煤粒渗出黑色液体产物，培养基被广泛染色；在大块煤粒上，菌丝能沿其植物残骸纹理生长繁延。采用液体培养时，培养液被溶解煤染成黑褐色。

Scott[42]提出，对于作用强的真菌种类，煤溶解程度似乎与煤种关系较大，而与微生物种类关系次之。风化褐煤中植物残骸尚明显可见，含氧高达28%～29%，容易被溶解；含氧高达40%的北达科他州（North Dakota）褐煤也很容易为真菌降解；而大多数未经预处理的褐煤及年轻烟煤却不能为所试验的真菌所降解。因此，一般来讲，煤溶解程度减小次序为：风化煤，暴露于空气中的煤，未暴露于空气中刚开采出来的煤。

由上述报道的实验结果来看，低阶煤也需经过预处理才容易为真菌所降解。为此，人们试验了各种氧化预处理方法。Catcheside[84]用8M硝酸处理莫厄耳（Morwell）及洛阳（Luoyang）褐煤18小时，然后用云芝进行溶解，试验的7种菌种中，有6种菌种可溶解莫厄耳（Morwell）氧化褐煤，溶解达35%～100%。烟煤经硝酸氧化，微生物对其溶解能力也能增加，但不如褐煤显著。Davison[85]用硝酸氧化怀俄达克（Wyodak）年轻烟煤，然后用青霉菌（Paecilomyces TL）进行溶解，煤只失重3%～10%。Faison[86]用假丝酵母（Candida ML－13）处理硝酸氧化的怀俄达克（Wyodak）煤，溶解物收率小于15%。Quigley[87]、Strandberg[88]用硝酸氧化煤也得到类似结果。也有人采用其他氧化方法，如Bean[89]将依利诺衣斯（Illinois 6＃）煤在150℃以下空气氧化7天，然后用青霉菌作用，只得到3%水溶性产物；但经生物作用后，煤用0.5NNaOH溶解可得80%～90%溶解产物；而煤未经预处理，用2.4NNaOH浸取，只得6%浸出物。还有人单独用过氧化氢、臭氧等（或联合）进行氧化预处理，褐煤生物溶解能力大为增强。

在国内，大连理工大学韩威、杨海波等用硝酸氧化平庄、扎赉诺尔褐煤，然后放在固体表面培养的裂褶、云芝等真菌菌丝体上，进行生物作用。煤失重及收集产物的分析表明，溶解程度也达30%～60%，但他们的研究表明，有些褐煤虽经氧化处理，其溶解程度仍很小[90]。柳丽芬等人用瓦克青霉、斜卧青霉、绿脓杆菌等菌在固体表面培养基上培养，来溶降解风化褐煤和经盐酸处理的风化煤[91]。结果表明，酸处理有助于煤生物降解转化。

1.4.3 煤炭生物降解转化方式的研究

在煤炭生物降解转化方式上，主要有固体溶煤和液体溶煤两种。国外的Cohen[24]、Scott[25]，国内的韩威、杨海波[90]等都进行了这方面的研究。一般来说，固体溶煤比液体溶煤效果要好，液体溶煤主要是为了进行大规模的工业应用。液体溶煤又可分为菌体液体培养溶煤和菌体培养液（不含菌体）溶煤，其中，后者主要是用来对溶煤机理进行研究，考察是哪种因素使得煤发生降解作用。

1.4.4 煤炭生物降解转化产物分析

煤炭生物降解转化产物的分析是基于现代煤化学及生物学的分离技术和分析手段所进行的有关产物组成、结构和性质的分析。它是降解转化产物的应用基础，也是生物降解转化机理的研究基础。常规应用的是工业分析、元素分析、红外光谱、核磁共振波谱和质谱分析等，也有用紫外、气（液）相和凝胶色谱及凝胶电泳等方法。煤炭降解转化产物的许多性质被研究者所研究，其中包括产物组成、产物结构、溶解度、分子量、酸沉淀性质、吸光度、蛋白质含量和发热量等，但结论各异。

1. 产物组成

尽管煤种、菌种、微生物培养条件及溶煤方式上存在差异，但通过与原煤比较，各位研究者得出的元素变化趋势却是基本一致的，即与原煤相比，煤的微生物溶解转化产物中H和O的含量随降解转化时间的增加而增大。这表明，在煤炭生物降解转化过程中，有水中H和O的介入，即发生了氧化水解过程。此外，Faison等人[92-93]指出，溶解产物中明显地富集了N、S、Na、Cl等元素。

2. 产物结构

韩威、佟威、杨海波等人[94-95]研究表明，硝酸氧化的扎赉诺尔褐煤经云芝作用后，其红外光谱图特征与原煤基本相同。不同的是，在$1400cm^{-1}$处出现了一个较强的吸收峰，表明产物中含有较多的羧酸盐、胺盐。在 1715cm^{-1} 及 1680cm^{-1} 处峰消失或变弱，表明产物中酚、醇、醚或酯的化合物有所增加，含$-CH_3$的结构基可能减少。Cohen 等[24]的实验分析表明，褐煤经云芝作用后，其红外谱图特征与原煤也大致相同，但无 1400cm^{-1} 处峰，而出现了 1680cm^{-1} 处峰，这表明产物中增加了芳酮或共轭羧基结构。可见，不同的煤种经同一种微生物作用后，其结构的变化并不完全相同，但产物的结构特征仍与原煤类似。核磁共振分析表明，溶煤产物中的 C=O 官能团明显增多，表明该过程有氧化作用发生，从而导致极性增大及酸性增强。

3. 产物的分子量及发热量

煤炭生物转化产物是一种很复杂的有机混合物。由于技术、水平、仪器等方面因素以及研究者测定时采用的方法各不相同，导致其平均分子量及分子量的分布目前尚无标准的测定方法。从研究来看，研究者常用蒸汽渗透压法、凝胶电泳法或质谱法测定平均分子量；用超滤膜或凝胶渗透层析法测定分子量分布，从而，所得结果因煤种、菌种、研究者不同而差异较大。Scott 等[42]的测定表明，溶解产物中 82.5%的分子量在 3 万～30 万；佟威测定的溶煤产物的平均分子量在 3.53 万左右[90]。

一般认为，煤炭生物降解转化产物的分子量比原煤要小。但这与所用的菌种、煤样和实验方法有关，有的菌种并没有明显改变降解转化产物的分子量；而有的菌种在用原煤作为唯一碳源时，降解转化产物的分子量比原煤要大。

Wilson 等[96]研究表明，煤炭生物降解转化产物的发热量与原煤的发热量大致相当，约为原煤的 94%～97%。这说明煤经微生物作用后，能量损失很小。

4. 产物的沉淀性与溶解性

煤炭生物降解转化产物是酸可沉淀的，其沉淀是可碱溶的[62]，这一点被 Ralph 用实验初步证实。一些研究者研究表明，溶煤产物水溶液的浓度越大，越易被无机酸沉淀。一般当 pH 值小于 2 时，绝大部分溶解产物都能被沉淀下来[95]。但是，本实验室已故教授王龙贵的研究表明，对于义马褐煤、淮南潘二矿次烟煤用真菌降解，微生物溶煤产物是碱可沉淀的，其沉淀是酸可溶的[97]。另外，微生物溶煤产物极易溶于水，较难溶于甲醇，其在有机酸中的溶解度，一般随有机溶剂极性的升高而增大。

1.4.5 煤炭生物降解转化产物的可能应用领域

尽管煤与生物作用所得到的液体产物在基本结构上与褐煤相似，但由于生物的种类不同、煤样的化学组成不相同及其相互作用机理不同，从而这些液体产物的化学组成并不相同。因此，不同生物与煤作用所得到的液体产物可能有不同的应用领域。目前，由于缺乏产生大量纯液体煤产品的技术，这一领域的工作进展不大。

煤炭的降解转化产物是一种水溶性的液体产物，该产物含有多种官能团，具有较大的工、农、牧、医等方面的应用潜力。对此，研究者提出了各种可能的用途。如 Faison[98-99] 根据木腐真菌溶解煤所得产物的特点与该菌溶解木质素所得到的聚合木质素相似的特点，提出：被木质素真菌所溶解的煤类物质可以像聚合木质素那样在工业上用于抗氧剂、表面活性剂、树脂或黏合剂成分，特别是作为商业离子交换树脂或吸附剂用；在农业上用作土壤调节剂，改善植物根部的吸收作用；在医学上作为免疫辅药等。另外还指出，真菌作用溶解煤而释放出低分子芳烃，这些芳烃带有很多含氧官能团，是工业上有价值的化学品。Klein 等[100] 建议，可将煤的转化产物合成聚羟基烯烃类（polyhydroxyalkanoates）精细化学品。Catcheside 等[101] 认为，目前煤炭降解转化技术在低阶煤选矿、低阶煤的特殊低分子量有机物的转化以及制取新的液体燃料等方面的应用已成为可能。

生物溶解煤的多酚多阴离子结构使之在农业方面得到应用，可以作为土壤调节剂，改善植物根部的吸收作用，解除土壤中的有害化学物质。佟威等[95] 用花盆土培养考察云芝培养液溶解硝酸氧化样品对玉米种植的影响，结果表明：浇灌煤溶物水溶液有助于玉米出苗及干旱时增加抗旱能力。同时他们又考察了煤溶产物对蒜苗的生物影响，发现煤溶产物对蒜苗的生长具有明显的刺激作用。武丽敏[4] 的研究表明，褐煤的微生物降解转化产物施用于农作物时，同一菌种的降解液对不同作物的作用不同，不同菌种的降解液对同一种作物的作用也不同。她同时指出，褐煤的微生物降解转化产物能增加土壤的肥力和活性，对玉米、小麦等农作物的生长有明显的促进作用。

我校已故教授王龙贵进行了利用白腐真菌（S_1）把硝酸预处理义马褐煤降解转化后的水溶物作为水煤浆添加剂的试验研究，并制备了两种浓度（50%，68%）的水煤浆，通过对其物理化学性质研究表明：该水煤浆具有较大的浓度、较低的黏度、较大的流动性和较高的稳定性，是优质水煤浆。煤生物转化的水溶产物具有与腐植酸类似的结构，但其作为添加剂，性能比腐植酸类物质要好得多，比加同样剂量的萘系添加剂制备出的水煤浆在各方面性能上都要好。价格方面考虑到微生物培养基的成本，与萘系添加剂基本差不多[97]。

试验证明煤生物降解产物是微生物代谢活动的产物。它们中含有低分子量的、氧化的芳香化合物，能被厌氧菌代谢成甲烷，这表明，溶解煤的确可以成为生产甲烷的原料。

这些初步的研究成果鼓励该领域的研究人员继续开展深入的研究工作，促使他们在生产甲烷、甲醇、乙醇等低分子量作为燃料的应用产品方面更加努力，以改善生物转化的产率、速率和稳定性。

1.4.6 煤炭生物降解转化研究的发展方向

煤炭生物降解转化研究只有短短 20 来年时间。美国、德国、意大利、澳大利亚等发达国家在此领域已广泛地开展了研究并取得了一系列成果，我国也紧跟其上。但目前这方面的研究工作进展较慢，还存在着不少问题。主要表现在以下两个方面：

1. 煤炭降解转化菌种方面

目前在煤炭降解转化菌种的寻求上还未取得突破性进展，尚未找到效果特别显著且适应广泛的廉价菌种。已报道的菌种对煤炭的降解转化能力有限，且菌种在生长过程中还需另外加入各种营养物，这使得煤炭降解转化成本大大提高。这一点也是制约煤炭的生物降解转化技术工业化的瓶颈。

展望未来，通过现代生物工程手段选育、创造出高效降解转化煤炭的菌种，进一步加快降解转化煤炭速度，降低成本，可以为工业化应用技术研究打下基础。

从当代生物技术的发展来看，各种新技术、新方法层出不穷，为我们彻底改造煤炭降解转化菌种、培育性能优异的新菌种提供了技术上的支持。利用多样性的生物基因库，构建特定功能的微生物新种群，实现煤炭的高效降解转化，对跨学科的研究来说有着重要的意义。目前，细胞工程、基因工程在此领域的应用已经朝构建能够降解特殊化合物中超级高效工程菌的微生物方向前进，基因操作水平被用来提高微生物体内特异酶水平，而这些酶具有特异性生物转化的作用。研究表明，这些酶是由降解质粒编码组成的。降解质粒常见于细菌的细胞质，分子量大，通过两个细菌的相互接触，质粒便可从供体细菌转移到受体细菌，而供体细菌通过复制作用仍可保持这种质粒。降解质粒的发现及其转移和用生物工程构建特殊功能的超级新菌种的成功，为煤炭的生物转化开辟了广阔的前景。据报道，美国已用4种假单胞菌的基因组融合到同一菌株中，创造了有超常降解能力的超级菌，其降解石油的速度奇快，几小时就能够分解石油中2/3的烃类，而自然方法需要一年多才行。故本研究拟发挥跨学科的优势，采用一些我们前期已经研究和被证实具有一定效果的中性条件下生长繁殖快、安全可靠的细菌种类，如假单胞菌类和黄孢原毛平革菌等，进行细胞融合、基因重组方面的尝试，力求从根本上改造煤炭的转化菌种，使之成为中性、高效、经济、安全、可靠的工程菌，尽快实现煤炭生物转化的产业化。

2. 煤炭生物降解转化产物的利用方面

人们一直希望用微生物降解转化煤来生成某些结构单一、有较高经济价值的化学品。由于煤本身结构的复杂性及煤炭生物降解转化产物的组成和结构的复杂性，要想直接得到结构单一的化学品有一定的困难。但有如下报道，把煤先气化再利用微生物间接转化成甲烷等单一化学品[102]。研究者就煤炭生物降解转化产物曾提出了许多可能的用途，但目前液态产物只在用作农作物生长促进剂方面取得了一定进展[103]。鉴于煤的生物转化成本及效率，开发新的用途显得非常重要。

综上所述，寻求高效煤炭生物降解转化菌种和拓展煤炭生物降解转化产物的新用途将是今后煤炭微生物转化的主要研究方向。目前虽然煤的微生物转化研究仍处于探索阶段，但它是煤炭综合利用研究中的新领域，因而前景十分广阔。我国有丰富的煤炭资源，热值和利用价值低的褐煤、风化煤及泥炭的储量很大，因此有针对性地研究低阶煤的微生物转化技术，在我国具有更重大的现实意义。

1.5 微生物菌种选育技术

1.5.1 微生物菌种选育技术概况

微生物菌种选育技术在现代生物技术中具有十分重要的地位，经历了自然选育、诱变育种、杂交育种、代谢控制育种和基因工程育种五个阶段，各个阶段并不孤立存在，而是相互交叉，相互联系[104]的。新的育种技术的发展和应用促进了生产的发展。

1. 自然选育

随着微生物学的发展，特别是在发明微生物的纯培养技术之后，出现了微生物纯种的自然选育。以基因自发突变为基础选育优良性状菌株的这种方法，是最早应用微生物遗传学原理，进行育种实践的一个实例。由于微生物体内存在光复活、切补修复、重组修复、紧急呼救修复等修复机制以及DNA聚合酶的校正作用，使得自发突变几率极低，一般为10^{-6}～10^{-10}。这样低的突变率导致自然选育耗时长、工作量大，影响了育种工作效率。在这种情况下，就出现了诱变育种技术。

2. 诱变育种

1927年，Miller发现X射线能诱发果蝇基因突变。之后，人们发现其他一些因素也能诱发基因突变，并逐渐弄清了一些诱变发生的机理，为工业微生物诱变育种提供了前提条件。1941年，Beadle和Tatum采用X射线和紫外线诱变红色面包霉，得到了各种代谢障碍的突变株。在这之后，诱变育种得到了极大发展。

诱变育种是以诱变剂诱发微生物基因突变，通过筛选突变体，寻找正向突变菌株的一种诱变方法。诱变剂包括物理诱变剂、化学诱变剂和生物诱变剂。其中，物理诱变剂包括紫外线、X射线、射线、快中子等；化学诱变剂包括烷化剂（如甲基磺酸乙酯、硫酸二乙酯、亚硝基胍、亚硝基乙基脲、乙烯亚胺及氮芥等）、天然碱基类似物、脱氨剂（如亚硝酸）、移码诱变剂、羟化剂和金属盐类（如氯化锂及硫酸锰等）；生物诱变剂包括噬菌体等。物理诱变剂因其价格经济，操作方便，所以应用最为广泛；化学诱变剂多是致癌剂，对人体及环境均有危害，使用时须谨慎；生物诱变剂应用面窄，其应用也受到限制。

现今，诱变育种已取得了显著的成果，如青霉素生产菌的青霉素产量在40年内增加了近万倍，达到10万u/ml左右；谷氨酸产生菌经紫外诱变处理，产酸率提高了31%；用亚硝酸钠、紫外线等物化方法诱变产碱性蛋白酶的地衣芽孢杆菌，使其从原来的以玉米粉为碳源转变为以大米为碳源进行发酵产酶，后用紫外诱变，最终筛选出F-8014菌株，产酶量提高了37%。

近年来，一些新型诱变剂被开发出来，并被证明有良好的效果。1996年，离子束诱变用于右旋糖酐产生菌，得到产量提高36.5%的突变株；1999 年，N_2 激光辐照谷氨酸产生菌——钝齿棒状杆菌，谷氨酸产量和糖酸转化率比对照提高 31%[105]。此外，用红外射线诱变果胶酶产生菌、双向磁场应用于产腈水合酶的诺卡氏菌种的诱变育种都得到了较好效果[106]。

诱变育种是微生物育种的重要方法，发酵工业中优良高产菌株绝大部分是从诱变育种方法中得到的。但是长期使用诱变剂会导致“疲劳效应”，而杂交育种扭转了这种局面。

3. 杂交育种

微生物杂交育种最主要的目的在于把不同菌株的优良性状集中在重组体中，克服长期使用诱变剂出现的“疲劳效应”。杂交育种选用已知性状的供体菌和受体菌为亲本，在方向性和自觉性上均比诱变育种前进了一大步。1979 年，匈牙利的 Pesti 首先采用该技术来提高青霉素的产量，使该技术在工业微生物育种实际工作中得到了应用；日本味之素公司应用该技术使产生氨基酸的短杆菌杂交，获得比原产量高 3 倍的赖氨酸产生菌和苏氨酸高产新菌株。

4. 代谢控制育种

代谢控制育种兴起于 20 世纪 50 年代末，以 1957 年谷氨酸代谢控制发酵成功为标志，促使发酵工业进入代谢控制发酵时期。代谢控制育种的活力在于以诱变育种为基础，获得各种解除或绕过微生物正常代谢途径的突变株，人为地使有用产物选择性地大量生成积累，从而打破了微生物调节这一障碍。从微生物育种史中可以看出，经典的诱变育种是最主要的育种手段，也是最基础的育种手段，但它具有一定的盲目性。代谢控制育种的崛起标志着育种发展到理性阶段，它与杂交育种结合在一起，反映了当代微生物育种的主要趋势。

代谢育种在工业上应用的例子很多。Tsuchida 等[107]采用亚硝基胍诱变等方法处理乳糖发酵短杆菌 2256，最终选出一株 L-亮氨酸高产菌，可在 13%葡萄糖培养基中积累 L-亮氨酸至 34g/L。李寅等[108]采用代谢育种技术选育到了丙酮酸高产菌株 Torulopsis glabrata WSHIP303，据研究，该菌株与 Torulopsis glabrata IFO0005 相比，其独特之处在于能够很好地利用无机氮源（如氯化铵）。

代谢控制育种提供了大量的工业发酵生产菌种，从而使氨基酸、核苷酸、抗生素等次级代谢产物的产量成倍提高，大大促进了相关产业的发展。

5. 基因工程育种

基因工程育种是指利用基因工程方法对生产菌株进行改造而获得高产工程菌，或者通过微生物间的转基因而获得新菌种的育种方法。基因工程育种是真正意义上的理性选育，它是按照人们事先设计和控制的方法进行育种，是当前最先进的育种技术。它包括原生质体融合技术和现代基因工程技术。

原生质体融合技术近年来发展较为活跃。由于原生质体融合技术可在种内、种间甚至属间进行，不受亲缘关系的影响，遗传信息传递量大，不需了解双亲详细的遗传背景，因而更便于操作。该技术起源于1960年，当时法国Barski研究小组在培养两种不同动物细胞混合时发现自发融合现象；在1978年国际工业微生物遗传学讨论会上，他们提出了原生质体的融合问题，这使该技术扩展到了育种领域。

酿酒酵母和糖化酵母的原生质体融合，获得了具有糖化和发酵的双重能力的菌株。上海第三制药厂自1980年开始摸索红霉素产生菌的选育，通过诱变、细胞融合、再诱变等几种育种方法相结合，获得了有效成分产量提高25%的菌株，该菌已经投入生产。据报道，美国已用4种假单胞细菌的基因组融合到同一菌株中，创造了有超常降解能力的超级菌，其降解石油的速度奇快，几小时能够分解石油中2/3的烃类，而自然分解需要一年多才行。

近年来，灭活原生质体融合、离子束细胞融合、非对称细胞融合以及基因重排分子育种等新方法相继提出并应用于微生物育种，这是原生质体融合技术的新发展。基因工程菌的构建和应用，已在多方面显示出巨大的生命力。通过基因工程方法生产的药物、疫苗、单克隆抗体及诊断试剂等，已有几十种产品被批准上市。此外，通过基因工程方法也可培育各种抗性菌种，以及培育用于工业废水、废物处理的工程菌等。诸多类型的基因工程菌的构建使工业微生物育种突破了传统、经典的育种模式，展示了极为光明的前景。

1.5.2 原生质体融合基因育种技术

原生质体融合（Protoplast fusion）技术起源于20世纪60年代。1960年，法国的Karski研究小组在两种不同类型动物细胞的混合培养中发现了自发融合现象。同时，日本的Okada发现并证明了仙台病毒可诱发内艾氏腹水癌细胞彼此融合，从而开始了细胞融合的探讨。1974

年，匈牙利的 Ferenczy[109] 采用离心力诱导的方法报道了白地霉（Geotrichum candidum）营养缺陷型突变株的原生质体融合，从而使原生质体融合技术成为微生物育种的一项新技术，并从微生物种内融合扩展到界间的融合（如光合细菌与酵母菌的融合）。1979 年，匈牙利的 Pesti 首先提出了“融合育种提高青霉素产量”的报告[110]，开创了原生质体融合技术在实际工作中的应用，使原生质体融合技术成为工业菌株改良的重要手段之一。Hopwood 等[111] 提出，原生质体融合重组可能会实现隐性基因的重组暴露，使一些隐性基因表达或随机产生新的基因表型，从而使之成为链霉菌抗生素产生菌育种的新途径。

微生物原生质体融合技术的整个过程包括[112]：原生质体的制备、原生质体的融合、原生质体的再生和融合子的检出。

1. 遗传标记的选择与融合子的检出

遗传标记的选择实际上是融合子检出的重要环节，也是融合子检出的标记。融合子的检出有以下几种：

（1）利用营养缺陷型作为遗传标记选择融合子：即融合的双亲为营养缺陷型，并且为不同的缺陷型。双亲缺陷的原生质体融合后在基本培养基上选择融合子，而由于单亲缺陷的原生质体丧失了合成某种物质的能力，在基本培养基上不能萌发生长；单亲融合的原生质体也不能长出菌落，双亲原生质体融合后，缺陷的遗传物质得到互补可以恢复为野生型，在基本培养基上能够萌发生长成为菌落。

（2）利用抗药性作为遗传标记选择融合子：微生物的抗药性是其菌种的特性，是由遗传物质决定的。不同种的微生物对某一种药物的抗药性存在差异，利用这种差异或与菌种其他特性结合起来即可对融合子进行选择。这种方法首先由 Bradshaw 和 Peberdy 于 1984 年使用。但药物的浓度过高会使融合频率降低，浓度过低则会使亲本生长，影响融合子的检出。

（3）应用灭活原生质体作为遗传标记选择融合子：原生质体经紫外线照射、加热或经某些化学药剂的处理，可使其丧失在再生培养基上再生的能力，只能作为遗传物质的供体，从而只有根据另一亲株特性设计选择条件而选择融合子。周东坡等[113] 通过紫外线照射灭活原生质体融合选育了啤酒酵母新菌株。用 0.1% 碘乙酸，以 30℃ 处理产朊假丝酵母（Candida utilis）原生质体 40min 后，与啤酒酵母（Saccharomyces cerevisiae）的原生质体融合，利用形态差异选择融合子。灭活原生质体的机理表明：紫外线使菌株的DNA发生突变，热的作用可使细胞内的功能蛋白、酶蛋白变性失活，化学药剂的作用能不可逆地抑制细胞代谢过程的关键酶，使之失活。

（4）利用荧光染色选择融合子：在酶解制备原生质体时向酶解液中加入荧光色素，使双亲原生质体分别带上不同的荧光色素，带上荧光色素的原生质体仍能发生融合并具有再生能力。原生质体融合处理后，在荧光显微镜下观察并通过显微操作，直接挑选出带有两种荧光的原生质体。成亚利等[114]以金针菇为材料，经异硫氰酸荧光素标记的金针菇单核W19菌株的原生质体与未经标记的单核Y7菌株的原生质体在聚乙二醇的诱导下进行融合，得到融合菌株。

（5）用对碳源利用的不同作选择标记选择融合子：如利用亲株对木糖利用的不同和对放线菌酮（Actidione，Ac）抗性的不同选择融合子。由于双亲原生质体都不能生长，只有双亲遗传物质重组后才能在选择培养基上萌发生长，从而被选择出来。

（6）利用某些特殊生理特征作为标记选择融合子：如圆褐固氮菌可以在无氮培养基上生长，可以与另外一种菌的抗药性标记联合使用在无氮培养基上来筛选它们的融合子。光合细菌可以在无碳源的培养基上生长，可以与另外的标记联合使用在无碳培养基上来筛选其融合子。

（7）利用其他一些标记：如荧光假单胞菌的荧光基因与芽孢杆菌的芽孢。

2. 原生质体制备与再生技术

微生物细胞一般是有细胞壁的，进行该项技术的第一步就是制备原生质体。目前去除细胞壁的主要方法是使用酶，使用的酶主要为蜗牛酶或溶菌酶，具体根据所用微生物的种类而定。影响原生质体形成的因素很多，不同的微生物有其较为适当的形成条件。在菌龄选择上，大多采用对数生长期或生长中后期的菌，也有的采用生长后期的。这主要是由于对数生长期细菌的壁中肽聚糖含量最低，细胞壁对酶的作用最敏感，但是对数生长早期的菌相对较为脆弱，受酶的过度作用会影响原生质体的再生率。彭智华等[115]在对野生大杯蕈（Clitocybe maxima）进行原生质体制备的过程中，选用2种以上的酶液混合使用，能提高去壁效果。陈海昌等[116]证明，在一定范围内，酶作用的时间、酶作用的浓度都与原生质体的形成率成正相关，而与再生率成反相关。林红雨等[117]采用酶解10min后补加EDTA的方法，改变酶解环境中的离子强度和渗透压，从而可以提高原生质体形成率。Costeron J W 等[118]报道，在高渗 Tris 溶液中添加 15%聚乙烯吡咯烷酮（PVP）等原生质体扩张剂，有利于制备原生质体；添加 0.02mol/L 镁离子，有利于原生质体的稳定。

3. 原生质体融合技术

1974 年，匈牙利的 Ferenczy[109] 报道了离心力诱导法对白地霉(Geotrichum candidum）营养缺陷型突变株的原生质体融合。随后，人们相继用 NaCl、KCl 和 Ca（NO_3)$_2$ 等作为诱变剂进行融合，但融合频率都很低。同年，Kao 发现 PEG 在适量 Ca^{2+} 存在的情况下能有效地诱导植物原生质体融合，PEG 种类对原生质体融合的影响不大[119]，从而使这一技术跃上了新的阶段，大大提高了融合频率。在融合方法上，除了传统的化学方法外，1998 年王金盛等[120]报道了电场诱导细胞融合的新技术，进一步提高了融合频率。1998 年，陈五岭等[121]又报道了激光诱导动物细胞融合。此外，其融合率还受其他诸多因素的影响。陈海昌等[122]的研究证明原生质体的融合受 PEG 和钙离子的浓度及诱导融合时间的影响；林红雨等[117]采用在融合液中添加新生磷酸钙的方法，这样可以促进原生质体融合。

原生质体融合技术在微生物菌种选育中的应用如下所述：

(1）抗生素高产菌株的选育利用：原生质体融合技术不仅可用于提高抗生素的产量，还可用于融合子产生新抗生素的研究，特别是在链霉菌育种中[123]。贺敏霞[124]等通过诺卡氏菌原生质体融合重组发现，4 株融合子产生亲本所没有的简体转化中间体，3 株融合子产生亲本所没有的抗生物质，还得到一株简体转化活力明显高于亲本的融合子。林荣团[125]等以天然无抗菌活性的变青链霉菌 1326 与链霉菌 1254 营养缺陷型突变株进行种间原生质体融合，筛选出 5 株抗菌活性较稳定的菌株。曾洪梅等[126]通过原生质体融合的方法提高了农抗武夷菌素的效价。王金盛等[127]以小诺霉素（Micronomicin，MCR）产生菌棘孢小单胞菌(Micromonsporae chinospora）为出发菌株，通过单亲致死原生质体融合，以链霉素为选择条件选出融合株，筛选出 4 株 MCR 百分含量高于亲株的融合子。朱昌雄等[128]通过用紫外线处理、低温和紫外线复合处理、原生质体加紫外线复合处理及原生质体融合等 4 种育种方法，都有效地提高了中生菌素的效价。

(2）原生质体融合技术在酵母和菌工程菌构建上的应用：庞小燕

等[129]以酒精酵母和热带假丝酵母为亲本，获得了既具有糖化酶活性又能高产酒精稳定的酵母融合株，具有良好的应用前景。高年发等[130]利用酿酒酵母与粟酒裂殖酵母进行属间原生质体融合选育，得到降解苹果酸强的菌株。高玉荣[131]利用发酵力强的葡萄酒酵母与降酸能力强、发酵性能好的杰酒裂母融合，进行生物基因交换和重组，获得的融合子降酸率可达30.4%，比葡萄酒酵母的降酸性提高20%。Kumari等[132]将能够分解纤维素的Trichoderma reesei QM 9414和从葡萄糖产酒精的Scerevisiae NCIM 3288进行融合，得到具有很强的将滤纸纤维素转化为酒精的融合子。赵华等[133]运用紫外线灭活原生质体融合技术，成功地对酒精酵母（K酵母）和产酯酵母（F2酵母）进行了属间细胞融合，获得既具有高产酒特性，又具有高产酯特性的发酵性能稳定的融合子FK3。王昌禄等[134]利用紫外线致死原生质体融合技术，成功地将对紫外线敏感的嗜杀酵母菌株的嗜杀质粒转移到CD4W中，获得的大量融合子经嗜杀活性检出实验，小型酿造实验表明遗传稳定。杜连祥等[135]利用PEG诱导原生质细胞融合技术，将糖化酵母的糖化酶基因转移到嗜杀啤酒酵母中，获得1株高发酵度嗜杀啤酒酵母F3588菌株。文铁桥等[136]通过PEG诱导碘乙酸灭活呼吸缺陷克鲁维酵母原生质体与酿酒酵母原生质体融合，获得45℃发酵产酒率高达87%的高温酵母菌株AY006。

（3）原生质体融合技术在其他多功能菌种选育中的应用：通过原生质体融合技术，使两个菌株的遗传物质得到重组，从而得到兼具两个亲本优良性状的新菌株。张清文等[137]以多糖产生菌T和胡萝卜素产生菌C1B为双亲，用原生质体融合技术选育出1株既产多糖又产胡萝卜素的杂交品系。韦革宏等[138]利用原生质体融合技术，成功地获得了Rhizobium leguminosoum USDA2370和Sinorhizobium xinjiangnesis CCBAU110的属间融合菌株，可分别在双亲寄主植物上结瘤，但融合菌株与亲本菌株的生物学特性均不同。Jianxiu等[139]将Bacillus thuringiensis S184和TnX两菌株进行融合，将cyt1Aa和cry11Aa基因成功地组合到一个菌株中，得到高毒力菌种。唐宝英等[140]将具有解钾活性的胶质芽孢杆菌（B. mucilaginesus）W912与具有杀虫活性的苏云金芽孢杆菌（B. thuringiensis）B179208原生质体进行了融合，融合子既具有解钾活性，又具有杀虫活性。陈五岭等[141]在双亲灭活原生质体融合选育苏云金杆菌新菌株的过程中，最终筛选出1株毒力效价较双亲分别提高41%和117%的新菌株。张修军等[142]以农抗5102产生菌同源菌株9011和FR008进行原生质体融合，筛选获得1株两亲本均不具备的产抗细菌活性的融合子SR7和1株各种抗菌活性均高于亲本的融合子SRT19。王雅平等[143]通过原生质体融合获得了能表达亲株抗菌蛋白和毒素蛋白的融合株。应用原生质体融合技术对酶的研究是相当广泛的：日本Waseda大学以柠檬酸生产菌株黑曲霉（Aniger）和纤维素酶产生菌绿色木霉（Trichoderma viride）为亲本应用此技术，融合后筛选出能在甘蔗渣固体培养基上生长产生柠檬酸的融合子，兼具了绿色木霉产纤维素酶的能力和黑曲霉产柠檬酸的能力。

（4）原生质体融合技术在污水工程菌构建上的应用：利用微生物处理及利用污水是一个很有效的方法，但是这一技术的应用往往涉及多种微生物。而多种菌的优化组合是一个很复杂的课题，原生质体融合技术可以将多个功能组合到一个菌上，为其在污水处理上的应用提供了良好的条件。许燕滨等[144]采用原生质体融合技术，将两株具有含氯有机化合物降解特性的假单胞菌T1和诺卡氏菌RB1融合构建成一株高效降解含氯有机化合物工程菌，应用于造纸漂白废水，融合菌去除COD、Cr的能力比混合菌分别提高了720.5%和190%。周德明[145]采用原生质体融合技术将球形红假单胞菌和酿酒酵母构建成高效降解工程菌。工程菌用于废水处理率比降解率明显提高。程树培等[146]将光合细菌与酵母菌进行原生质体融合，用于连续发酵豆制品的废水处理。程树培等[147]将单亲株灭活法获得的酿酒酵母与热带假丝酵母原生质体融合而成的杂种酵母细胞，在净化味精废水产生单细胞蛋白方面优于双亲菌株，为提高废水的净化效率，增加单细胞蛋白的产量，创造了极为有利的条件。

综上所述，原生质体融合技术为遗传操纵、分子生物学、基础理论研究和基因工程育种提供了一种重要工具和有效手段，已广泛应用于微生物育种工作的各个方面。但这些还都只局限于两个菌之间，特别是同种、同属之间菌种的融合；不同菌属之间的跨界融合报道的不多。由此可见，原生质体的跨界融合存在着我们现在还未知的技术障碍，有待进一步的探索研究。不同菌种间的跨界融合，可能获得同时具多个优良性状的菌株，这正是我们所期待的，故这一技术的应用也必将进一步扩展。

本书拟将一些前期已经研究和被证实具有一定煤炭生物转化效果的

中性条件下生长、繁殖快，安全可靠的球红假单胞菌和黄孢原毛平革菌，进行细胞融合、基因重组方面的尝试，力求从根本上改造煤炭的降解转化菌种，使之成为中性、高效、经济、安全、可靠的工程菌，从而彻底改变其具有一定转化效果但生长缓慢，或其他条件苛刻、难以在工业上采用的现实情况，尽快实现煤炭生物降解转化的产业化。

1.6 主要研究内容、技术关键及创新点

1.6.1 主要研究内容

纵观国内外的微生物降解转化煤炭科学研究，首要的是寻找或采用生物技术手段，筛选或选育出高效煤炭降解转化菌种。本试验研究选用球红假单胞菌和黄孢原毛平革菌的原因是：黄孢原毛平革菌能够降解转化煤炭的本质原因是基于煤炭是植物经化学、物理及生物的作用而形成的复杂大分子结构化合物，保留了大量木质素类物质的结构；而黄孢原毛平革菌具有能分泌攻击木质素类物质的木质素过氧化物酶（LiP）、锰过氧化物酶（MnP）和漆酶（lacquer）等特殊功能酶的木质素降解酶系统。球红假单胞菌能降解转化煤炭的本质原因是球红假单胞菌具有能分泌打开芳香类化合物中苯环的特殊功能胞外酶，此特殊功能在脱出有机硫标样模型化合物 DBT 的 Kodama 途径中已得到证明。由于煤是具有多环芳香烃的复杂结构大分子，故球红假单胞菌能够利用其分泌的特殊功能的胞外酶来降解同样具有复杂芳环结构的煤炭大分子，使其转变为可溶的低环芳环结构的化合物。基于两种不同种属的菌种所具有的降解转化煤炭途径上本质的不同，利用现代生物技术基因工程的方法，对球红假单胞菌和黄孢原毛平革菌进行细胞融合、基因重组方面的尝试，以期获得对煤炭降解的高效工程菌，打破煤炭降解转化的工程瓶颈。另外，同时对球红假单胞菌和黄孢原毛平革菌及其原生质体进行紫外和微波辐射的物理诱变，用经典的诱变育种方法对其进行菌种改造。具体研究内容如下：

（1）首先选择拟研究的煤种和进行相关的制备：按照由低阶到高阶的顺序，如：褐煤、次烟煤等低变质煤，进而扩大到烟煤、无烟煤等，

制备成不同的粒度。然后对煤进行预处理，如煤样的酸氧化处理。

(2) 选择球红假单胞菌和美国系 BKM-F-1767 黄孢原毛平革菌进行紫外线辐射诱变育种和微波辐射诱变育种，然后对诱变后的菌种进行系统的煤炭降解转化实验研究。通过研究，对所筛选出的已知能够降解木质素、烃类或芳香族化合物的菌种——球红假单胞菌和黄孢原毛平革菌，进行进一步培养和改造。采用常规方法分别对以上两种菌种进行紫外、微波辐射诱变处理，以期通过诱变来增强转化效果，筛选出具有更高降解转化效率的诱变菌种，进而进行不同的转化因素和条件（如转化方式、转化温度、菌液浓度、煤的粒度、溶煤 pH、培养基种类和性质、溶煤时间等）的研究和煤炭的微生物降解转化优化实验研究，总结出此种条件下煤炭降解转化的最优工艺路线。

(3) 进行球红假单胞菌和黄孢原毛平革菌原生质体制备条件的优化研究。对球红假单胞菌和黄孢原毛平革菌分别进行原生质体的制备研究，寻找出制备原生质体的最优酶种及其最优配比和浓度、最优渗透压稳定剂种类及其浓度、最优溶壁酶反应时间等不同影响因素，筛选出具有最大原生质体融合率和最大原生质体再生率的原生质体制备最优工艺路线。

(4) 采用紫外辐射诱变方法和微波辐射诱变方法分别对球红假单胞菌和黄孢原毛平革菌原生质体进行原生质体诱变，然后对诱变后再生的菌进行相关不同条件的煤炭降解转化实验研究。

原生质体的制备过程本身就是对菌种的诱变过程，所以拟再采用常规的物理方法分别对以上两种菌种进行紫外、微波辐射诱变处理，以期通过复合诱变来进一步增强转化效果，筛选出具有更高降解效率的诱变菌种，并总结出此种条件下煤炭转化的最优工艺路线。

(5) 通过化学的方法，实现球红假单胞菌和黄孢原毛平革菌原生质体的跨界融合，以期创造出高效煤炭转化工程菌。

在球红假单胞菌和黄孢原毛平革菌原生质体融合率和再生率最大的最优工艺条件下进行两种不同种属菌种的原生质体跨界融合，以期通过原生质融合基因技术来创造出综合两种不同种属菌的优势、实现优势互补的新菌种，从而使得球红假单胞菌和黄孢原毛平革菌跨界融合新菌种能够同时分泌出具有攻击木质素类物质的木质素过氧化物酶(LiP)、锰过氧化物酶（MnP)、漆酶（lacquer）等特殊功能酶和打开芳香类化合物中苯环的具有特殊功能胞外酶的高效工程菌，进而进行不同转化因素和条件的煤炭生物降解转化优化实验，总结出此种条件下煤炭转化的最优工艺路线，以期创造出对煤炭降解转换具有创造性效果的新菌种。

(6) 对跨界融合得出的高效煤炭降解转化工程菌进行相关条件下的煤炭降解转化实验与研究，进而对其性质进行相关的比较、分析、总结和对其新的煤炭降解转化机理进行进一步探讨研究。

1.6.2 拟解决的技术关键

(1) 找到合适的溶菌酶和高渗透压稳定剂缓冲液，使得球红假单胞菌和美国系 BKM - F - 1767 黄孢原毛平革菌能够脱壁。采用单因素实验筛选出合适的溶菌酶的种类及其最优配比、最优高渗透压稳定剂缓冲液种类，优化溶菌酶的脱壁条件，筛选出合适的、能够进行细胞脱壁形成原生质体的溶菌酶及其最优配比和高渗透压稳定剂缓冲液的种类。

(2) 筛选制备出选择培养基，使得两个亲本菌种在选择培养基上不能生长，而只有球红假单胞菌和黄孢原毛平革菌的跨界融合子在培养基上能够生长，从而筛选出具有综合两种不同种属菌的优势、同时能够分泌出具有攻击木质素类物质的木质素过氧化物酶（LiP)、锰过氧化物酶（MnP)、漆酶（lacquer）等特殊功能酶和打开芳香类化合物中苯环结构的具有特殊功能胞外酶的高效工程菌的新菌种。选择培养基是能够顺利筛选出融合子的技术关键之一。

(3) 采用正交实验的方法。选取溶菌酶及其最优配比和浓度、高渗透压稳定剂缓冲液浓度、菌种的溶壁时间、菌种的溶壁温度等不同因素参数进行正交实验分析；找出不同因素影响的次序，筛选出具有最大原生质体融合率和最大原生质体再生率的原生质体制备最优工艺路线，使得菌种原生质体的形成率和再生率都达到最大值。

(4) 在球红假单胞菌和黄孢原毛平革菌原生质体融合率和再生率最大的最优条件下进行两种不同种属菌种的原生质体跨界融合，拟采用化学方法进行原生质体之间的融合，采取正交实验的方法，选取促融剂 PEG 的不同浓度、钙离子的不同浓度、菌种融合温度、菌种融合时间等不同因素参数进行正交实验分析，找出不同因素影响的次序，优化出融合球红假单胞菌和黄孢原毛平革菌的最优融合条件，找到原生质体融合率最高的工艺路线。

1.6.3 煤炭生物降解转化机理的探讨

虽然研究者们提出了多种煤炭生物降解转化机理，如碱作用机理、微生物分泌螯合剂作用机理、酶作用机理等，但到现在为止，到底是哪一种作用机理还并不十分清楚。本研究拟从多方面着手，如菌的培养液对煤溶降解作用、溶解产物的红外光谱、X-射线衍射等手段和煤炭降解产物的热分析等来对煤转化产物与原煤结构及组成进行比较，从而来研究探讨煤炭生物降解转化机理。

1.6.4 主要特点与创新之处

（1）煤炭生物降解转化是一种生物技术和矿物加工以及煤化工技术相结合的跨学科、跨专业的生物工程创新研究，是进行多学科技术的融合和整合，其意义十分重大。

（2）利用细胞融合基因工程的方法，将能分泌打开芳香类化合物中苯环结构的具有特殊功能胞外酶的球红假单胞菌和能分泌攻击木质素类物质的木质素过氧化物酶（LiP）、锰过氧化物酶（MnP）和漆酶（lacquer）等特殊功能酶的美国系 BKM-F-1767 黄孢原毛平革菌进行原生质体跨界融合来综合两种不同种属菌的优势，实现优势互补的同时能分泌两种不同性质的酶种，实现同一种菌具有多种煤炭生物降解转化方式，从而达到创造煤炭生物降解转化高效工程菌。进行不同种属间的细菌和真菌原生质体跨界融合，创造出煤炭生物降解转化新菌种，目前世界上尚无人进行研究，故此项研究的思路、方法及其意义也十分重大，可为将来生物基因工程——原生质体融合研究，开创一片崭新的天地。

（3）根据我们的探索性研究，煤炭的生物降解转化是一个十分复杂的过程，不同的微生物对不同的煤种有着不同的降解转化效果，而且转化的产物往往是混合的产物和成分，如气体、液体等不同形式，给生成物的鉴别和分离也带来一定的难度。通过基因工程的方法，为生成某些特殊的产物而改造和创造出专门性质的菌种，使得在某些特殊的条件下对某些特殊的煤炭种类进行定向转化的专业煤炭降解转化工程菌。

2 材料、研究方法及主要设备

2.1 试验材料

2.1.1 实验用煤样

试验共用煤样有三种：第一种为河南义马褐煤（取自安徽淮化集团），堆放时间2年以上；第二种为淮南次烟煤（取自淮南矿业集团潘二矿）；第三种为山西晋城无烟煤，堆放时间2年以上（取自安徽淮化集团）。原煤样经破碎磨矿，进行化验分析。褐煤含有大量的腐植酸，而且含有较多的水分和灰分。一些金属离子结合在酸性官能团上并使其处于非游离状态，从而使煤样微生物的转化率受到影响。用酸洗或浸泡方法可将结合的金属离子溶解下来，释放出游离羧基，减少结构单元间交联键，有利于褐煤的生物降解转化。另外，酸洗也是褐煤脱硫、脱灰方法之一。试验用硝酸氧化义马褐煤煤样，用5mol/L硝酸浸泡2天后，先用蒸馏水煮洗，洗掉部分硝酸；然后用2XZ－4型旋片式真空泵抽滤经硝酸处理过的煤样，直至抽滤后的滤液接近清水、滤液pH值接近7时为止，烘干、消毒备用。几种煤样的工业分析及硫含量数值见表2－1。

表2－1 原煤样及硝酸预处理后煤样的工业分析

Tab 2－1 Proximate analysis of original and pretreated lignite

煤 种	M_{ad}（%）	A_d（%）	V_{ad}（%）	$S_{t.ad}$（%）
河南义马褐煤	17.12	16.34	48.27	0.56
淮南次烟煤	2.10	11.40	24.38	0.11
山西晋城无烟煤	6.92	17.53	4.79	0.40
硝酸处理义马煤	8.16	13.56	45.62	0.08

由表2-1中数据可见，褐煤的挥发分与次烟煤的挥发分有明显的差别，原褐煤的水分、挥发分都比次烟煤要高得多。总的来说，三种煤样的硫分都较低，属于低硫煤，义马褐煤相对高一点，而淮南次烟煤由于采的是精煤样，故其硫分极低。原煤经硝酸预处理后的灰分和挥发分都有所降低，而它们的硫分则大幅度降低，分析可见，原褐煤中含硫酸盐相对较高。三种煤样因其全硫基本上都极低，所以在以后的实验中不考虑硫分的影响。

2.1.2 煤样制备

对采集的几种煤样进行不同粒度的处理。对河南义马褐煤、淮南次烟煤和山西晋城无烟煤三种煤样进行破碎、筛分、磨矿，其中，河南义马褐煤制成如下：3～0.5mm、0.5～0.2mm、－0.2mm几个粒度级；对淮南次烟煤和山西晋城无烟煤两种煤样取其－200目的粒度级。

2.1.3 试验菌种

试验用的球红假单胞菌取自中国矿业大学化工学院的保存菌种。密封，置于冰箱中。

试验用的美国系BKMF-1767黄孢原毛平革菌（Phanerochaete chrysosporium）购自广东省微生物研究所菌种保藏中心。密封，置于冰箱中。

2.2 煤样实验分析方法及煤炭微生物降解转化率计算方法

2.2.1 煤样试验分析方法

1. 灰分的测定

灰分按GB212—77《煤的工业分析方法》中的缓慢灰化法测定[148]。测定方法要点：将煤样放入冷马沸炉中，在自然通风和炉门留有15mm左右缝隙的条件下，用30min缓慢升至500℃，在此温度下保持30min后，待升到815±10℃，然后关上炉门并在此温度下灼烧1h。自然冷却后，以残留物重量占原煤样重量的百分数作为灰分。测定结果的计算如下：

$$Aad=(m_1/m)\times 100\%$$

式中：Aad ——分析煤样的灰分产率，%；

m_1——恒重后的灼烧残留物的质量，g；

m ——分析煤样的质量，g。

2. 挥发分产率的测定[149]

挥发分产率的测定要点是将箱形电炉预先加热到920℃。打开炉门，迅速将放好坩埚的架子送入炉内恒温区，关闭炉门，使坩埚在920℃的高温下加热7min。然后取出，在空气中放置5～6min后，放入干燥器中，冷却到室温再称重。对于内蒙褐煤，预先压成饼状，切成3mm的小块放入坩埚。试样加热后减轻的重量占原样重量的百分数，再减去试样水分（Mad）就是试样的挥发分产率。测定结果计算如下：

$$Vad=(G_1/G_2)\times 100\%-Mad$$

式中：Vad ——分析煤样的挥发分，%；

G_1——分析煤样加热后的减量，g；

G_2——分析煤样的重量，g；

Mad ——分析煤样的水分，%。

3. 硫分的测定

全硫St.ad应用河南鹤壁市仪表厂有限责任公司生产的KZDL－3型快速智能定硫仪按GB214—83《煤中全硫的测定方法》的规定测定煤中的全硫[150]。

2.2.2 煤炭微生物降解转化率的测定方法

煤炭微生物降解转化率的测试方法通常有以下两种[97]：

方法一：用煤炭降解后的滤液经离心后的上清液加酸或加碱，使之成为沉淀物，烘干，称重，即降解产物加酸或加碱沉淀物的质量与加入煤样的质量之比作为煤炭的微生物降解转化率，即：

$$\eta_1=\frac{M_1}{M_0}\times 100\%$$

式中：M_0——加入的煤样质量，g；

M_1——煤降解后的降解产物的质量，g；

η_1——煤降解转化率,%。

方法二：用煤样经降解转化后的煤渣质量与加入的原煤样质量之差与加入的煤样质量之比作为煤炭的降解产率，即：

$$\eta_2=\frac{M_0-M_2}{M_0}\times 100\%$$

式中：M_0——加入的煤样质量，g；

M_2——煤降解后的煤渣质量，g；

η_2——煤降解转化率,%。

2.3 降解用微生物的生物特性的研究

2.3.1 微生物的形态研究

细菌是单细胞微生物，它的形态就是细胞的形态。其主要形态有球、杆、螺旋状，分别被称为球菌、杆菌和螺旋菌。

菌落的形态特征包括菌落的大小、形状（表面状态、边缘状态、隆起状态），表面的光泽、质地、颜色、透明度、厚度等。

纯培养微生物，以获得纯种。可以通过染色，在生物、光学、显微镜下观察微生物的形态和结构，进行微生物的区分与鉴定工作。对于细菌，可通过各种染色法进行辨别。

1. 芽孢染色方法

主要是对真菌类芽孢进行染色，方法如下：

(1) 涂片：以灭菌接种环挑取生理盐水一环置载玻片中央或略偏右侧，从 PDA 平板上挑取单个纯菌落在盐水中轻轻磨匀，使其呈轻度乳白混浊，置室温下自然干燥。

(2) 初染：加石炭酸复红液，并以弱火加热，使染液冒蒸汽约 5min，冷后水洗。

(3) 脱色：用 95%的酒精滴洗涂片处，脱色 2min，水洗。

(4) 复染：用碱性美兰复染 30s，水洗，风干后镜检。

(5) 镜检：低倍镜下找到标本后，油镜观察并摄影。

2. 真菌的生理生化反应

真菌的生理生化反应是利用其基本原理——Bavendamm 变色反应，

即黄孢原毛平革菌的特征反应。

3. 不染色镜检法（压滴法）

不染色镜检可用于观察细菌的生活状态，一般常用来检查细菌的动力。

以灭菌接种环取菌液 2 环置洁净载玻片中央（观察固体培养菌时，在载玻片上滴加 1～2 滴蒸馏水和生理盐水，再挑取菌落涂匀）；取一洁净盖玻片，使盖玻片一边接触菌液，缓慢放下覆盖于菌液上，勿使产生气泡，也不要使菌液外溢。静置数分钟后镜检。

4. 革兰氏染色法（Gram stain）

该方法由丹麦细菌学家 Christian Gram 首创，采用革兰氏染色法不仅可以观察到细菌的形态、排列和特殊构造，还可以鉴别细菌的种类。

革兰氏染色方法与步骤如下：

（1）以灭菌接种环挑取生理盐水一环置载玻片中央或略偏右侧，从球红假单胞菌固体培养基平板上挑取单个纯菌落在盐水中轻轻磨匀，使其呈轻度浮白浑浊，置室温下自然干燥。

（2）初染：在一个固定的图片上滴加结晶紫染液 2～3 滴，染色 1min 后，用流水冲洗干净剩余染液，甩干。

（3）媒染：滴加革兰氏碘液数滴，1min 后，水洗、甩干。

（4）脱色：再滴加数滴 95%酒精脱色，轻轻摇动玻片，直至无紫色水酒精脱落为止，时间约 0.5～1min，水洗、甩干。

（5）复染：滴加稀释番红染液数滴，染色 0.5～1min，水洗，待干后镜检。

（6）镜检：低倍镜下找到标本后，油镜观察并摄像。

通过革兰氏染色法可将细菌分成两大类：不被乙醇脱色仍保留紫色，为革兰阳性菌，用 G^+ 表示；被乙醇脱色后再被番红复染成红色，为革兰氏阴性菌，用 G^- 表示。

5. 鞭毛镀银染色法

染液：分为甲、乙两种染液。

甲液：鞣酸 5g，$FeCl_3$ 1.5g，15%甲醛溶液 2mL，1%NaOH 1mL，蒸馏水 100mL。

乙液：将 2g 硝酸银溶于 100mL 蒸馏水中，取 90mL 硝酸银溶液并滴入浓氢氧化铵使其形成浓厚的沉淀，继续滴加氢氧化铵至沉淀开始溶解成为澄清溶液为止。然后将剩余的 10mL 硝酸银溶液慢慢滴入，则出现薄雾，轻轻摇动至雾状沉淀消失。再滴入硝酸银溶液，直至摇动仍是呈现轻微稳定的薄雾状沉淀为止。若出现重雾为银盐析出，不宜使用。

染色法：

(1) 用接种环取培养 16～24h 的细菌少许，轻沾于光滑洁净载玻片一端的蒸馏水滴中，倾斜玻片使菌液随水滴流至另一端，然后平放在空气中自然干燥，勿用火焰固定。

(2) 滴加甲液染 3～5min，用蒸馏水冲洗。

(3) 用乙液冲去残水，加乙液染 0.5～1min，并在火焰上方稍微加热，再用蒸馏水冲洗，待干后镜检。菌体呈浅褐色，鞭毛为深褐色。

2.3.2 微生物生长量的测量

1. 球红假单胞菌生长量的测定

运用血球计数器对细菌数目的测定。通过显微镜动态跟踪直接镜检计数检测方法来检测微生物培养过程中生长量的变化。其具体操作步骤如下[151]：

(1) 稀释：将培养好的菌液适当进行稀释，如果菌液不浓可不必稀释。

(2) 镜检：观察记数室内有无污染物。若有，用酒精棉擦洗干净后再加样。

(3) 加样：在清洁干燥的血球计数器上盖上盖玻片，将无菌滴管从盖玻片边缘滴一小滴（不宜过多)，则菌液自行渗入，注意不可有气泡产生。

(4) 计数：静置 5min 后，将血球计数器置于数码显微镜载物台上，先用低倍镜找到计数室所在位置，然后换成高倍镜进行计数。借助 DMB5 型数码显微分析系统中 Motic Images Adanced3.0 分析软件的单色分割和自动计算功能代替人工计算。具体方法是：首先用鼠标选取要计数的区域，进行拍片；然后单击“处理”下拉菜单的“分割”子菜单中的“自动单色分割”；最后单击“处理”菜单下的“自动计算”子菜单，数秒中后显示出计数结果。这种计数方法不但大大提高了计数速度，而且减少了常规显微镜下人工计数易造成的误差，计数精度有了明显提高。

(5) 清洗：清洗血球计数器。

血球计数器的计数室规格主要有两种：25×16 和 16×25。试验中采用的希里格式血球计数器的计数室规格为 25×16，计数室容积为 0.1mm³。其构造如图 2-1 所示。

设五个大方格的总菌数为 A，菌液稀释倍数为 B，那么 1mL 菌液中的总菌数为 $N=5\times10^{4}\cdot A\cdot B$（个/mL）

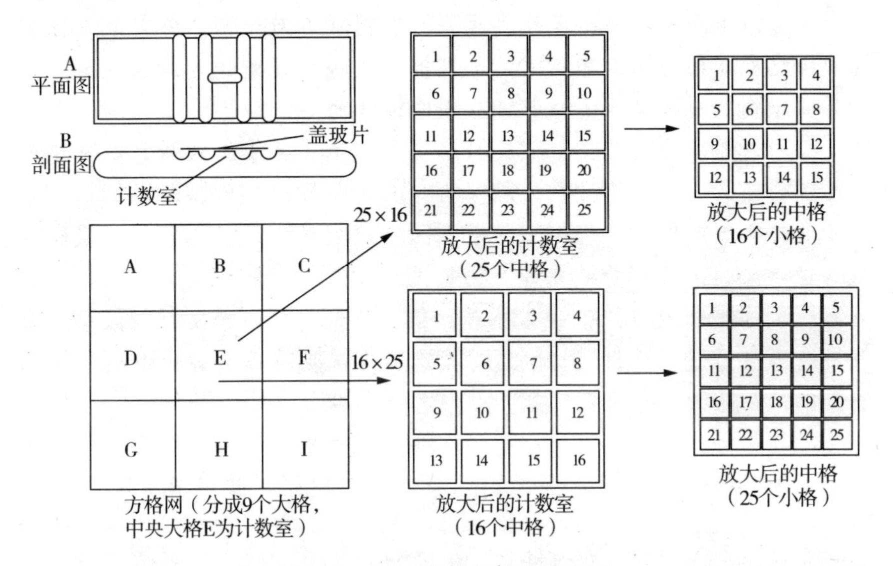

图 2-1 血球计数器构造示意图

Fig 2-1 Sketch map of haemacytometer construct

2. 白腐真菌生长量的测定

描述不同种类、不同生长状态微生物的生长情况，需要选用不同的测定指标。对单细胞生物而言，既可选取细胞数，也可选取细胞重量作为生长的指标；而对多细胞（尤其是丝状真菌）而言，则常以菌丝生长的长度或菌丝的重量作为生长指标。由于考察的角度、测定的条件和要求不同，从而形成了许多微生物生长测定的方法。有的方法直接测定细胞的数量或重量；有的方法通过细胞组分的变化和代谢活动等间接地描述细胞的生长。

本试验中对白腐真菌主要采用干重直接法测定微生物的生长量。

干重测定法：将细胞培养液离心或过滤后，洗涤除去培养基成分，然后转移到适当的容器中，置 100℃～105℃干燥箱烘干或 60℃～80℃低温低压干燥至恒重后，称重[151][44]。

2.4 煤及煤生物降解转化产物的结构特性分析

煤是一种由有机大分子相和小分子相组成的复杂混合物，现在国内外对煤结构的研究主要集中在溶剂抽提、热解和模型化合物建立三个方面。关于煤结构的研究方法归纳起来可以分为如下四类[152]。

(1) 化学研究方法：如氧化、加氢、卤化、解聚、热解、烷基化和官能团分析等。这类方法在煤结构研究的初期提供了许多基础数据，发挥了非常重要的作用。但由于化学方法手续复杂、分析周期长、灵敏度低等缺点，目前大部分被物理方法取代。

(2) 物理研究方法：如 X 射线衍射、红外光谱、核磁共振波谱以及利用物理常数进行统计结构解析等，这类方法随着仪器分析的进步不断有新的结果报道。

(3) 物理化学研究方法：如溶剂抽提和吸附性能等，这类方法长期以来在煤结构研究中居于重要地位，是一种非常重要的研究方法。

(4) 计算机辅助分子设计是由分子图形学、分子力学、量子化学和计算机科学组成。各种煤结构研究方法及其所提供的信息见表 2-2。

表 2-2 煤结构研究方法及其所提供的信息

Tab 2-2 Methods of studying coal construct and correlative information

研究方法	研究内容
密度测定 比表面积测定 小角 X 射线散射(SAXS) 计算机断层扫描(CT)	孔结构、气体吸附与扩散、反应特性
原子力显微镜(AFM) 扫描隧道显微镜(STM) 电子透射(TEM) 扫描显微镜(SEM)	形貌、表面结构、孔结构、微晶石墨结构
X 射线衍射(XRD)	微晶结构、芳香结构大小与排列、键长、原子分布
紫外-可见光谱(UV-Vis)	芳香结构大小
红外光谱(IR)	官能团、脂肪和芳香结构、芳香度

（续表）

研究方法	研究内容
核磁共振谱(NMR)	碳、氢原子分布，芳香度，缩合芳香结构
顺磁共振谱(ESR)	自由基浓度、未成队电子数目
X光电子能谱(XPS)	原子的价态与成键、杂原子组分
X射线吸收近边结构谱(XANES)	
Mossbauber谱	含铁矿物
原子光谱	矿物质成分
X射线能谱(EDX)	
质谱(MS)	碳原子分布、碳氢化合物类型、分子量
电学方法(电阻率)	半导体特性、芳香结构大小
磁学方法(磁化学)	自由基浓度
光学方法(折射率)	煤化程度、芳香层大小与排列
溶胀与抽提+色谱	小分子组分、分子间作用
分子力学与分子动力学	分子最优构象、分子结构、能量参数计算
量子化学理论计算	原子间的成键特征、电子结构、芳香结构

2.4.1 红外光谱法（FTIR）

红外吸收光谱[153]属于分子光谱的范畴，它主要研究分子结构与红外吸收曲线的关系，利用物质的分子对红外辐射的吸收，得到与分子结构相应的红外光谱图。由于傅立叶红外光谱分辨率高、操作简单等优点，现已广泛应用于煤结构参数的测定，用来确定煤中的各种官能团。

红外光在可见光区和微波光区之间，波长 λ 为 0.75～1000μm。通常将红外区划分为三个区间：近红外光区（0.75～2.5μm）、中红外光区（2.5～25μm）和远红外光区（25～1000μm）。一般说的红外光谱就是指中红外光区的红外光谱。

红外光谱（Infrared Spectrometry，简称 IR）又称为分子振动转动光谱，也是一种分子吸收光谱。当样品受到频率连续变化的红外光照射时，分子吸收了某些频率的辐射，并由其振动或转动运动引起的偶极矩的净变化，产生分子振动和转动能级。从基态向激发态的跃迁，使相应于这些吸收区域的透射光强度减弱。通过记录红外光的百分透射比与波

数 ν 或波长 λ 关系的曲线，就得到红外光谱。

一般地，红外光谱纵坐标为百分透射比 $T\%$，峰向下；横坐标是波长 λ （μm）或波数 v （cm^{-1}）。λ 与 v 之间的关系为：v （cm^{-1}） $=10^4/\lambda$ （μm），因此中红外区的波数范围是 4000～400cm^{-1}。近年来红外光谱均采用波数等间隔分度，称为线性波数表示法。

Fourier 变换红外光谱法（FTIR）是利用傅里叶变换红外光谱仪进行的，其核心部件是迈克尔逊干涉仪，由固定平面镜、分光器和可调凹面镜组成。由光源发出的红外光经过固定平面反射镜后，由分光器分为两束：50％的光透射到可调凹面镜，另外 50％的光反射到固定平面镜。可调凹面镜移动至两束光的光程差为半波长的偶数倍时，这两束光发生相长干涉，干涉图由红外检测器获得，经过计算机傅里叶变换处理后得到红外光谱图。

红外光谱法测试的试样一般应符合三点要求：1. 试样应是单一组分的纯物质（纯度＞98％），这样才便于与纯化合物的标准光谱对照；2. 试样中不应含有游离水。水本身有红外吸收，会严重干扰样品谱；3. 试样的浓度和测试厚度应选择适当，以使光谱图中大多数吸收峰的透射比处于 10％～80％范围内。

固体试样的制样方法常用 KBr 压片。将 1～2mg 试样与 200mg 纯 KBr 研细混匀，置于模具中，用（5～10）$\times10^7$Pa 压力在油压机上压成透明薄片。试样和 KBr 都应经干燥处理，研磨到粒度小于 2μm，以免散射光影响。KBr 在 4000～400cm^{-1}光区内不产生吸收，因此可测绘全波光谱图。红外光谱分析对气、液、固体样品均可测定，具有用量少、分析速度快、不破坏试样等特点。

通过红外光谱对煤及其衍生物的研究与分析，得出煤结构变化与红外光谱相应的关系，为煤结构的定性、定量分析提供了一个统一依据。表 2－3 较为系统地归纳了煤的各种官能团与结构所对应的特征吸收峰。

2.4.2 X 射线衍射分析法[40]

从结构的角度，物质可分为晶体和非晶体。X 射线衍射分析法是根据晶体对 X 射线衍射特征（衍射线的方向和强度）来鉴定结晶物质物相的方法。由于每种物相都具有自身特点的晶体结构，因此，就具有特定的衍射图谱，即具有特定的衍射线线位分布与强度分布。

表 2-3　煤的红外光谱吸收峰的归属

Tab 2-3　Adscription of FTIR absorb apex of coal

波数/cm^{-1}	谱峰归属
>5000	振动峰的倍频或弱主频
3300	氢键缔合的—OH（或—NH），酚类
3030	芳烃 CH
2950（肩）	—CH_3
2920 2860	环烷烃或脂肪烃—CH_3
2780～2350	羧基
1900 1780 1700	芳香烃，主要是 1，2—二取代和 1，2，4—三取代羰基
1610	氢键合的羰基…HO—. 具有—O—取代的芳烃 C═C
1590～1470	大部分的芳烃
1460	—CH_2和—CH_3或无机碳酸盐
1375	—CH_3
1330～1110	酚、醇、醚、酯的 C—O，灰分
1040～990 860 833（弱） 815 750 700（弱）	取代芳烃—CH，灰分

X 光衍射仪是由 X 光机、测角仪、探测仪、记录器和操作系统等部分组成。它利用探测器探测 X 光衍射仪，利用后续电子线路记录 X 光衍射线。典型的 X 光衍射图是测试从低角度到高角度的全部衍射线，即全图。根据国际粉末衍射标准联合委员会（JCPDS）提供的各种物相标准卡片（PDF 卡片），将分析试样的 X 射线衍射数据与标准衍射卡片相对照，就能找出试样中所包含的物相种类。

近年来，国内外一些学者开始用 X 射线衍射方法对煤进行研究，在煤的结构分析方面取得了明显的进展，如研究者们根据煤的衍射曲线的特征，来确定煤的变质程度。本文利用 X 射线衍射方法对煤微生物转化的产品及原煤进行 X 射线衍射特征、参数比较，来研究煤微生物转化过程中大分子结构的变化。

X 射线衍射法主要用于研究固态的结晶物质。虽然煤不是一种典型的结晶物质，但煤里存在着一种类似“晶体”的结构，这种类似结晶的东西，一般称之为芳香微晶。微晶是由数层芳香环层片组成。芳香环层片主要由芳香核和烃的支链及各种官能团组成，并且随着煤变质程度的增高，芳香核也逐渐增加，而烃的支链和各种官能团相应要减少，无烟煤则主要由芳香核组成。每一个单层的芳香层（类似石墨的单层结构）大约由 7～8 个芳香环组成。平行于芳香层片的尺寸为 La，垂直于芳香层片的尺寸为 Lc，芳香层片之间的距离为 d_{002}，X 射线衍射图谱可以计算出这些微晶参数。随着煤化程度的提高，反映芳香微晶大小的 La 和 Lc 逐渐增加，而反映芳香微晶层间距的 d_{002} 减小，如图 2-2 所示。

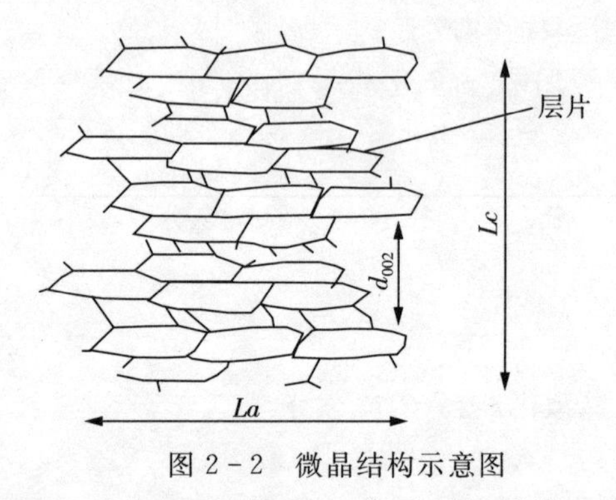

图 2-2　微晶结构示意图

Fig 2-2　Schematic diagram of microcrystalline structure

La、Lc 和 d_{002} 是煤和碳微晶尺寸的参数，这几个参数的计算公式如下：

$$La = K_2\lambda/\beta_{(001)}\cos\theta_{(100)}$$

$$Lc = K_1\lambda/\beta_{(002)}\cos\theta_{(002)}$$

$$d_{002} = \lambda/2\sin\theta_{(002)}$$

式中：λ——X 射线波长，$\lambda = 1.54178\text{Å}$；

β——衍射峰半高宽（弧度）；

θ——衍射峰对应的 θ 角；

K——系数，$K_1=0.94$，$K_2=1.84$。

微晶尺寸随着煤变质程度的增加而增加，包括层片数目的增加和每层中环数的增加。而层片间距 d_{002} 减小，其极限值则是石墨的层间距。随着变质程度不断增加，煤的结构越来越接近于石墨的结构。其主要原因是由于变质程度的不断提高，煤结构中的热解和缩聚等反应不断发生，芳香层片的间距愈来愈小，最后趋向于石墨的层间距，而微晶的 La、Lc 则不断增加。因此，我们可以利用原煤与煤微生物降解的产物 X 射线衍射特征分析，借助布拉格（Bragg）方程和谢乐（Scherrer）公式推导计算出煤的结构参数 La、Lc、d_{002}，通过比较它们之间的变化，判断其物质结构的变化，包括晶体的大小，从而可以了解它们的芳香层片的缩聚程度及解聚程度。

2.4.3 热分析——热重法（TG）及差热分析（DTA）

热分析[154]是指在程序控温下，测量物质的物理性质与温度关系的一类技术。常用的热分析技术包括：热重法（thermogravimetry TG）；微商热重法（dervivative thermogravimetry DTG）；差热分析（differential thermalanalysis DTA）；差示扫描量热法（differential scanning calorrimetry DSC）；逸出气分析（evolved gas analysis EGA）。此外，热分析联用技术也是热分析技术的重要组成部分，如 TG-DTA，DTG-DTA，TG-DTA-DTG，TA-MS 和 TA-FTIR 联用等。上述各种热分析技术及联用技术在煤炭领域中的应用很多。

热重法是指在程序控温的条件下，测量物质的质量与温度关系的技术；差热分析是指在程序控温下，测量物质和参比物温度差与温度关系的技术。

热分析方法（TG，DTA）是国内外研究煤燃烧特性的最常见的试验方法之一。它是利用热天平在程序升温的条件下，研究煤的重量、热量等随温度变化的规律（即燃烧分布曲线）。对燃烧特性的评价是根据在燃烧分布曲线上的特征来确定的。DTA 代表了煤在燃烧的过程中热量释放过程和热量释放的数量。在 20 世纪 50 年代，有人在研究中发现，物质释放的热量与 DTA 曲线下所包含的面积成正比。曲线面积的测定可采用以下 3 种方法：（1）剪纸称重法；（2）求积仪法；（3）计算机。

热重曲线（TG）[155]横轴表示温度或时间，从左到右表示增加；纵轴为质量，从上到下表示减少，常用余重（实际称重 mg 或剩余百分数%）或剩余份数 C（从 1→0）表示。

差热分析曲线（DTA），纵轴表示温度差 ΔT，向上表示放热，向下表示吸热；横轴表示时间 t 或温度 T，从左到右表示增加。

2.4.4 质谱分析法

质谱法（mass spectrometry，MS）是在高真空系统中测定样品的分子离子及碎片离子质量，以确定样品的相对分子质量及分子结构的方法。质谱法测定的对象包括同位素、无机物、有机化合物、生物大分子以及聚合物，因此应用非常广泛。鉴定有机化合物及生物大分子的一种重要方法是有机质谱，它不仅能提供分子量，还可通过测量精确质量确定分子式，对质谱图中碎片离子进行分析将会获得某些重要的结构信息。

质谱仪由以下几部分组成：进样系统、离子源、质量分析器、检测器、计算机控制系统和真空系统。其中，离子源是将样品分子电离生成离子的装置，也是质谱仪最主要的组成部件之一。质量分析器是使离子按不同质荷比大小进行分离的装置，是质谱仪的核心。各种不同类型的质谱最主要的区别通常在于离子源和分析器。常见离子源的种类有电子轰击（electron impact，EI）源、快原子轰击（fast atom bombardment，FAB）源、化学电离（chemical ionization，CI）源、电喷雾电离（electron spray ionization，ESI）源、基质辅助激光解吸电离（matrix assisted laser desorption ionization，MALDI）源等。常见的质量分析器种类有扇形磁场、四极分析器、离子阱、飞行时间质量分析器、傅里叶变换离子回旋共振等。不同的离子源使样品分子电离的方式各不相同，不同的质量分析器的分析原理也不相同。

美国制造的 LCQ Advantage 离子阱质谱仪采用离子阱质量分析器，它利用不同质荷比的离子在四极场中产生稳定震荡所需的射频电压不相同的性质分析离子，还可以选择、储存某一质荷比的离子，因而能实现多极串联质谱分析。这种质谱仪采用电离源为 ESI 源，其工作原理为样品溶液从毛细管流出时，在电场及辅助气流的作用下喷成雾状的带电微滴；在加热气体的作用下，液滴中溶剂被蒸发，使液滴直径逐渐变小，因而表面电荷密度增加，当达到雷利限度时，即表面电荷产生的库仑排斥力与液滴表面张力大致相等，则会发生“库仑爆炸”，把液滴炸碎，产生带电的更小的微滴；这些液滴中溶剂再次蒸发，此过程不断重复，直到液滴变得足够小，表面电荷形成的电场足够强，最终把样品离子从液滴中解吸出来，形成的样品离子通过锥孔、聚焦透镜进入质谱计分析器后被检测。

多肽、蛋白质等生物分子，不仅有多个可质子化的基团，而且彼此相距较远，在ESI的环境中能形成多质子化分子（多电荷离子），这是ESI最为独特之处。质量数在数十千道尔顿的分子可含有多达20多个质子，因此离子的质荷比往往落在3000以下，这使得用低价的四极杆质谱计分析的分子量达150～200kDa。其适用范围：多肽、蛋白质、糖蛋白、核酸、络合物及其他多聚物的分析。

2.5　试验用主要仪器及设备

1. 样品及产物的制备、分析检测和菌种诱变设备

(1) XSB-70A型Φ200标准筛振筛机；

(2) SP-100×100型颚式破碎机；

(3) XPM-Φ120×3型三头研磨机；

(4) KZDL-3型快速智能定硫仪；

(5) 马弗炉；

(6) MHXS-4型高温电炉；

(7) SARTORIUS型电子分析天平（精度为万分之一）；

(8) WMK型恒温水浴锅（温度范围0～100℃）；

(9) 2XZ-2型真空泵；

(10) SDT2960热分析联用仪（美国TA公司生产）；

介质：空气；升温速率：15℃/min；最高温度：950℃。

(11) VECTOR33型红外光谱仪（德国BRUKER公司制造）；

性能指标：Scanner Velocity：6～100KHZ；Beamsplitter：KBr；X-axles：Wavenamber/cm^{-1}，Y=axles：transmitance/%。

(12) D/MAX-3B型X射线衍射仪（日本理学Rigaku公司）；

分析方式与测试条件：定性分析，连续扫描（速度为3℃/min）。

分析标准：利用粉末衍射联合会国际数据中心（JCPDS - ICDD）提供的各种物质标准粉末衍射资料（PDF）并按照标准分析方法进行对照分析。

（13）WD650B 型微波器；

性能指标：额定电压 220V，额定频率 50Hz，微波输出功率为 650W，额定微波频率为 2450MHz。

（14）索式抽提器；

（15）沙星过滤器；

（16）LCQ Advantage 离子阱质谱仪（美国 ZSI - MS）；

测试条件：鞘气流速—20arb；喷雾电压（I Spray）—5kV；毛细管温度—200℃；液相稀释溶剂（基质）—CH_3OH、H_2O，CH_3OH ∶ H_2O ＝1∶1。

2. 微生物培养与分析检测及煤生物转化试验设备

（1）HH - BIL360 - S 型电热恒温培养箱（温控范围：室温～60℃）；

（2）101 - 1 - S 型电热恒温鼓风干燥箱（最高工作温度：300℃）；

（3）SYZ - 550 型石英亚沸高纯水蒸馏器；

（4）LD4 - 2 型电动低速离心机（最高转速达 4000r/min）；

（5）TGL - 16 型 SANYO 高速台式离心机（最高转速达 16000r/min）；

（6）手提式压力蒸汽灭菌器（型号：YXO. SG41. 280；工作压力：0. 15MPa；工作温度：121℃）；

（7）MB5 数码显微分析系统（加拿大 Motic 公司）；

性能指标：130 万像素数码成像，分辨率：1280×1024 活动像素，最大扫描速度（16MHz）40 帧/秒（640×480）、12 帧/秒（1280×1024）。分析软件：Motic Images Advanced3. 0；

（8）HY - 5A 型旋回式及 HY - 2A 型数显往复式振荡器（频率：60～360 次/min，无级调速）；

（9）SPX - 250B - Z 型恒温培养箱；

（10）OLYMPUS OPTICAL 型电子显微镜（JAPAN 公司）；

（11）尼康数码照相机（像素：500 万）；

（12）索尼摄影机（像素：80 万）。

3 黄孢原毛平革菌及其紫外、微波诱变菌用于煤炭降解转化的实验研究

3.1 黄孢原毛平革菌的选择、培养及生物学特征

3.1.1 黄孢原毛平革菌（Phanerochaete chrysosporium)

试验所用菌种黄孢原毛平革菌 BKM－F－1767，购自广东省微生物研究所菌种保藏中心。密封，置于冰箱中。

3.1.2 黄孢原毛平革菌的培养基

3.1.2.1 黄孢原毛平革菌培养基的组成

基本培养基：200g 马铃薯浸出液，20g 葡萄糖，3g KH_2PO_4，1.5g $MgSO_4 \cdot 7H_2O$，0.1mg $FeSO_4 \cdot 7H_2O$，0.2mg $CuSO_4 \cdot 5H_2O$，8mg 维生素 B_1，用蒸馏水定容到 1000mL。

斜面孢子培养基：采用改良 PDA 培养基（L^{-1}）：200g 马铃薯浸出液，20g 葡萄糖，20g 琼脂，3g KH_2PO_4，1.5g $MgSO_4 \cdot 7H_2O$，0.1mg $FeSO_4 \cdot 7H_2O$，0.2mg $CuSO_4 \cdot 5H_2O$，8mg 维生素 B_1。

3.1.2.2 培养基的消毒灭菌

为了对微生物进行纯培养，防止杂菌污染，必须对微生物生长的培养基进行消毒灭菌。培养基的消毒灭菌步骤如下：将装有液体培养液的锥形瓶塞上棉塞，罩上牛皮纸，用线扎紧。首先在高压灭菌锅内放水，使水面超过加热电阻丝两指左右，放置好锅内桶，在锅内放入待灭菌的培养基和需消毒的物品，盖好锅盖，拧紧螺钉，打开放气阀。然后接上电源，待水烧开 3min 后（将锅内冷空气赶出后），关闭放气阀，待压力升高。当温度指到 121℃，压力为 0.15MPa 时，使温度压力恒定。从这时计时 25min，关掉电源，等锅内温度冷却下降至 0℃刻度，打开放汽

阀放气，打开锅盖，再取出培养基及消毒物品。至此，消毒灭菌完毕。

3.1.3 黄孢原毛平革菌的生物学特性

3.1.3.1 黄孢原毛平革菌的特性

所谓“白腐真菌”，并非生物学上的概念。第一，它不属于生物系统分类学范畴的术语，而是从功能角度上对生物进行描述和界定。第二，它既不专指某一种真菌，也不泛指某一些真菌，而是限定为一类腐生在木质上有相同的进攻能力并造成木质发生相同的结构及外观变化——白腐的丝状真菌的总称。

白腐真菌是木腐真菌（wood destroying fungi 或 wood rotting fungi）中对木质素降解能力最强的成员，是已知的能在纯培养中将木质素彻底降解为 CO_2 和 H_2O 的唯一的一类生物，因分解木材后留下的残留物为白色而得名。虽然其中的某些种相对于纤维素类成分而言更偏爱分解木质素，但是它们在腐烂木质过程中几乎是同时破坏多糖和木质素，即能在一定条件下将木质的主要成分（木质素、纤维素、半纤维素）全部降解为 CO_2 和 H_2O，因在分解过程中木质不被着色，故仍保持白色。

黄孢原毛平革菌是白腐真菌（white rot Fungus）的模式菌种，属担子菌纲，典型的木质素降解菌，一般腐生于树木或木材上，使木材上出现袋状、片状或有环痕状等形状的淡色海绵状团块。黄孢原毛平革菌具有发达的菌丝体。菌丝常为多核，一个细胞内随机分布可多达 15 个核，少有隔膜，无锁状联合。多核的分生孢子常为异核体，担孢子却是同核体。交配系统有同宗配合和异宗配合。在合适的培养条件下，菌丝生长旺盛，且喜欢在空气和水的界面上伸展，容易产生大量的无性分生孢子。分生孢子为具有疏水性且直径 5～7 μm 的卵形颗粒；孢子表面有小杆状结构，带负电荷，等电点（isoelectric point，pI）接近 2.5；表面组成为 35% 的蛋白质，20% 的多糖，33% 的类烃物质（hydrocarbon-like）。分生孢子容易形成及具有数量很大的特点，为菌的种质保存、接种量化和遗传操作提供了很大的便利。

在整个生活周期中，黄孢原毛平革菌的子实体阶段并不占主要地位，Gold 等研究了其子实体形成的生理条件，试验表明：通过对葡萄糖和氮代谢物的抑制，可以控制菌的子实体形成，菌的子实体形成及以后的担孢子的生成，常 10～14d 内可诱导完成；碳源对子实体形成有很大的影响，其中Walseth纤维素是最佳碳源。氮源的种类和浓度，菌的代谢等对子实体形成产生影响，细胞内环腺苷酸（cAMP）能扭转葡萄糖对子实体形成的抑制作用。研究获得了菌的子实体及担孢子提出了调节模式，从而为菌的杂交提供操作途径。

黄孢原毛平革菌的生长分为营养期（初生生长）和繁殖期（次生生长）两个阶段，它们大致对应于细菌系统生长的对数期和禁止期。营养期时，生长是线性的，生物量显著增加；繁殖期时，生长基本停止，甚至发生生物量的下降。因碳、氮营养的限制而触发了次生代谢，进入了木质素降解阶段；两者之间可能会存在一个停滞期（lag period）。在液体培养条件下，接种后0～24h孢子萌发、菌丝线性生长、营养氮消耗；24～48h线性生长中止、铵透性酶活性的抑制被解除（指示氮危机）；72～96h出现木质素降解活动（合成的^{14}C－木质素→CO_2）。总之，黄孢原毛平革菌的生长和代谢活动是复杂的，又是密切与木质素的降解相关的。

黄孢原毛平革菌可在木质素细胞腔内产生大量细胞外过氧化物酶（extracelluler peroxidose enzyme），有很强的降解木质素大分子的能力，与对其他难降解的物质一样，木质素实际上是被共代谢（cometabolized）的。共代谢有两种方式。一种是通常描述的情况：某种生物能将一种底物转化，却无法在这种底物上生长，即生物体不能利用这种底物的氧化所产生的能量去维持生长；这种现象被称为共氧化（cooxidation）、无偿代谢（gratuitous metabolism）或幸运代谢（fortuitous metabolism）。共代谢的第二种方式是：一些生物为了共同的效应，共用其生物化学资源，协同作用，对某化合物进行降解。表面上黄孢原毛平革菌属于前一种情况，但因为其对木质素的降解与其本身的初生生长并非同时发生，所以黄孢原毛平革菌对木质素的生物代谢途径和类型是十分复杂多样的。此外，黄孢原毛平革菌的生长及代谢特征，还涉及其他的营养元素的调节，受到培养方式、各种因子和参数等的影响，总之十分复杂。又因木质素是主要植物成分和煤的基本前提物，其结构都是以缩合芳香环为核心结构单元的三维空间的高分子聚合物，主要键型及化学组成都基本相似。事实证明，白腐真菌能氧化分解不少煤的组分，故本实验选用黄孢原毛平革菌来进行煤炭降解转化实验。

黄孢原毛平革菌具有特征反应，即Bavendamm反应。最适生长温度为28～39℃，培养温度以28℃或39℃为宜。

3.1.3.2 黄孢原毛平革菌生长繁殖效应

实验表明，采用孢子接种物可以很快且正常地启动培养反应。孢子接种后，孢子萌发成菌丝，菌丝相互交织成网，1～2d内形成伸展充满整个容器液面的白色薄膜，成为菌丝垫或菌垫（mycelial mat）。随着培养时间的延长，菌垫与空气接触的表面会形成白色粉状物——孢子。显微镜观察，菌丝的形态与菌的生理状态相关。在培养初期（10d），菌丝较长，有的呈现螺旋状，无侧分枝，还可以看到厚垣孢子（chlamydospore），菌丝在约10d后形态上将经历显著的变化：从老菌丝的细胞壁中直接发育长出新菌丝分枝，菌丝的生长有限且短小，表现出不同于初期的、以菌丝顶端生长为特征的模式。菌丝的这种生长方式及形态特征，与培养体系中木质素降解活性同时发生。

在液体振荡培养过程中，孢子接种后，萌发的菌丝在一定的摇速作用下相互缠绕成团，1～3d内形成在容器里随机碰撞的白色小球，称为菌丝团或菌团（mycelial pellets），孢子接种物形成菌团被认为是一种自然发生的自固定化过程（self-immobilization）。在浸没培养中（submerged culture），菌团的大小及数量随接种量和转速而变化：接种量大，菌团越大；转速越大，菌团越小，数目越多。在100～200 r/min下，菌团直径为3～5mm。后来的实验研究表明，在相同的实验条件下，经过诱变后的菌在振荡培养时，菌团的直径变小，有的还会发生变色反应，其机理有待以后进一步研究。黄孢原毛平革菌对振荡所产生的机械剪切力高度敏感，产生这种情况的生理基础是：菌在对木质素及其他异生物质的降解中主要起作用的“工作酶”为胞外酶，菌又是好氧微生物，氧是影响反应及降解效率的重要因子；为提高氧的运输及传质效果所采用的振荡，会严重破坏酶的结构和活性。黄孢原毛平革菌的固体培养主要是平板培养，研究实验是以扩大菌的生物量或大量获得孢子为目的的繁殖培养或扩增性培养。在繁殖培养的平板体系中，无论是孢子接种还是菌丝体接种，菌在平板上呈扩散状生长，数天内整个平板表面布满了白色的菌丝。菌丝向培养基内伸入，在离表面约1mm厚的琼脂区内形成坚固的菌丝层。随着培养时间的延长，菌丝向气相伸展，产生大量的孢子，形成的白色粉状物遍布全平板。如果是进行检测培养，则在接种区周缘先形成反应区带，区带的宽度随反应时间而增大；理想条件下会导致整个平板发生反应。这种现象在以染料为处理对象的平板中最为明显，染料脱色或变色区带的宽度及反应程度，直观地指示了菌的降解能力。煤炭生物降解转化实验的平板转化实验，即是利用平板培养过程中发生的变色反应来进行的；在煤炭生物降解转化过程中采用固体形式，其意义更多的偏向于定性实验研究。总之，平板体系具有反应迅速、操作简单、测定方便等优点，在以定性为主要目的的初试性研究中具有一定意义和优势。

根据 2.3.2.1 微生物生长量的测定方法，选用干重测定法对黄孢原毛平革菌进行生长量的测定。其方法为：用 60℃干燥箱烘干至恒重后，用称重的滤纸来过滤培养液。由于黄孢原毛平革菌菌丝附着在锥形瓶壁上，用蒸馏水洗涤干净并过滤；用蒸馏水洗涤过滤物除去培养基成分后，转移到培养皿中，另取一干净滤纸密封培养皿，置 60℃干燥箱烘干 6h 后，称重。

从培养过程中可以发现，24h 之前黄孢原毛平革菌培养液中菌丝体很少，30h 之后菌丝体快速生长，42h 之后菌体生长速度开始趋于缓和，这可能是由于培养液中营养物质消耗殆尽，并且菌体进入了生长期后期造成的。另外，还可以观察到在液体培养基中菌体的生长速度比在固体培养基中的快，且随着培养时间的延长，菌体聚集成块，最后浮于培养液的表面。分析可知，黄孢原毛平革菌的生长期在 30h～42h 之间。黄孢原毛平革菌培育生长曲线如图 3－1 所示。

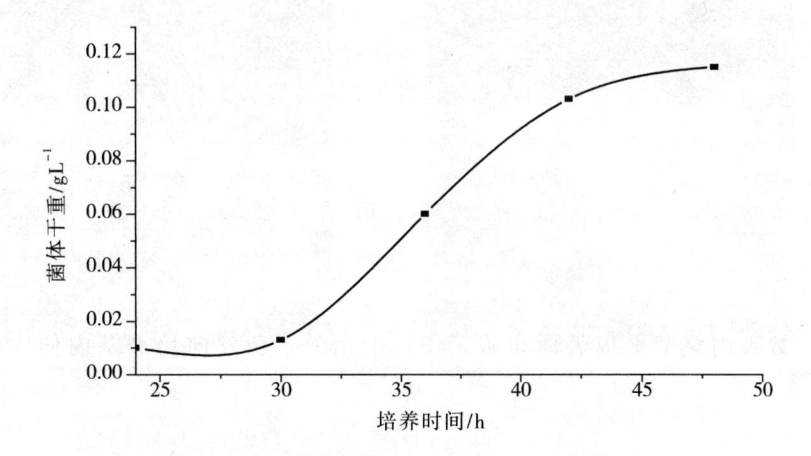

图 3－1　黄孢原毛平革菌培育生长曲线

Fig 3－1　The growth curve of Phanerochaete chrysosporium

3.1.3.3 黄孢原毛平革菌菌落特征及菌体形态学研究

1. 群体形态特征

黄孢原毛平革菌的形态特征描述如下：

(1) 固体培养

菌种接种后，在平板上呈扩散状生长，数天内整个平板表面布满了白色的菌丝。菌丝向培养基内伸入，在离表层约 1mm 厚的琼脂区内形成坚固的菌丝层。随着培养时间的延长，菌丝向气相伸展，产生大量的孢子，形成的白色丝状物遍布全平板，如图 3-2 所示。

(2) 液体培养

① 静置培养　纯化培养时，接种之后萌发出菌丝，菌丝相互交织成网，1～2d 内形成伸展充满整个容器液面的白色薄膜，成为菌丝垫或菌垫。在液体培养（250mL 三角瓶中 50mL 液体培养基）中，厚度约为 1.0～1.5mm 的菌垫位于气液交界面，便于获得氧。随着培养时间的延长，菌垫与空气接触的表面会形成白色粉状物——孢子。若培养时间(10d) 更长一些，菌垫表面会形成绿色粉状物——孢子。

② 振荡培养　菌种接种后，萌发的菌丝在一定的摇速作用下相互缠绕成团，1～3d 形成在容器里随机碰撞的白色小球，成为菌丝团或菌团，如图 3-3 所示。

图 3-2　黄孢原毛平革菌（固体培养基）

Fig 3-2　The Phanerochaete chrysosporium

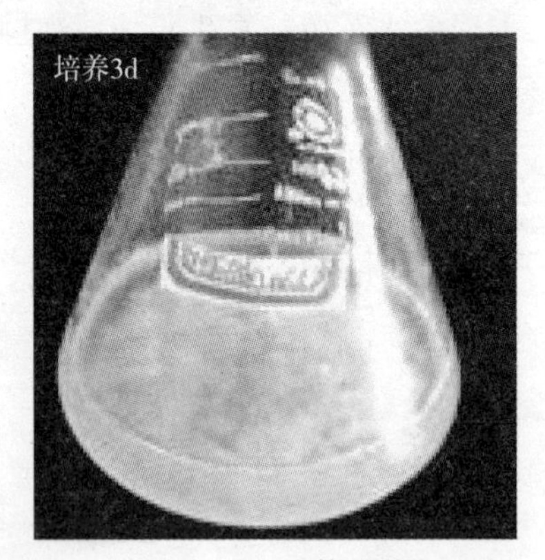

图 3-3　液体培养

Fig 3-3　Liquid culture

2. 个体形态特征

主要是形态观察，进行芽孢染色。芽孢染色方法如 2.3.1 中所述。芽孢染色如图 3-4 所示。

显微镜观察菌丝，菌丝的形态与菌种的生理状态相关。在培养的初期（10d）菌丝较长，有的呈螺旋状，无侧分枝，如图 3－5 所示。

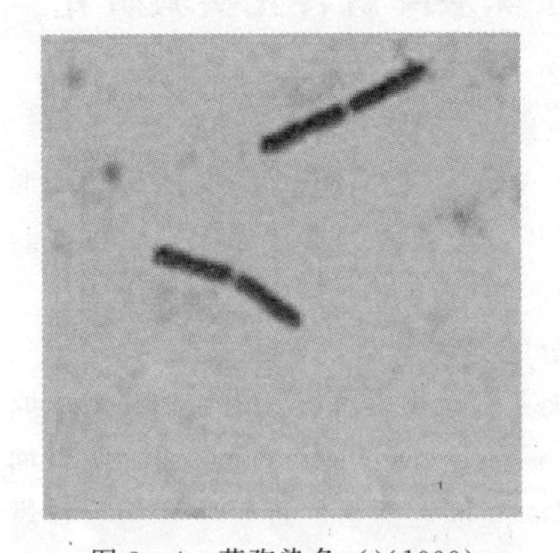

图 3－4　芽孢染色（×1000）
Fig 3－4　Spore stain（×1000）

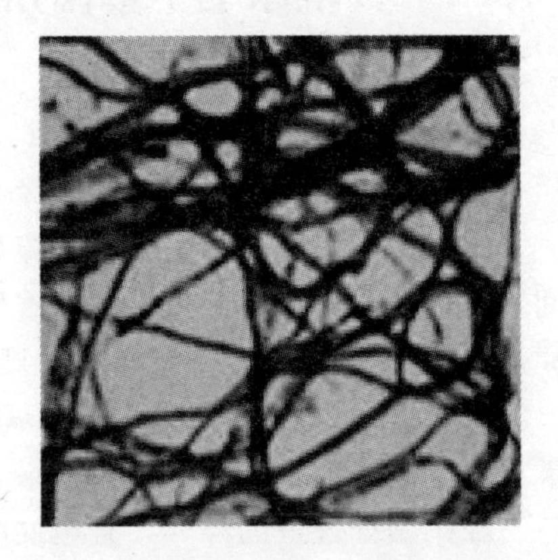

图 3－5　镜检（×400）
Fig 3－5　Micro-check（×400）

3. 生理生化反应

黄孢原毛平革菌的特征反应如 2.3.1 中所述。试验中，在培养皿中接种白色绒状菌落，用加入琼脂及少量单宁酸的专项培养基，温度控制在 30℃。经过 3d 培养后，在菌落外侧形成了肉眼可见的褐色轮环，如图3－6所示。

图 3－6　特征反应
Fig 3－6　characteristic reaction

3.2 黄孢原毛平革菌用于煤炭降解转化实验研究

3.2.1 试验用煤样

本试验用煤样是河南义马褐煤煤样（取自安徽淮化集团）且堆放时间二年以上。原煤样经过烘干、破碎、筛分的每个程序，制备成能代表原煤样的分析（试验）煤样。粒度分三个粒级：3.0～0.5mm、0.5～0.2mm、－0.2mm。试验用硝酸氧化义马褐煤煤样，用5N硝酸浸泡二天后，先用蒸馏水煮洗，洗掉硝酸，然后用2XZ－4型旋片式真空泵抽滤。经硝酸处理过的煤样，直至抽滤滤液接近清水、近乎中性为止，烘干后消毒备用。

3.2.2 实验方案的选择与实验条件的确定

试验方案采用正交试验方法设计。考察因素包括：煤样粒度 A、菌液用量 B、转化降解时间 C。其他试验条件：菌液采用黄孢原毛平革菌培养1d的液体培养物，试验因素及水平见表3－1。正交试验表头设计采用 $L_9(3^4)$ 的形式。试验中不考虑各因素间的交互作用。

表3－1 正交试验因素及水平表

Tab 3－1 Factors and levels of orthogonal experiment

因 素	水 平		
	1	2	3
煤样粒度 A（mm）	3～0.5	0.5～0.2	－0.2
菌液用量 B（mL）	10	20	30
作用时间 C（d）	7	10	14

3.2.3 煤炭降解转化实验方法

取若干个250mL的锥形瓶，分别加入100mL的液体培养基，高压灭菌消毒。加入消毒灭菌后的煤样后置入恒温振荡培养箱中，振荡1h后静置1d，调整pH值在7.0左右，然后加入培养24h的黄孢原毛平革菌菌液若干毫升；于 28℃、120r/min 下恒温振荡培养若干天，过滤，离心。离心的上清液加 NaOH 溶液使其出现沉淀，过滤，得到煤微生物降解转化水溶性碱沉淀物，干燥，备用。

3.2.4 煤炭微生物降解率的测试方法

煤炭微生物降解率的测试方法按 2.2.2 中的方法二执行，其中在实验过程中应用去离子水冲洗培养皿，把剩余煤残渣冲下，小心挑出菌丝体，过滤干燥，称重。

3.2.5 培养条件

pH 为 7.0，温度为 28℃，液体培养摇床转速 120r/min。

3.2.6 实验结果与分析

黄孢原毛平革菌降解转化义马褐煤的实验结果计算与分析如表 3-2 所示：

表 3-2 正交试验结果方差分析

Tab 3-2 Variance analysis of arthogonal experiment

实验号	A	B	C	D	η
1	1	1	1	1	3.32
2	1	2	2	2	10.51
3	1	3	3	3	7.24
4	2	1	2	3	15.79
5	2	2	3	1	28.46
6	2	3	1	2	17.37
7	3	1	3	2	41.54
8	3	2	1	3	39.78
9	3	3	2	1	32.21

由表 3-2 可知，黄孢原毛平革菌对经过硝酸预处理煤样具有较强的降解转化作用，受各种因素影响较大。

黄孢原毛平革菌对义马褐煤降解转化试验结果分析如下：

首先采用直观分析法得到因素与降解率关系（图 3－7）。由图 3－7 可见，煤样粒度、菌液用量、降解作用时间对煤降解率都有一定的影响，其中煤样粒度的影响最大。对试验结果进行方差分析，见表 3－3。

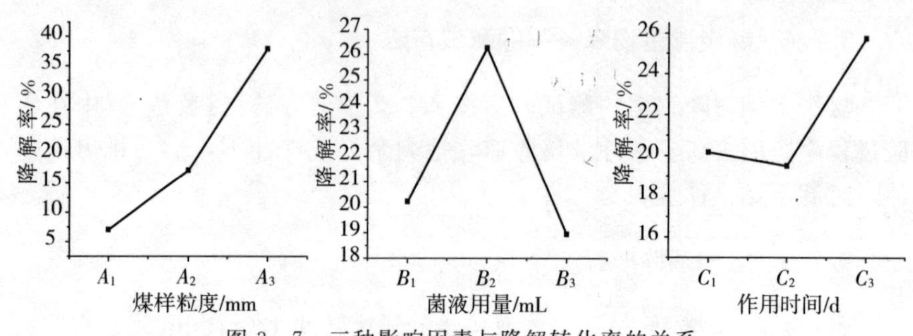

图 3－7　三种影响因素与降解转化率的关系

Fig 3－7　Relationship of factors and degradation

A_1-A_3分别指因素煤样粒度的 1，2，3 三个水平；B_1-B_3分别指因素菌液用量的 1，2，3 三个水平；C_1-C_3分别指因素作用时间的 1，2，3 三个水平。

表 3－3　试验结果方差分析

Tab 3－3　Variance analysis of experimental data

变差来源	变差平方和 SS_j	自由度 f	偏差均方值 S_j	方差比 F	显著性
A	1431.978	2	715.989	172.76	非常显著
B	91.4671	2	45.7334	11.035	较显著
C	70.6542	2	35.3271	8.6221	较显著
D（误差）	8.2855	2	4.1428		
总和	1602.3848	8			

在给定可信度 90%（$F_{0.1}$（2，2）＝9.00）的情况下，可得到各因素的显著度与 $F_{0.1}$（2，2）的比值 F_b，见表 3－4 和图 3－8 所示。

表 3－4　黄孢原毛平革菌降解义马褐煤正交试验因素显著性比值

Tab 3－4　Significance level of orthogonal test on Yima lignite biodegradation by Phanerochaete chrysosporium

因　素	煤样粒度/mm	菌液用量/mL	作用时间/d
F	19.11	1.23	0.96

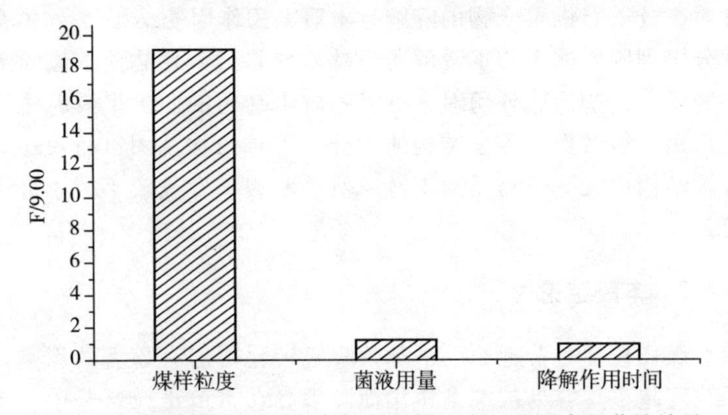

图 3-8　黄孢原毛平革菌降解义马褐煤正交试验因素显著性效果

Fig 3-8　Significance level ratio of orthogonal test on Yima lignite biodegradation by Phanerochaete chrysosporium

正交试验计算结果表明：在所确定的试验范围条件下，煤样粒度对黄孢原毛平革菌降解转化作用有非常显著的影响，菌液用量、降解作用时间对煤炭的降解转化有较显著影响；各因素的最优水平分别为 A_3、B_2、C_3，最优工艺参数组合分别为 A_3、B_2、C_3；各因素对煤炭转化率影响的主次顺序依次为 A、C、B，即煤样粒度＞菌液用量＞降解作用时间。由此可见，煤样粒度对煤炭降解转化率起着十分重大的影响。

3.2.7　黄孢原毛平革菌对煤炭的降解转化机理

黄孢原毛平革菌对褐煤及其硝酸处理褐煤的降解过程实质上是一个既包括氧化又包括氢化的降解过程，同时包含对有机物和高分子有机聚合体的降解两部分。

黄孢原毛平革菌对褐煤及其硝酸处理褐煤中有机物的降解机理是以自由基为基础的链反应过程[156]，是一个深度氧化降解及结构破坏和重新组合的过程。相比硝酸处理后的样品，在煤微生物转化产物中，N 含量有相当程度的下降，H 含量有很大程度的提高[66]。这说明煤的生物降解过程中，微生物吸收其中的氮作为氮源，发生氢化水解过程，煤中高聚物的价键被打断，氢原子替补上去，使得煤转化的产物中 H 含量增加。在煤降解后的残渣中 S 含量有一定程度的下降，说明白腐菌对硫有一定的脱除作用[157]。

其对高分子有机聚合物的降解是木质素酶作用的结果[45]：黄孢原毛平革菌分泌到胞外的木质素降解酶包括木质素过氧化物酶、锰过氧化物酶、漆酶等。这些菌胞外酶对含有类木质素结构的低阶煤具有很强的降解转化作用，能对类木质素结构的大分子芳香结构基团进行攻击，使低阶煤芳香结构中大分子物质的支链、侧链断裂，变成较小的小分子物质而溶解。

3.2.8 本段结论

（1）煤样粒度对黄孢原毛平革菌降解转化褐煤有显著的影响，理论上煤样粒度越小越容易被细菌作用而降解。在本节正交试验中，煤样粒度在－0.2mm 的粒度级的煤炭降解转化率最大，结果与理论十分吻合。

（2）菌液用量对降解转化率也有一定的影响。在 100mL 培养基中加入的菌液用量在 20mL 时，其降解率最高。随着菌液用量的增多，其降解产率也会相应增大；但是菌液用量过多，其降解率反而会降低，究其原因是菌液用量越多，其所需要的营养物质消耗也越多，随着时间的增长，菌会因营养物量不足而大量死亡，因此在一定量的培养基含量中菌液用量不能太多。考虑到煤炭微生物降解转化大规模应用的经济学指标，在以后的实验中菌液用量一般选用 10mL～100mL。

（3）降解时间对降解率有一定的影响。随着时间的延长，降解率会随着增大；但降解时间过长，由于营养成分的减少，其降解率增大的不多。

3.3 黄孢原毛平革菌的紫外诱变及其煤炭降解转化实验研究

为了进一步提高黄孢原毛平革菌降解转化煤炭的能力，本实验采用紫外线作为诱变剂，对黄孢原毛平革菌进行紫外辐射处理，筛选出高效的煤炭降解菌。

紫外诱变处理菌种，关键在于诱变剂量的选择。诱变因素包括紫外线强度（功率）、紫外照射距离、紫外线处理时间等。实验中采用固定紫外灯强度与照射距离，改变紫外线处理时间，从而实现诱变剂量的选择。通过紫外诱变的处理方式来诱变黄孢原毛平革菌，从而选择变异菌株。

由于黄孢原毛平革菌的紫外辐射诱变菌种是选育黄孢原毛平革菌降解转化煤炭的进一步发展，故紫外辐射诱变菌株对煤炭降解转化试验的条件中未提及的试验条件及降解转化最优工艺路线，都与3.2节黄孢原毛平革菌用于煤炭降解转化实验研究中相同；在下一节黄孢原毛平革菌的微波辐射诱变菌种用于煤炭降解转化实验研究亦与此类同。

3.3.1 孢子悬液的制备

取28℃培养5d的试管斜面菌种，加10mL生理盐水，用灭菌的接种环刮下孢子，置于盛有玻璃珠的三角瓶中。28℃、200r/min下充分振荡5h，以打开孢子团，使孢子充分分散和活化。诱变处理时，将孢子浓度稀释至10^6/mL，即为单菌落菌悬液。

3.3.2 UV诱变

将紫外灯（30W）打开，预热20min，取5mL菌液放在直径为9cm的无菌培养皿中，将培养皿置旋转圆盘（33r/min）上，并使其距离紫外灯30cm处，辐射处理时间梯度为：20s，40s，80s，120s，160s，200s，250s，300s。紫外照射后，暗修复2h，以免引起细菌的光修复。

3.3.3 诱变致死率

$$致死率=1-\frac{诱变后菌种在固体培养基上长出的单菌落数}{未诱变菌种在固体培养基上长出的单菌落数}\times 100\%$$

3.3.4 初筛和复筛

将诱变处理过的孢子悬浮液稀释成一定的浓度梯度，涂布在改良的PDA培养基上，28℃下培养3d，活菌计数，计算致死率。以分离平板上透明圈直径和菌落直径的比值作为初筛标志，挑取比值大的菌落在斜面上传代3次，然后进行煤炭降解实验复筛。

3.3.5 煤炭降解转化方法

3.3.5.1 煤炭降解转化方法

煤炭降解转化方法如3.2.3中所述。离心的上清液加碱出现絮状沉淀，过滤。沉淀物在70℃时烘干，称重，计算煤炭的生物降解转化率。

3.3.5.2　煤炭生物降解转化率的测试方法

煤炭生物降解转化率的测试方法按2.2.2中方法一执行。

3.3.6　黄孢原毛平革菌对淮南潘二矿次烟煤和山西晋城无烟煤的降解情况说明

在微生物降解转化煤炭的实验研究中考虑到煤炭由低阶到高阶的连续性，在以后的实验研究中增加了对淮南潘二矿煤和山西晋城白煤的降解转化研究。由于潘二矿煤是次烟煤，山西晋城白煤是无烟煤，其结构与作为低阶煤的褐煤有着本质的不同。考虑到微生物对煤炭降解转化研究的现实情况以及读博时间上的原因，未对这两种煤单独进行菌种降解转化最优工艺条件的实验研究，而是采用褐煤降解转化的最优工艺条件对高阶煤做试探性研究。

在以后的实验研究中增加对淮南潘二矿次烟煤和山西晋城无烟煤的降解转化研究，原因和条件如上所述，不再一一叙述说明。

3.3.7　诱变结果与分析

3.3.7.1　紫外诱变辐射对黄孢原毛平革菌致死效应的影响

经过紫外辐射处理，发现黄孢原毛平革菌孢子致死率与紫外辐射时间（即辐射剂量）在前40s基本呈线性关系，之后随着辐射时间的增加，黄孢原毛平革菌孢子致死率增加趋缓。辐射处理时间为160s的致死率达到89.5%，辐射时间200s时孢子死亡率达到100%。孢子致死率和辐射时间关系见图3-9和图3-10。

从图3-9和图3-10可知，随着辐射时间的延长，致死率增加，处理时间为200s时孢子死亡率达到100%。这表明黄孢原毛平革菌对紫外辐射敏感，致死效应明显。黄孢原毛平革菌经诱变后培养发现，孢子经辐射处理会促使孢子萌发时间提前，孢子萌发生长所形成的菌球也相应地变小且增多，与辐射大致呈线型关系。其中辐射时间为40s时，黄孢原毛平革菌的生长时间缩短近1/3，菌球数量增加接近1倍，菌球直径减小接近1倍，但是，菌球的颜色未出现变化。

紫外对菌体的诱变机理现在已很清楚，即紫外线辐射对菌体引起的主要损伤是形成嘧啶二聚体，最普通的是胸腺嘧啶二聚体。它使菌体内

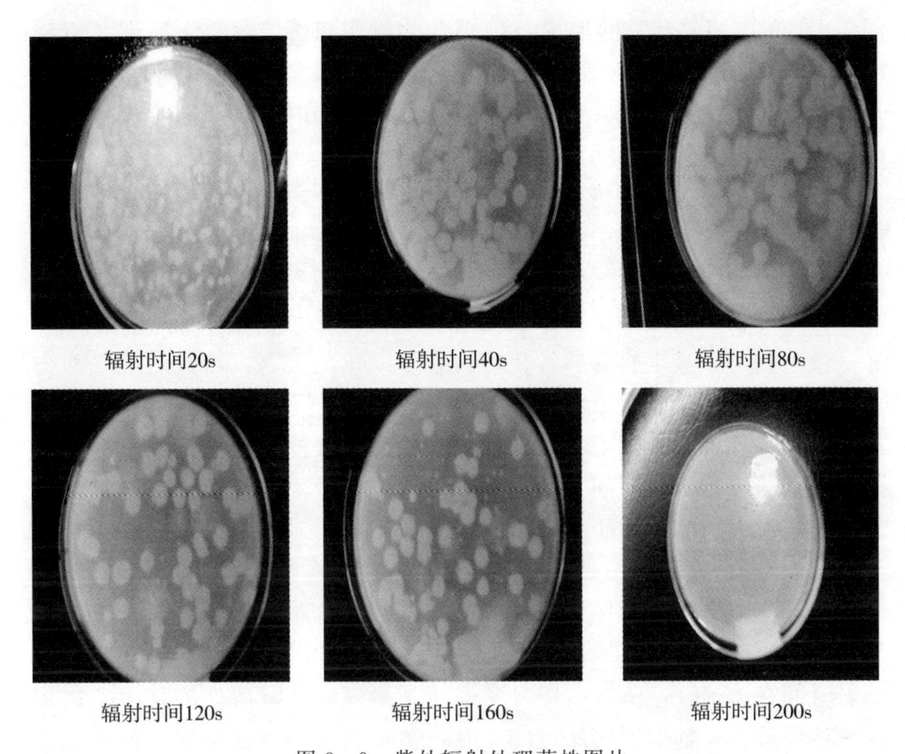

图 3-9 紫外辐射处理菌株图片

Fig 3-9 Photo of mutant by Ultraviolet ray

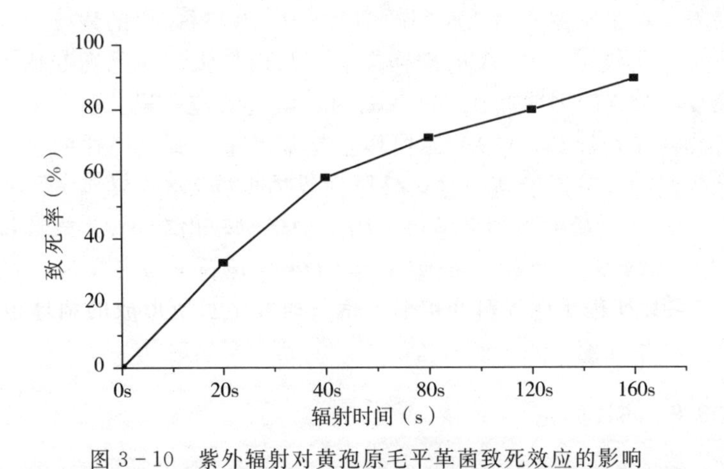

图 3-10 紫外辐射对黄孢原毛平革菌致死效应的影响

Fig 3-10 Lethality rate of spores of Phanerochaete chrysosporium by Ultraviolet ray

同链 DNA 的相邻嘧啶间形成共价结合的胸腺嘧啶二聚体，减弱了双链 DNA 之间氢键的作用，使双链结构发生扭曲畸变，阻碍碱基之间的正常配对，导致菌体在突变发生时尽力修复此损伤时采用了一个倾向错误的 SOS 修复系统，从而引起微生物的突变。

紫外辐射除了对遗传物质 DNA 的影响之外，还对细胞壁的通透性产生影响。从文献查询的结果上看，是紫外辐射诱变增大了细胞壁的通透性，从而使得更多的细胞分泌酶得以进入试验系统。另外，文献结果显示：紫外辐射诱变微生物本质上增加了试验微生物的酶活含量。

微生物对煤炭生物降解转化能力有了一定的提高，可能是上述两方面作用的结果，至于两方面作用能力上的差异，是值得今后进一步探讨的事情。另外，黄孢原毛平革菌所分泌的木质素降解酶系统由多种木质素降解酶组成，由于时间上的限制，究竟是何种木质素降解酶起主要作用，还需在以后的工作研究中进一步充实完善。

3.3.7.2 紫外诱变黄孢原毛平革菌的煤炭降解转化结果及分析

从诱变结果可知，随着紫外辐射时间的增加，菌株突变率随之增加。在辐射时间低于 40s 时，其正突变率随着辐射时间的增加而增加；辐射时间在 40s 时，菌株的正突变率达到最高，此时菌株的存活率也相应地达到最高；辐射时间超过 40s 时，菌株突变率继续增加，但其正突变率呈现降低的趋势，故其煤炭降解率也相应地降低。究其原因，可能是由于短时间辐射对菌株造成生理生化效应不足导致菌株大量的突变，且容易发生回复突变；而长时间的辐射，由于辐射效应的累计引起较剧烈的生理生化效应使 DNA 的损伤严重，从而导致较高的突变率和较低的正突变。紫外辐射时间在 40s 左右时，辐射效应所累计引起的生理生化效应相对比较温和，DNA 的损伤不是很严重，所以菌株的正突变率最高且煤炭的溶解率最高。对义马原褐煤的生物降解转化率从 31.84% 提高到 37.6%。硝酸处理义马褐煤的生物降解转化率从 32.55%提高到 51.62%，淮南潘二煤矿次烟煤的生物降解转化率从 28.71% 提高到 54.59%，山西晋城白煤的生物降解转化率从 28.2%提高到 38.61%，紫外诱变效果如图 3－11 所示。

3.3.8 本段结论

(1) 紫外育种具有清洁、设备简单、操作简便、安全可靠、高效、方法易行的特点，克服了化学诱变毒性大等特点，具有广阔的应用前景。

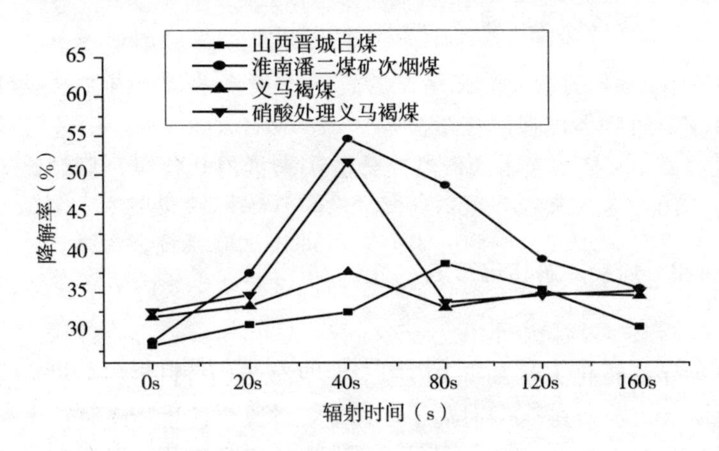

图 3－11　辐射时间与降解率的关系

Fig 3－11　Relationship of degradation and irradiation time

（2）实验结果表明，在致死率 58.8％的情况下，此时义马褐煤及硝酸处理义马褐煤和淮南潘二煤矿次烟煤的生物溶解转化率分别达到 37.6％、51.62％和 54.59％；在致死率 71.2％的情况下，山西晋城白煤的生物降解转化率达到 38.61％，诱变后的孢子萌发时间提前，菌球直径变小但数量增多。

3.4　黄孢原毛平革菌的微波诱变及其煤炭降解转化实验研究

在生物学上，微波主要用于杀菌、刺激植物种子发芽生长[158－159]，而用于微生物诱变育种的文献报道不多，且处于探索性阶段。此项研究所需的设备简单，方法易行，操作安全，诱变效果较好[160]，因而在微生物菌种选育中具有很好的应用前景。本文以微波辐射对黄孢原毛平革菌进行了诱变处理并对煤炭降解进行了初步研究。

微波辐射诱变处理菌种，关键在于诱变剂量的选择。诱变因素包括微波辐射强度（功率）、微波辐射处理时间等。实验中采用改变微波辐射处理时间，从而实现诱变剂量的选择。通过微波辐射诱变处理的方式来诱变黄孢原毛平革菌，从而选择变异菌株。

3.4.1 微波诱变处理

将装有 5mL 菌悬液的无菌试管置于小烧杯中，杯内加水浸没试管中的菌液，然后小烧杯放在微波器（2450MHz，650W）中进行微波处理，通过每 10s 换一次水的低温热分散法来抵消热效应，辐射处理时间梯度为：10s，20s，30s，60s，90s，120s，180s，250s。

3.4.2 煤炭降解转化方法

3.4.2.1 煤炭降解转化方法

煤炭降解转化方法如 3.2.3 所述。离心的上清液加碱出现絮状沉淀，过滤。沉淀物在 70℃时烘干，称重，计算煤的生物降解转化率。

3.4.2.2 煤炭生物降解转化率的测试方法

煤炭生物降解转化率的测试方法按 2.2.2 中方法一执行。

3.4.3 诱变结果与分析

3.4.3.1 微波对黄孢原毛平革菌致死效应的影响

经过微波处理，发现黄孢原毛平革菌孢子致死率与微波辐射时间在前 60s 基本呈线性关系，之后随着微波辐射时间的增加黄孢原毛平革菌孢子致死率增加甚微，基本呈直线水平。微波辐射时间为 90s，120s 的致死率分别达到 93.6％、98.96％，辐射时间 180s 时孢子死亡率达到 100％。孢子致死率和辐射时间关系见图 3－12 和图 3－13。

从图 3－12 可知，随着辐射时间的延长，致死率增加，辐射时间为 180s 时孢子死亡率达到 100％。这表明黄孢原毛平革菌对微波敏感，致死效应明显。黄孢原毛平革菌经诱变后培养发现，孢子经辐射处理会促使孢子萌发时间提前，孢子萌发生长所形成的菌球也相应地变小且增多，与辐射大致呈线型关系。其中辐射时间为 120s 时，黄孢原毛平革菌的生长时间缩短接近 1/3，菌球数量增加接近 1 倍，菌球直径减小接近 1 倍。菌球的颜色未出现其他菌株在微波诱变时出现的颜色变化。

究其原因，微波诱变机理缘于以下几个方面：首先，微波是一种电磁波，能引起孢内水、蛋白质、核苷酸、脂肪和碳水化合物等极性分子转动，尤其是水分子在 2450MHz（对应具有的微波能量为 1.62×10^{-5} ev）微波作用下，能在 1s 内 180°来回转动 24.5 亿多次，强烈的转动摩擦使得孢内 DNA 分子氢键和碱基堆积化学力受损，最终引起 DNA 分子结构变化导致遗传变异；

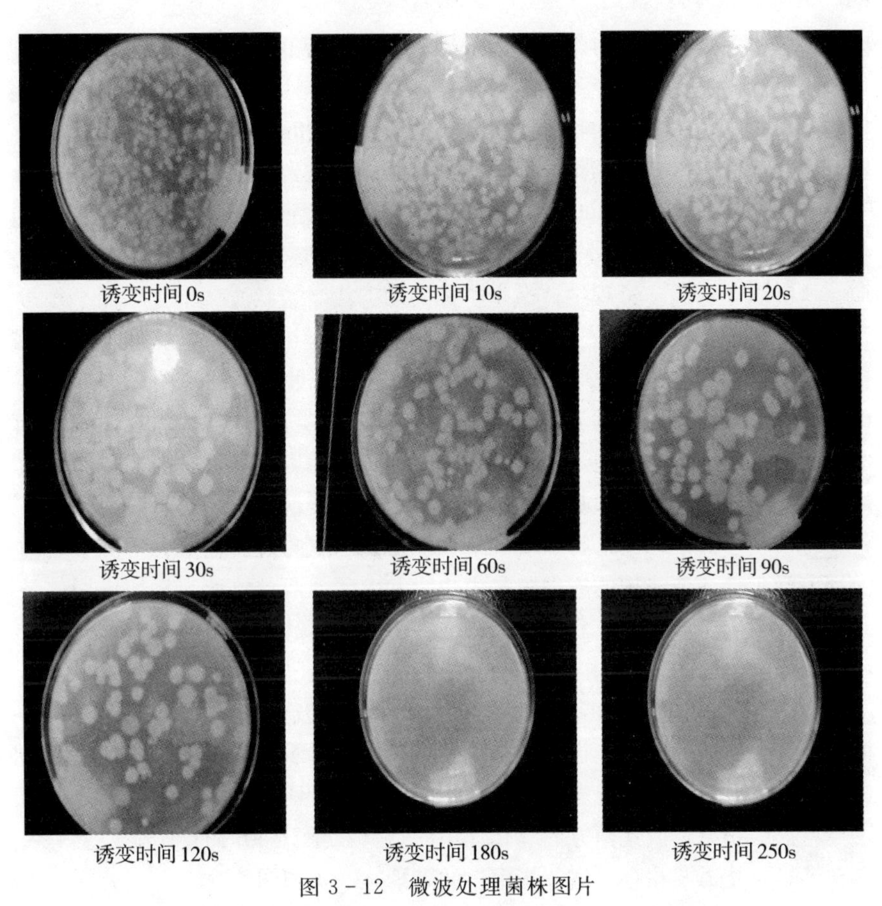

图 3-12 微波处理菌株图片

Fig 3-12 Photo of mutant by Micrwave irradiation

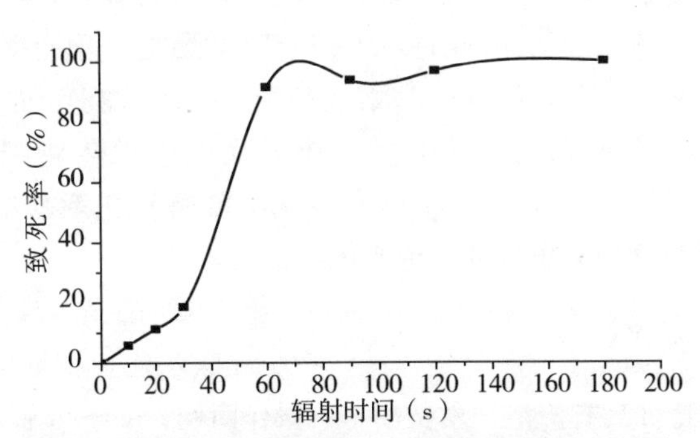

图 3-13 微波对黄孢原毛平革菌致死效应的影响

Fig 3-13 Lethality rate of spores of Phanerochaete chrysosporium by Micrwave irradiation

微波极强的穿透效应使得细胞壁内外的水分子作为电极性分子，在交变电磁场中出现随电磁场频率变化的电极性振荡，使电容性结构细胞膜的通透性发生变化，更易使孢内代谢物分泌出来；当微波辐射时间过长将会使菌的诱变致死发生质变，电容性的细胞膜将被电击穿而破裂致死。其次，微波引起分子强烈热运动所产生的瞬时强烈热效应，容易引起酶失活，从而引起生理生化变异。最后，微波对微生物的诱变效应，除了热效应外，还存在非热效应。这是由于在诱变过程中，微生物体的动态代谢受微波“干扰”而平衡过程紊乱，从而使代谢路径发生改变[161]，这种非热生化效应萌发孢子可能比休眠孢子更明显。荣获 1991 年度生理学和医学诺贝尔奖的德国马克斯·普朗克研究了两位细胞生理学家埃尔温·内尔和贝尔特·扎克曼所发现和确立的“细胞离子通道”学说，详细叙述了细胞离子通道的种种功能，更能说明细胞在交变电磁场环境影响下，细胞赖以与外界交换能量、信息、保持其正常生理活动的离子通道，将出现调节功能受到严重障碍。在这种情况下，微波辐射微生物致死作用的原因，是由热力和电磁力两种致死因叠加作用的结果。近年来的微波杀菌实验研究表明：在微波杀菌的热力与电磁力致死因素中，电磁力是起主导作用的。

总之，微波辐射诱变不但对黄孢原毛平革菌的遗传物质 DNA 产生影响，而且对其细胞壁的通透性也产生影响。试验结果显示：微生物对煤炭生物降解转化能力有了一定的提高，是微生物的酶活含量增加的结果还是细胞壁通透性增加的结果，或是两方面综合作用的结果。至于两方面作用能力上是否存在差异，是需要在今后进一步探讨的事情。

3.4.3.2 微波诱变黄孢原毛平革菌的煤炭降解转化结果及分析

由微波诱变后黄孢原毛平革菌对褐煤及其硝酸处理褐煤的降解结果可知，微波辐射处理时间为 120s 时，正诱变频率最高，降解率也相应最高。此时，义马褐煤的降解率从 31.84%提高到 64.71%；硝酸处理褐煤的降解率从 32.55%提高到 46.47%；淮南潘二煤矿次烟煤的生物降解转化率从 28.71%提高到 38.3%；山西晋城白煤的生物降解转化率从 28.2%提高到 49.15%。微波诱变效果如图 3-14 所示。

3.4.4 本段结论

（1）微波育种具有清洁、设备简单、操作简便、安全可靠、高效、方法易行的特点，克服了紫外诱变易光修复，化学诱变毒性大等特点，具有广阔的应用前景，是一项值得深入研究的工作。

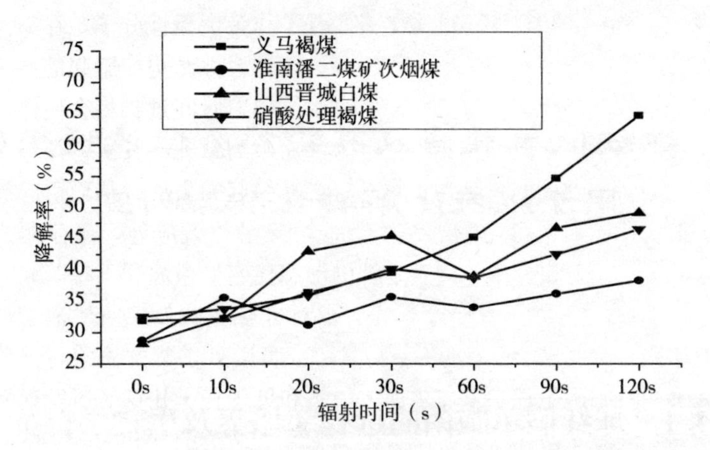

图 3-14　辐射时间与降解率的关系

Fig 3-14　Relationship of degradation and irradiation time

（2）结果表明，黄孢原毛平革菌对微波辐射非常敏感，在致死率达98.96%的情况下，诱变后的孢子萌发时间提前，菌球直径变小且数量极速增多。此时降解效果最好，义马褐煤及硝酸处理褐煤的降解率分别达到64.71%和46.47%，这与传统理论相符；本实验效果好于2001年Gokcay用黄孢原毛平革菌对Elbistan褐煤降解率60%的结果[162]。另外，对淮南潘二煤矿次烟煤和山西晋城白煤的生物降解转化率分别达到38.61%和54.59%，对此两种煤种生物降解转化程度出现的差异，可能原因是微波辐射处理的黄孢原毛平革菌对降解转化煤种的认同出现了专一性，此现象值得在今后的研究中进一步探讨研究。

（3）黄孢原毛平革菌的营养要求不高，其对木质素类大分子有较强的降解转化作用，目前把它应用于降解转化煤炭的研究还处于实验室的基础研究阶段。相信随着生物技术的发展，该菌在煤的生物转化领域会发挥其巨大的潜力。

4 球红假单胞菌及其紫外、微波诱变菌用于煤炭降解转化实验研究

4.1 球红假单胞菌的选择、培养及生物学特征

4.1.1 球红假单胞菌

球红假单胞菌（Rhodopseudomonas spheroids）为土壤腐生菌，属于胞壁含诺卡氏枝菌酸的放线菌。该菌属最大的特点是其代谢底物的多样性，尤其是对疏水化合物的代谢，如烃类、木质素、类固醇、款化酚醛塑料、煤和石油等。因此，球红菌在整个环境的物质循环和代谢中起着重要的作用，但有些球红菌对人类、动物和植物具有致病性。

球红菌具有代谢多种有机化合物的能力，代谢底物的广泛性和多样性使其在生物整治和清洁生产方面具有广阔的应用前景，如用于褐煤、高硫煤和石油的处，降低重油的黏度和提高石油的回收利用率等。虽然到目前为止，球红菌成功地应用于工业化的程度还很有限，但是现代生物技术的发展为这方面的深入研究提供了可能，并已经取得了许多可喜的成绩。球红菌对一些有机化合物的代谢途径、代谢动力学、代谢产物以及代谢的分子生物学机理等，很多都已研究清楚，为以后的工业化应用奠定了基础。随着人们对环境保护越来越重视，球红菌无论是在生物整治方面，还是清洁生产方面，都逐渐成为令人瞩目的极具应用价值的菌属之一。

试验所用菌种取自中国矿业大学化工学院的保存菌种。密封，置于冰箱中。

本研究的目的就是用微生物降解转化煤炭，使煤炭发生降解或转化成小分子类物质。由于球红假单胞菌具有繁殖快、无毒、中性环境等特

点，另根据资料显示假单胞菌具有攻击煤中大分子结构单元，降解多环芳烃的能力以及光合细菌在水生态系统中具有利用和转化多种有机物和无机物的能力，故选择同时具有这两种优势的球红假单胞菌来进行煤炭的微生物降解转化试验研究。

4.1.2 球红假单胞菌的培养基

4.1.2.1 球红假单胞菌培养基的组成

1. 普通固体培养基

培养基的成分及配方见表 4-1 所示。

表 4-1 球红假单胞菌普通固体培养基成分

Tab 4-1 Component of common solid culture medium of R. s

成分	酵母膏	NH_4Cl	K_2HPO_4	$MnCl_2 \cdot 4H_2O$	$CuSO_4 \cdot 5H_2O$	NaCl	$NaHCO_3$	CH_3COONa	$ZnSO_4 \cdot 7H_2O$	琼脂
含量 g/L	1.0	1.0	0.2	1.0	1.0	1.0	1.0	1.0	1.0	20

2. 普通液体培养基

其成分同固体培养基成分类似，只是少了琼脂。

4.1.2.2 培养基的消毒灭菌

培养基的消毒灭菌如 3.1.2.2 中所述。

4.1.3 球红假单胞菌的生物学特性

4.1.3.1 球红假单胞菌的生物学特性[163-164]：

1. 形态与染色

细胞成球形，直径为 0.7～4.0μm。在含糖培养基中，细胞成卵形，直径为 2.0～3.5μm。年幼培养物以极生鞭毛运动，在碱性培养基中，运动停止，并产生丰富黏液，以二分分裂繁殖，代时 144min。若为革兰氏阴性，鞭毛染色可被发现。球红菌喜聚集在一起，成大球形。

2. 培养特性

光能异养菌，兼性厌氧；可在光下厌氧生活，也可在黑暗下好氧生活。营养要求不高，可长在具有简单有机物和碳酸氢盐的矿物培养基中。在简单的有机底物中加入酵母膏最适生长；pH 值范围：6.0～8.5，最适 pH=7；最适生长温度：25～30℃。在有空气培养时菌液呈红色，大多数培养物产生一种水溶性的卟啉类的蓝红色素，可使液体培养基呈现出暗棕红色。菌落较整齐，稍凸起，多数菌株为光滑型。

4.1.3.2　球红假单胞菌的活化与培养

该保存菌种处于低温避光的休眠状态，且保藏期较长，菌的活性较差，使用时必须对其进行恢复培养。具体方法如下：先用无菌吸管吸取 0.3～0.5mL 保存液体培养的菌种，移植到斜面培养基上，并置于生化培养箱中，恒温旋转振荡培养。经过数次转种，菌种恢复正常生长。

活化后的球红假单胞菌在液体培养基和固体培养基中进行培养。液体培养条件及步骤如下：首先，在 250mL 三角烧瓶中加入 100mL 培养基，121℃灭菌后接种一定量的纯种球红假单胞菌。然后，在 28℃、120r/min 的旋回振荡器上进行振荡培养。由于球红假单胞属光能异养菌，兼性好氧；可在光下厌氧生活，也可在黑暗下好氧生活。在有氧黑暗状态下可以生长，故采用有氧状态进行培养，白天放入培养箱中，晚上没有光照的情况下在振荡器上振荡一段时间，以补充球红假单胞菌生长所需的氧气。培养过程中用显微镜对培养液不染色直接进行肉眼观察。培养一天后发现培养液中有大量菌体活动，菌体呈球形。同时观察到很多菌重叠在一起呈长条形或球形，单个菌体呈螺旋状态运动，剧烈且无规则。

固体培养是将该菌划线接种至固体琼脂培养基上，用于菌落形态等生物学特性的观测研究。

4.1.3.3　球红假单胞菌生长繁殖效应

配制新的液体培养基 200mL，灭菌后用接种环接种经活化后的球红菌，进行黑暗下好氧恒温培养，温度为 28℃，3 小时进行计数一次。6 个小时左右，细菌数就增大 1 倍。24 小时的培养，细菌浓度大约可达到 1.0×10^{12} 个/L，而后细菌的浓度基本不再增长。球红假单胞菌的生长繁殖如表 4－2 所示，由表 4－2 绘制出其生长繁殖曲线，如图 4－1所示。由图可见，其生长迟缓期较短，对数生长期短，菌体数增加较快，稳定期与衰亡期较长。很长一段时间，培养基中活细胞数都较多，正好符合煤炭转化试验周期较长的特点，能很好的应用于煤炭降解试验。

表 4-2 球红假单胞菌的生长繁殖

Tab 4-2 Propagate of R. s

时间/h	0	3	6	9	12	15	18	21	24	26	30	38	48	72	96	168	240
浓度（E+10/l）	5	6	10	35	77	91	98	114	157	159	149	149	148	138	119	95	83

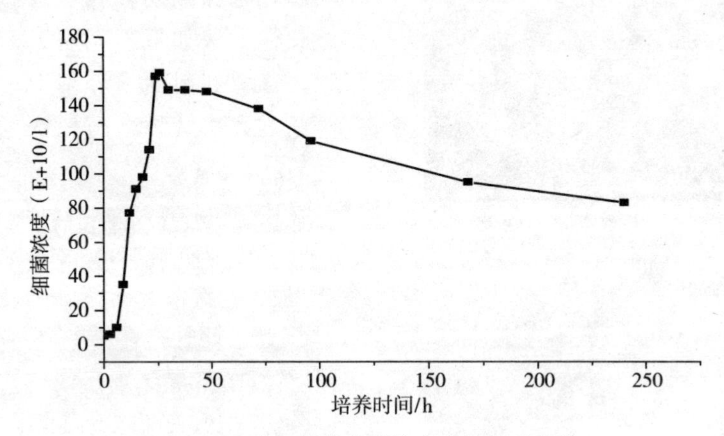

图 4-1 球红假单胞菌培育生长繁殖曲线

Fig 4-1 Cultivate curve of R. s

4.1.3.4 球红假单胞菌菌落特征及菌体形态学研究

1. 球红假单胞菌在固体培养基上菌落形态特征的观察

球红假单胞菌生长迅速，用接种环在固体培养皿上划线接种，培养一天后，在接种菌种稀疏的地方，可见单个菌落；培养两天后，各菌落连成一片。从图 4-2 可以看出，球红菌菌落的特征是有凸起，光滑。有氧培养一天后，菌落转变成淡红色。

2. 球红假单胞菌的染色与观察

通过对球红假单胞菌的染色（包括革兰氏染色与鞭毛染色及球红菌未染色）试验，直接在显微镜下，放大倍数为 1000 倍（目镜 10×物镜 100），滴加香柏油观察，可观察到球红菌个体呈球形，大部分喜黏结在一起，呈大球形或呈长杆状；黏结在一起运动较慢，单个个体运动剧烈，运动无一定方向。球红假单胞菌的显微图片如图 4-3 所示。通过鞭毛染色及运动特性观察，球红菌体有鞭毛且为极生鞭毛，菌体呈浅褐色而菌体周围鞭毛呈深褐色。正是由于鞭毛的存在，使得其运动没有一定的方向性。革兰氏染色显示球红假单胞菌阴性。球红菌的革兰氏染色与鞭毛染色如图4-4和图 4-5 所示。

图 4－2　球红菌培养两天

Fig 4－2　Cultivate 2 days of R. s

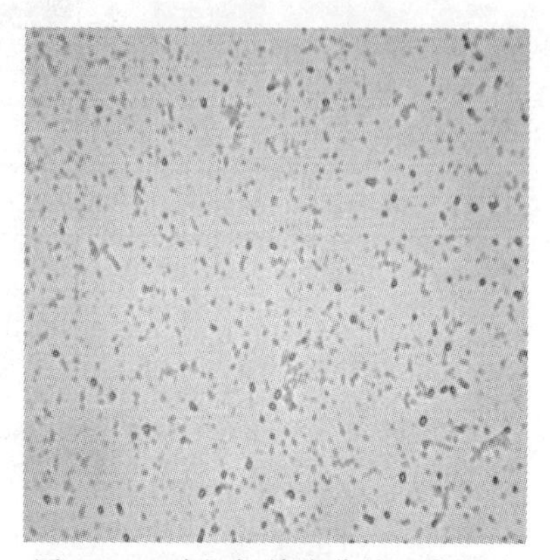

图 4－3　球红假单胞菌的显微图片

Fig 4－3　Micro-bacteria picture of R. s

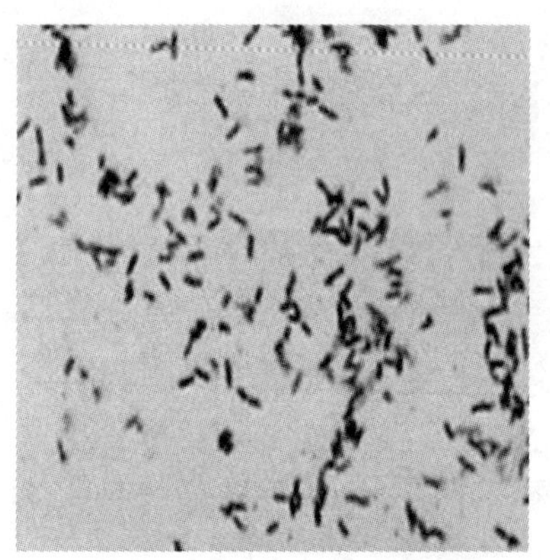

图 4－4　球红菌革兰染色

Fig 4－4　Gram stain of R. s

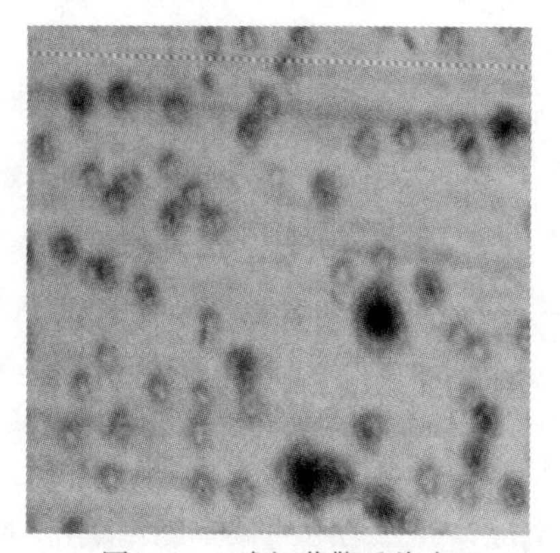

图 4－5　球红菌鞭毛染色

Fig 4－5　Flagellum strain of R. s

根据我们的试验得出球红假单胞菌的部分生物学特性，如表 4－3 所示。

4.1.4　本段小结

（1）考察了球红假单胞菌的生物学特性，生长温度为 28℃左右，在黑暗好氧条件下生长良好。

（2）通过对其生长增值效应的测定，在黑暗好氧条件下，一到两天的时间，球红假单胞菌能达到对数生长期顶峰，在本试验的条件下稳定期能达到 10 天以上。

表 4-3 球红假单胞菌的部分生物学特性

Tab 4-3 Part biology characteristic of R. s

状　态	检测内容	特　征
菌落特征	形状	菌落呈圆形，中间凸起
	菌落大小	直径 2mm 左右
	边缘	整齐、光滑
	光学特征	不透明
	菌落颜色	初期培养为无色，一天后为淡红色
	隆起	稍有隆起
液体培养特征	发育程度	生长较快
	混浊度	均匀浑浊
	表面生长	不形成菌膜和菌环
	运动特性	运动剧烈
生理生化特性	革兰氏染色	阴性（G^-）
	鞭毛染色	周生鞭毛
	碱性培养	无运动
	繁殖	二分裂殖

（3）通过革兰氏染色试验，观察球红假单胞菌显阴性，属革兰氏阴性菌；通过鞭毛染色试验，发现球红假单胞菌周生有鞭毛；通过未染色镜检，观察到球红假单胞菌大部分呈球状，且运动剧烈及不规则。

4.2　球红假单胞菌用于煤炭降解转化实验研究

4.2.1　试验用煤样

试验用煤样是取自河南义马褐煤煤样、安徽淮化集团且堆放时间二年以上。原煤样经过烘干、破碎、筛分的每个程序，制备成能代表原来煤样的分析（试验）煤样。粒度分三个粒级：3.0～0.5mm、0.5～0.2mm、－0.2mm。试验用硝酸氧化褐煤煤样，用 5N 硝酸浸泡二天后，先用蒸馏水煮洗，洗掉硝酸，然后用 2XZ-4 型旋片式真空泵抽滤经硝酸处理过的煤样，直至抽滤滤液接近清水、近乎中性为止，烘干后消毒备用。

4.2.2 实验方案的选择与实验条件的确定

实验方案采用正交实验方法设计。考察因素包括：煤样粒度 A、菌液用量 B、煤样浓度 C，转化降解时间 D。其他实验条件：菌液采用假单胞菌培养 1d 的液体培养物；实验因素及水平见表 4－4。正交实验表头设计采用 L_9（3^4）。实验中不考虑各因素间的交互作用。

表 4－4　正交实验因素及水平表

Tab 4－4　Factors and levels of orthogonal experiment

因　素	水　平		
	1	2	3
煤样粒度 A（mm）	3～0.5	0.5～0.2	－0.2
菌液用量 B（ml）	5	10	15
煤样浓度 C（g/50ml）	0.3	0.9	1.8
转化降解时间 D（d）	7	10	14

4.2.3 煤炭生物降解转化实验方法

取若干个 250mL 的锥形瓶，分别加入 100mL 的液体培养基，高压灭菌消毒。加入消毒灭菌后的煤样后置入恒温振荡培养箱中，振荡 1h 后静置 1d，调整 pH 值在 7.0 左右，然后加入培养 24h 的球红假单胞菌菌液若干毫升；于 28℃、120r/min 下恒温振荡培养若干天，过滤，离心。离心的上清液加盐酸出现絮状沉淀，过滤，沉淀物在 70℃烘干，以备实验分析所用。

4.2.4 煤炭生物降解转化率的测试方法

煤炭生物降解转化率的测试方法按 2.2.2 中方法二执行。

4.2.5 培养条件

pH 为 7.0，温度为 28℃，液体培养摇床转速 120r/min。

4.2.6 实验结果计算与分析

球红假单胞菌降解义马褐煤的实验结果计算与分析（如表 4－5、表 4－6和图 4－6 所示）。

表 4-5 球红假单胞菌降解义马褐煤的实验结果与计算

Tab 4-5 The experiment results and account of YiMa lignite degraded by R. s

实验序号	1	2	3	4	5	6	7	8	9
M_0	0.3062	0.9037	1.8043	0.9063	1.8081	0.3046	1.8121	0.3041	0.9021
M_1	0.0750	0.1853	0.3708	0.5731	0.848	0.1979	0.9713	0.1635	0.5734
η_1	24.49	20.52	20.55	63.24	46.90	64.98	53.60	53.75	53.81
M_0-M_2	0.0617	0.1787	0.3397	0.589	1.2405	0.2079	1.0642	0.2259	0.4656
η_2	20.16	19.77	18.83	64.99	68.61	68.24	58.73	74.30	51.61

表 4-6 正交实验结果方差分析

Tab 4-6 Variance analysis of arthogonal experiment

实验号	A	B	C	D	η_1	η_2	$\eta_1+\eta_2$
1	1	1	1	1	24.49	20.16	44.65
2	1	2	2	2	20.52	19.77	40.29
3	1	3	3	3	20.55	18.83	39.38
4	2	1	2	3	63.24	64.99	128.23
5	2	2	3	1	46.90	68.61	115.51
6	2	3	1	2	64.98	68.24	133.22
7	3	1	3	2	53.60	58.73	112.33
8	3	2	1	3	53.75	74.30	128.05
9	3	3	2	1	53.81	51.61	105.42
E_1	124.32	285.21	305.92	265.58			
E_2	376.96	283.85	273.94	285.84	$E_T=\sum_{j=1}^{n}\sum_{l=1}^{m}E_{jl}=847.08$		
E_3	345.8	278.02	267.22	295.66			
$\overline{E_1}$	20.72	47.54	50.99	44.26	$\bar{E}_0=\frac{1}{N}E_T=47.06$		
$\overline{E_2}$	62.83	47.31	45.66	47.64			
$\overline{E_3}$	57.63	46.34	44.54	49.28	$N=n\times m=18$		
R	42.11	1.2	6.45	5.01			

注：—水平 1 六次降解率之和； $\bar{E}_1=\frac{1}{6}E_1$；

—水平 2 六次降解率之和； $\bar{E}_2=\frac{1}{6}E_2$；

—水平 3 六次降解率之和； $\bar{E}_3=\frac{1}{6}E_3$。

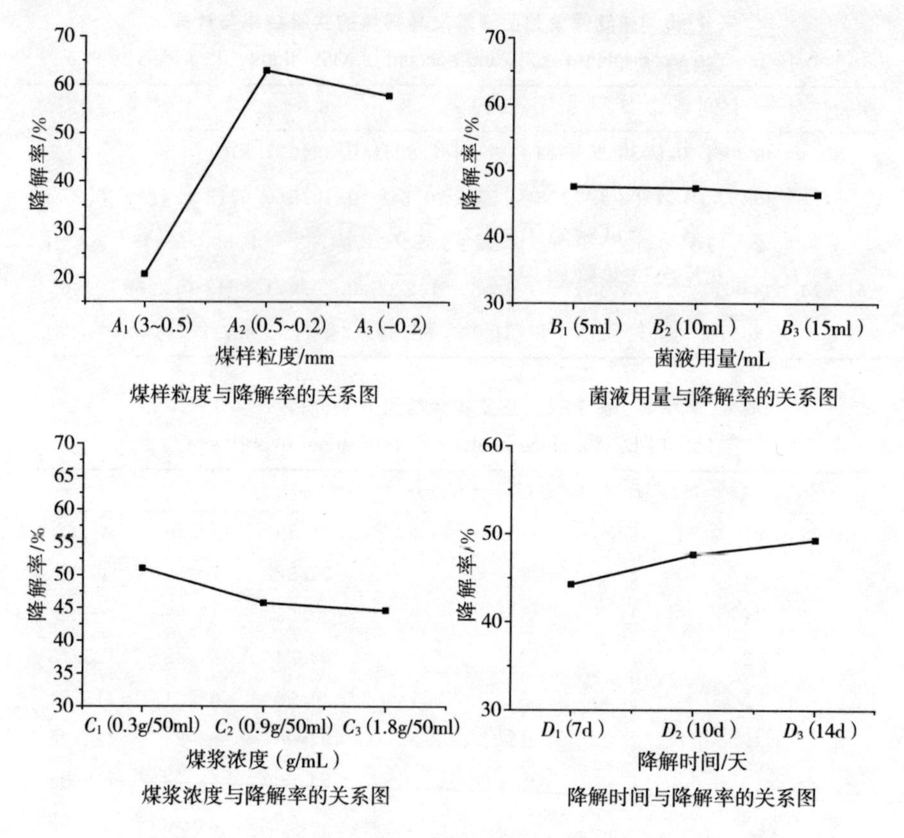

图 4－6　四种影响因素与降解率之间的关系图

Fig 4－6　The relation beteen four factors and the ratio of degradation

正交实验极差 R 的计算结果表明：在选定的实验条件区间内，各因素的最优水平分别为：A_2、B_1、C_1、D_3，最优工艺参数组合为 A_2、B_1、C_1、D_3，各因素对煤转化率影响的主次顺序依次为：A、C、D、B，即煤样粒度>煤浆浓度>降解时间>菌液用量。由此可见，煤样粒度对煤炭降解产率起着十分重大的影响。

实验结果方差分析：

(1) 计算总变差平方 SS_T 和自由度 f_T

$$SS_T = \sum_{j=1}^{n}\sum_{l=1}^{m}(E_{jl} - \bar{E}_0) = \sum_{j=1}^{n}\sum_{l=1}^{m}E_{jl}^2 - \frac{E_T^2}{N}$$

$$SS_T = 46894.85 - 39863.58 = 7031.27$$

$$f_T = N - 1 = 18 - 1 = 17$$

式中：J —— 试验号；

n —— 总的试验号个数；

i —— 列号；

l —— 第几次重复试验；

M —— 重复试验总次数；

E_{jl} —— 第 j 个试验号第 l 次重复试验降解率；

E_T —— 各次试验降解率之和；

$\bar{E}_0$ —— 各次试验降解率的总平均值；

N —— 总试验个数；

R —— 极差；

A —— 第 i 列中每个水平重复次数与试验重复次数之乘积。

(2) 计算各列的变差平方 SS_i 和自由度 f_j

第 i 列变差平方 SS_i：

$$SS_i = a\sum_{q=i}^{k}(\bar{E}_q - \bar{E}_0)^2 = \frac{1}{a}\sum_{q=i}^{k}X_q^2 - \frac{E_T^2}{N}$$

$$SS_A = Q_A - P = 46188.66 - 39863.58 = 6325.08$$

$$SS_B = Q_B - P = 39868.45 - 39863.58 = 4.87$$

$$SS_C = Q_C - P = 40006.12 - 39863.58 = 142.54$$

$$SS_D = Q_D - P = 39942.01 - 39863.58 = 78.43$$

$$f_j = k - 1 \quad f_A = f_B = f_C = f_D = 3 - 1 = 2$$

(3) 计算误差的变差平方 SS_e 及自由度 f_e

$$SS_e = SS_T - \sum SS_i = 7031.27 - 6550.90 = 480.37$$

$$f_e = f_T - \sum f_j = 17 - 8 = 9$$

(4) 计算各项变差的均方值 S_j

$$S_i = SS_i / f_i$$

$$S_A = SS_A / f_A = 3162.54$$

$$S_B = SS_B / f_B = 2.43$$

$$S_C = SS_C / f_C = 71.27$$

$$S_D = SS_D / f_D = 39.21$$

$$S_e = SS_e / f_e = 480.37/9 = 53.37$$

(5) 进行 F 检验，显著性分析

$$F_i = S_i / S_e$$

$$F_A = S_A / S_e = 3162.54/53.37 = 59.25$$

$$F_B = S_B / S_e = 2.43/53.37 = 0.05$$

$$F_C = S_C / S_e = 71.27/53.37 = 1.34$$

$$F_D = S_D / S_e = 39.21/53.37 = 0.73$$

试验结果的方差分析见表 4 - 7。

表 4 - 7　试验结果的方差分析

Tab 4 - 7　Variance analysis of experiment data

变差来源	变差平方和 SS_i	自由度 f	偏差均方值 S_i	方差比 F_i	显著性
A	6325.08	2	3162.54	59.25	* *
B	4.87	2	2.43	0.05	
C	142.54	2	71.27	1.34	
D	78.43	2	39.21	0.73	
总和	6450.92	8	3275.45	61.37	

从方差分析表中可以看出，煤样粒度在煤的生物降解过程中产生了高度显著性影响，而菌液用量、煤浆浓度和降解时间对煤的降解显著性影响不大。

查 F 分布表，$F_{0.01}$ (2，9) =8.02，$F_{0.05}$ (2，9) =4.26，$F_{0.1}$ (2，9) =3.01。根据以上数据分析，在给定可信度 90%的情况下，可得到各因素的显著度与 $F_{0.1}$ (2，9) 的比值 F 比，见表 4 - 8 和图 4 - 7 所示。

表 4 - 8　正交试验因素显著性比值

Tab 4 - 8　Ratios of prominence of factors of orthogonal experiment

因　素	煤样粒度	菌液用量	煤浆浓度	作用时间
F	19.68	0.02	0.44	0.24

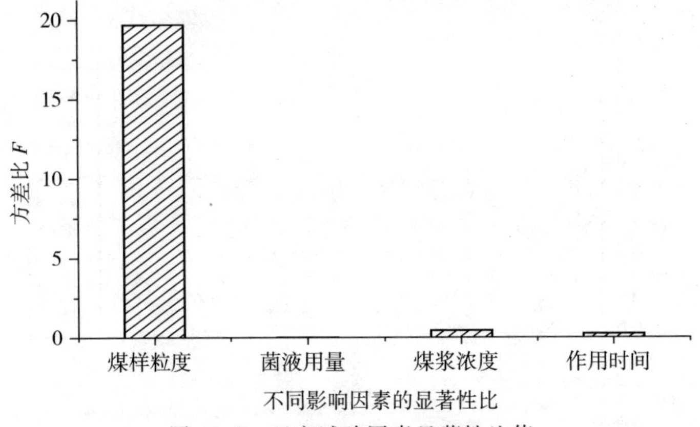

图 4-7 正交试验因素显著性比值

Fig 4-7 Ratios of prominence of factors of orthogonal experiment

4.2.7 正交试验过程中培养基 pH 值的变化及分析

正交试验过程中培养基 pH 值的变化：在正交试验过程中，培养基的 pH 值是变化的，其 pH 值变化在某种程度上，可能反映出微生物转化煤的机理及转化量的大小。在试验过程中，每隔两天（部分一天）对培养基 pH 值进行测定，其结果见表 4-9 和图 4-8 所示。

表 4-9 正交试验过程中培养基 pH 值变化

Tab 4-9 The pH of medium of orthogonal experiment

试验号	时间/d									η/%
	0	2	4	6	7	8	10	12	14	
1	7.0	7.1	7.5	7.8	7.9					32.86
2	7.4	6.7	6.8	6.8		6.9	7.0			41.72
3	7.4	6.5	6.0	6.1		6.4	6.5	6.6	6.8	36.10
4	7.0	6.5	6.5	6.6		6.7	6.7	6.8	6.9	30.28
5	7.0	6.7	6.8	7.0	7.3					25.19
6	7.1	7.2	7.3	7.5		7.4	7.6			18.90
7	7.1	6.9	6.6	6.6		6.7	6.8			19.75
8	7.0	7.2	7.5	7.8		8.1	8.1	8.2	8.3	19.65
9	7.0	7.1	7.2	7.8	8.1					12.42

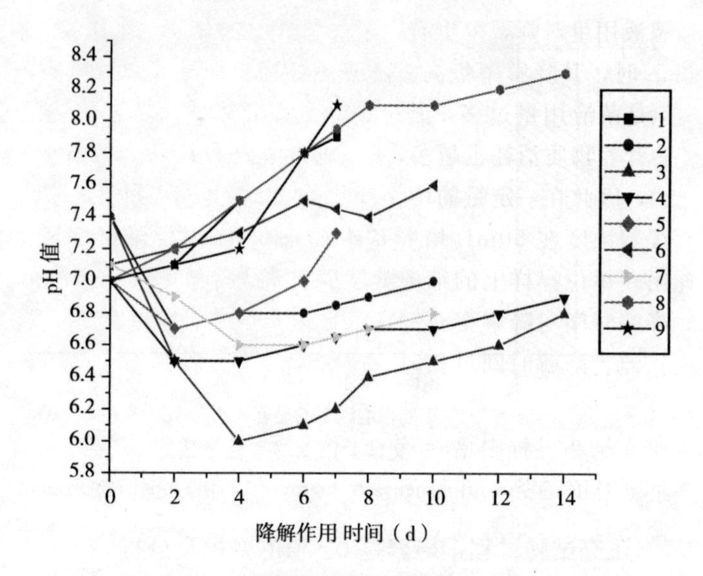

图 4－8　正交试验过程中培养基 pH 值趋势
Fig 4－8　The pH of medium of orthogonal experiment

分析正交试验过程中培养基 pH 值的变化可以大致发现：在整个试验过程中，培养基 pH 值呈上升的趋势。部分样品在实验初期 pH 值略为下降，这可能是由于经硝酸预处理的煤样还存在一定的酸性，并且煤粒度越大，预处理时硝酸浸入到其内部，就难以用去离子水冲洗掉，故酸性越强，使得培养基 pH 值下降较多。在整个培养过程中，并不像一些研究者得到的结论那样：pH 值升高越大，煤的微生物降解率越高[71]。而恰恰相反，实验中反映出，培养基 pH 值升高越大，其中煤转化降解率越少；培养 pH 值升高较小的，其煤的微生物降解率相对较高。其中的原因有待于后面的实验进行验证。

4.2.8　本节结论

（1）煤样粒度对球红假单胞菌降解转化褐煤有显著的影响，理论上煤样粒度越小越容易被细菌作用而降解转化，在本正交试验中煤样粒度在 0.5～0.2mm 和－0.2mm 的粒度级的煤炭降解转化率相差不大，前者较高一些。其原因可能是在经硝酸处理后洗硝酸的过程中，前者粒度细化比较严重；考虑到球红假单胞菌的最优煤样粒度为－0.2mm 粒级的原因，故在以后的实验中煤样粒度都选用－0.2mm 粒级的煤样粒度。

(2) 菌液用量对降解率也有一定的影响。在 50mL 培养基中加入的菌液用量 5mL 时，其降解率最高。随着菌液用量的增多，其降解率也会相应增大；但是菌液用量过多，其降解率反而会降低。因为菌液用量越多，其所需要的营养物质消耗也越多，随着时间的增长，菌会因营养物质不足而大量死亡，因此在一定量的培养基含量中菌液用量不能太多。

(3) 煤浆浓度在 50mL 培养基中加入 0.3g 煤样降解率较高，煤样过多，作用在单位煤样上的细菌就越少，所以降解率反而会降低。

(4) 降解时间对降解率有一定的影响。随着时间的延长，降解率会随着增大；但当降解时间过长时，由于营养成分的减少，其降解率增大的不多。

(5) 正交试验过程中培养基 pH 变化显示在整个试验过程中，培养基 pH 值呈上升的趋势；并且试验反映出，培养基 pH 值升高越大，其中煤转化降解越少；培养基 pH 值升高较小的，其煤的微生物降解率相对较高。

4.3 球红假单胞菌的紫外诱变及其煤炭降解转化实验研究

为了进一步提高球红假单胞菌降解煤炭的能力，本实验采用紫外线作为诱变剂，对球红假单胞菌进行紫外辐射处理，筛选出高效的煤炭降解菌。

由于球红假单胞菌的紫外辐射诱变菌种的选育是球红假单胞菌降解转化煤炭的进一步深化和发展，故紫外辐射诱变菌对煤炭降解转化的实验条件中未提及的实验条件及降解转化最优工艺路线都与 4.2 节球红假单胞菌用于煤炭降解实验研究中相同；球红假单胞菌的微波辐射诱变菌用于煤炭降解实验研究亦与此相同。

4.3.1 球红假单胞菌诱变平板的准备

选取部分培养 1 天的液体培养的球红假单胞菌进行稀释至 10^6/mL，接着取无菌普通固体培养基平皿 4 个，分别吸取 5mL 菌液（为了与紫外辐射诱变后细菌有个很好的对比，在与诱变菌同步分别稀释一定倍数）均匀涂布于固体培养基平皿的表面，以备紫外辐射诱变处理后计算致死率对比使用。再制备若干实验用平板（取 5mL 菌液均匀涂布在直径为

9cm 的无菌培养皿中）以供诱变实验使用。

4.3.2 UV 诱变

将紫外灯（30W）打开，预热 20min，将制好的涂布球红假单胞菌的固体培养基培养平皿置旋转圆盘（33r/min）上，并使其距离紫外灯 30cm 处，处理时间梯度为：0s，10s，20s，30s，40s，60s。紫外照射后，暗修复 2h，以免引起球红假单胞菌的光修复。

4.3.3 初筛和复筛

将诱变处理过的球红假单胞菌稀释成一定的浓度梯度，涂布在固体培养基上，28℃下培养 1d，活菌计数，计算致死率。以分离平板上透明圈直径和菌落直径的比值作为初筛标志，挑取比值大的菌落在斜面上传代 3 次，然后进行煤炭降解转化实验复筛。

4.3.4 试验结果与分析

4.3.4.1 紫外诱变辐射对球红假单胞菌致死效应的影响

在照射过程中，那些不适应新环境的细菌逐渐死亡，而适应性强的则存活下来，更有利于使煤炭发生转化作用。将诱变得到的突变菌株进行传代培养，来探讨其对煤炭的降解作用效果。

如图 4 - 9 所示，经过紫外辐射处理，发现球红假单胞菌致死率与紫外辐射时间（即辐射剂量）在前 20s 基本呈线性关系，之后随着辐射时间的增加，球红假单胞菌致死率增加趋缓。辐射处理时间为 40s 的致死率达到 95.5%，辐射时间 60s 时，球红假单胞菌死亡率达到 100%。细菌致死率和辐射时间关系如图 4 - 10 所示。

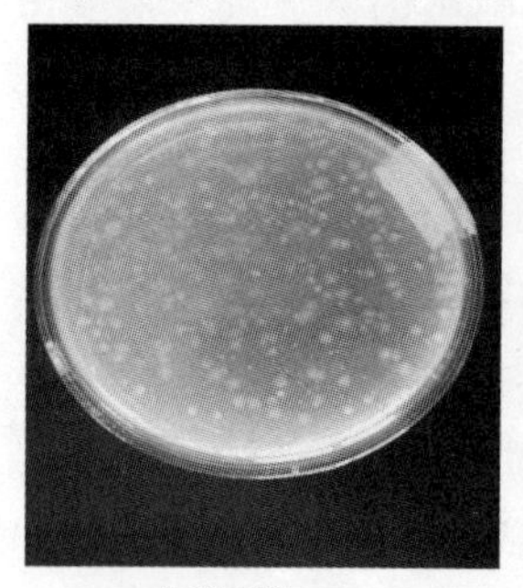
辐射时间0s

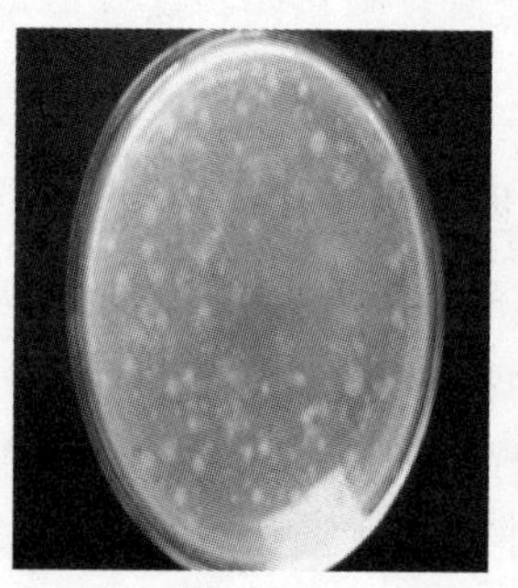
辐射时间10s

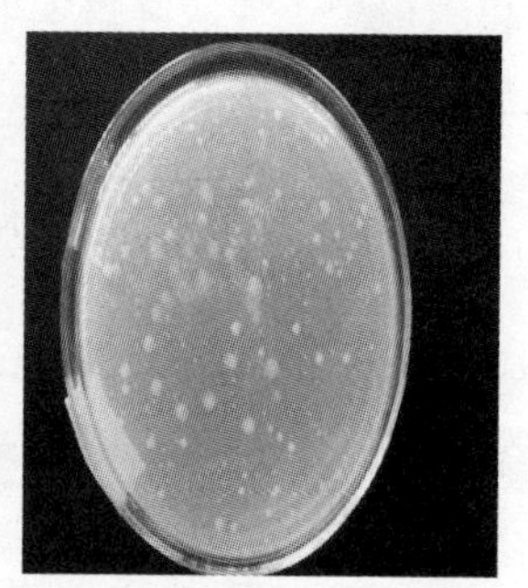
辐射时间20s

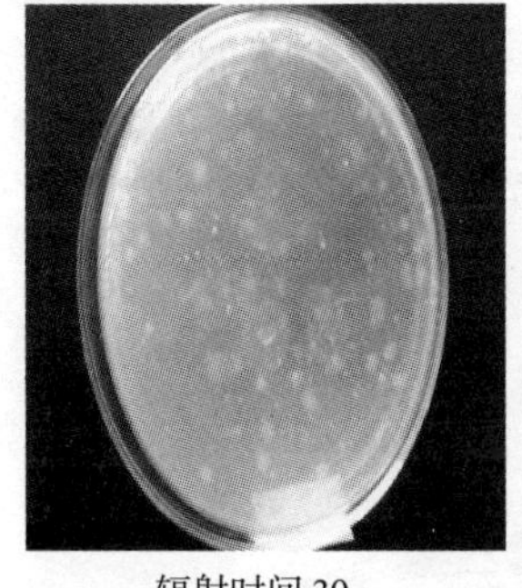
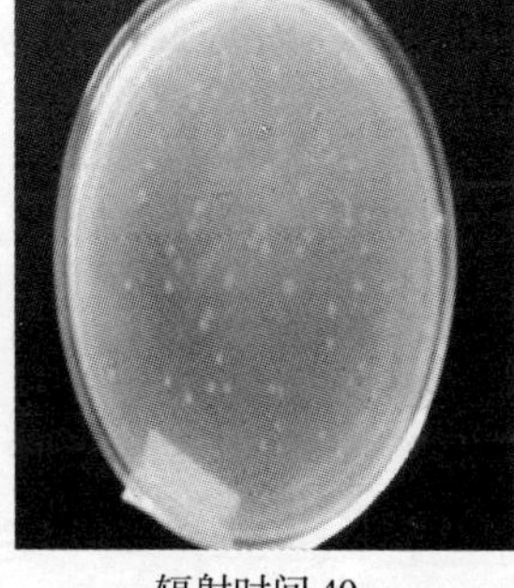

辐射时间 30 s　　辐射时间 40 s　　辐射时间 60 s

图 4-9　紫外辐射处理球红假单胞菌图片

Fig 4-9　Photo of R. s by Ultraviolet ray

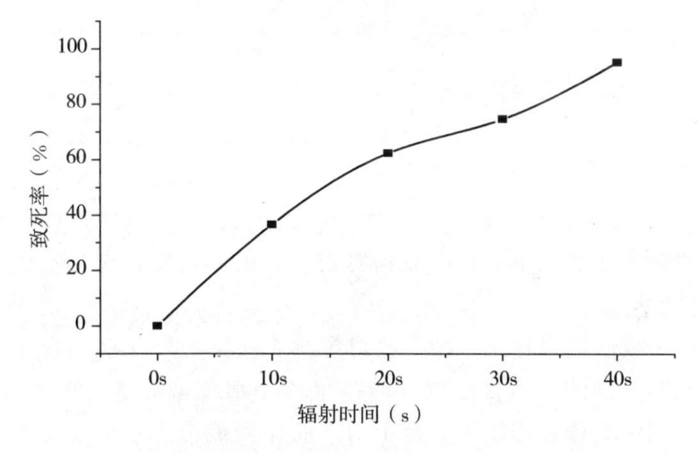

图 4-10　紫外辐射对球红假单胞菌致死效应的影响

Fig 4-10　Lethality rate of spores of R. s by Ultraviolet ray

4.3.4.2　紫外辐射诱变球红假单胞菌的煤炭降解转化结果与分析

由紫外辐射诱变后球红假单胞菌对煤炭的降解转化结果可知，不同煤种的生物降解转化率都有了不同程度的提高。其中，义马褐煤的生物降解转化率从 7.82%提高到 41.31%，硝酸处理褐煤的生物降解转化率从 78.05%提高到 80.29%，淮南潘二矿次烟煤的生物降解转化率从 10.41%提高到 14%，山西晋城白煤的生物降解转化率从 21.23%提高到 38.32%。紫外诱变效果如图 4-11 所示。

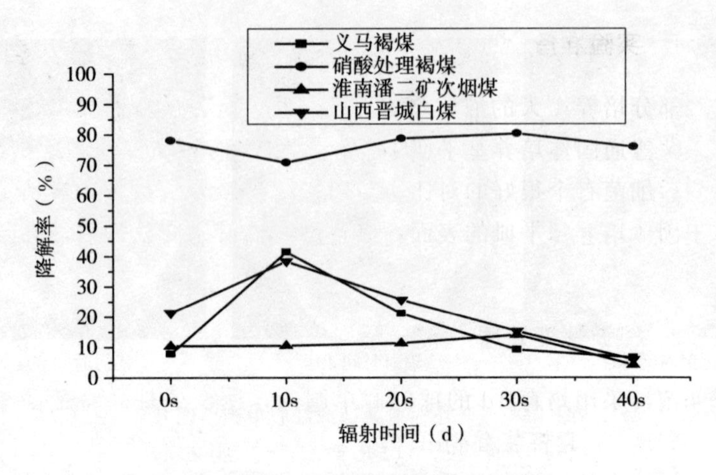

图 4-11　辐射时间与降解率的关系

Fig 4-11　Relationship of degradation and irradiation time

紫外辐射对细菌的诱变机理如第三章 3.3 节所述，但是紫外辐射诱变对细菌的影响更为强烈，因为细菌的细胞壁结构有别于真菌。球红假单胞菌为革兰氏阴性菌，细胞壁分为内壁层和外壁层；内壁层紧贴细胞膜，由肽聚糖组成，仅 30%的肽聚糖亚单位彼此交织连结，网状结构较疏松，故较容易受到紫外和微波辐射伤害，引起诱变，有利于微生物的诱变育种。

同样，实验结果显示，微生物对煤炭生物降解转化能力有了一定的提高，是微生物的酶活含量增加的结果还是细胞壁通透性增加的结果，或是两方面综合作用的结果。至于两方面作用能力上是否存在差异，是值得今后进一步探讨的事情。

球红假单胞菌的微波辐射诱变也存在相同的情况，在以后的实验中不再一一叙述。

4.4　球红假单胞菌的微波诱变及其煤炭降解转化实验研究

为了进一步提高球红假单胞菌降解煤炭的能力，本实验采用微波辐射作为诱变剂，对球红假单胞菌进行微波辐射处理，筛选出高效的煤炭降解转化菌种。

4.4.1 实验准备

选取部分培养1天的液体培养的球红假单胞菌进行稀释至10^6/mL，接着取无菌普通固体培养基平皿4个，分别吸取5mL菌液（为了与微波辐射诱变后细菌有个很好的对比，与诱变菌同步分别稀释一定倍数）均匀涂布于固体培养基平皿的表面，以备微波辐射诱变处理后计算致死率对比时用。

4.4.2 微波诱变处理

诱变菌种采用培育1d的球红假单胞菌，诱变处理时将细菌浓度稀释至10^6/mL，而后将装有5mL菌悬液的无菌试管置于小烧杯中，杯内加水浸没试管中的菌液，然后把小烧杯放在微波器（2450MHz，650W）中进行微波处理，通过每10s换一次水的低温热分散法来抵消热效应，处理时间梯度为：10s，30s，60s，90s，120s。

4.4.3 实验结果与分析

4.4.3.1 微波诱变辐射对球红假单胞菌致死效应的影响

在照射过程中，那些不适应新环境的细菌逐渐死亡，而适应性强的则存活下来，更有利于使煤炭发生转化作用。经过微波处理，发现球红假单胞菌致死率随着微波辐射时间的增加而增加，其中在辐射时间30s～60s时细胞致死明显，微波辐射时间为60s和90s的致死率分别达到90.35%、95.86%，辐射时间120s时细菌死亡率达到100%。细菌致死率和辐射时间关系如图4－12和图4－13所示。

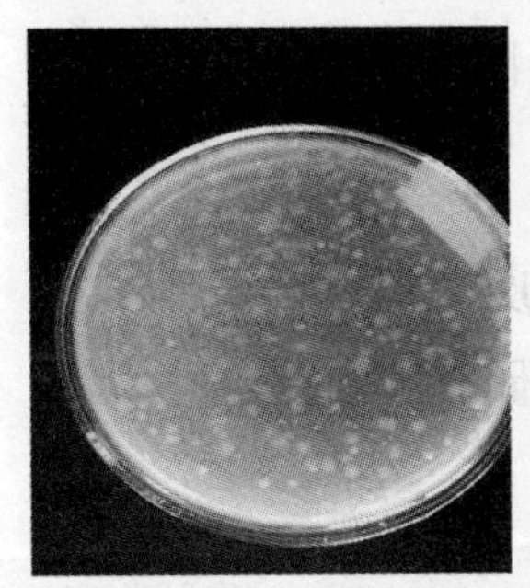

辐射时间0s

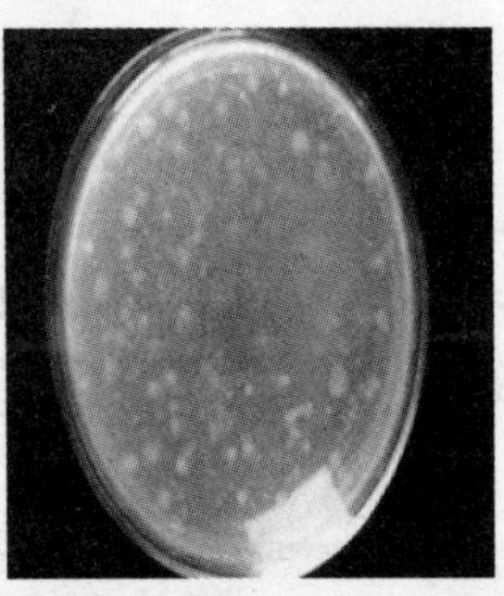

辐射时间10s

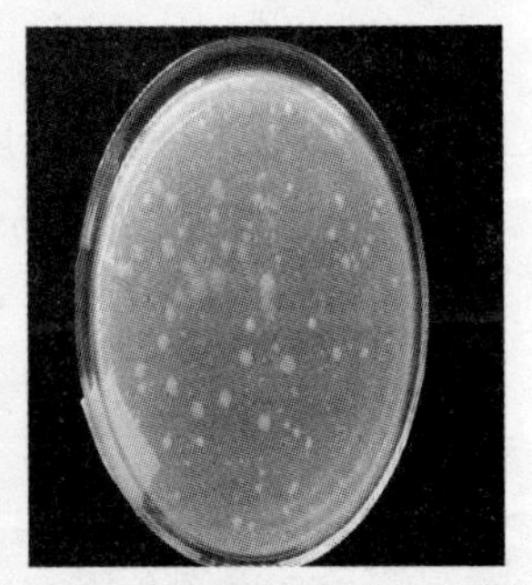

辐射时间30s

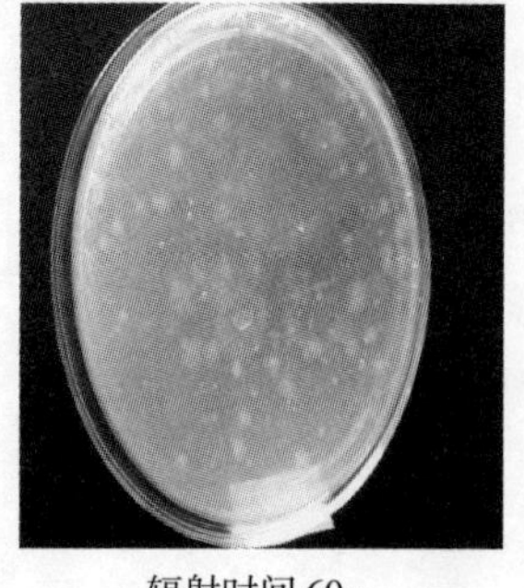
辐射时间 60 s

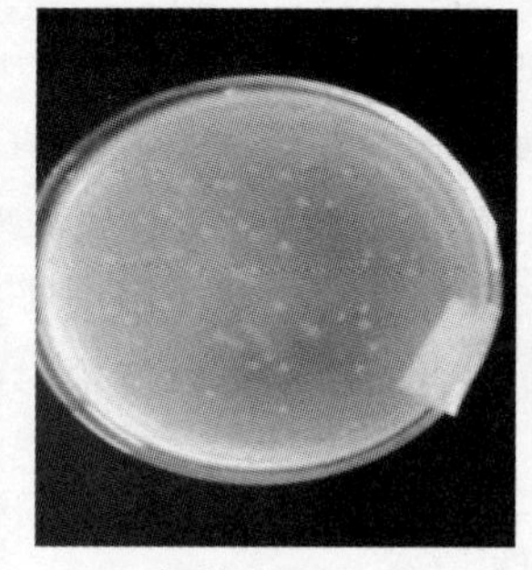
辐射时间 90 s

辐射时间 120 s

图 4－12　微波辐射处理球红假单胞菌图片

Fig 4－12　Photo of R. s by Ultraviolet ray

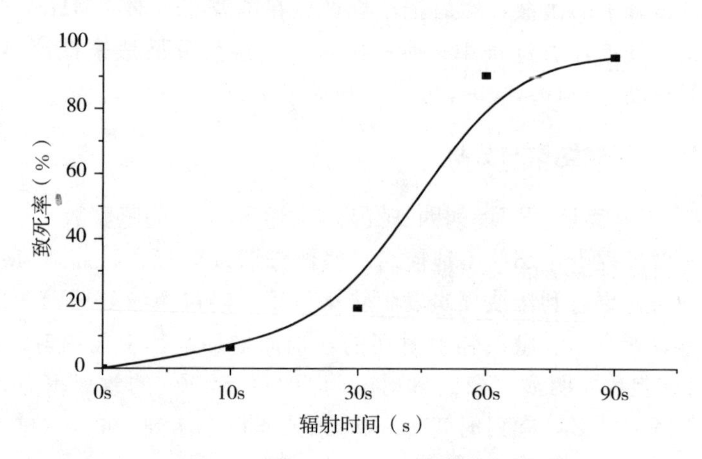

图 4－13　微波辐射对球红假单胞菌致死效应的影响

Fig 4－13　Lethality rate of spores of R. s by Ultraviolet ray

从图 4－13 可知，随着辐射时间的延长，致死率增加，处理时间为 120s 时孢子死亡率达到 100%。这表明球红假单胞菌对微波敏感，致死效应明显。

微波诱变对细菌的诱变机理和存在问题如第三章 3.4 节和本章 4.3 节所述。

4.4.3.2　微波诱变球红假单胞菌的煤炭降解转化结果及分析

由微波诱变后球红假单胞菌对褐煤及其硝酸处理褐煤的降解转化结果可知，微波辐射育种后球红假单胞菌对煤炭生物降解转化率也相应提高。此时，义马褐煤的生物降解转化率从7.82%提高到35.31%，硝酸处理褐煤的生物降解转化率从78.05%提高到79.68%，淮南潘二煤矿次烟煤的生物降解转化率从10.41%提高到15%，山西晋城白煤的生物降解转化率从21.23%提高到37.45%。微波诱变效果如图4-14所示。

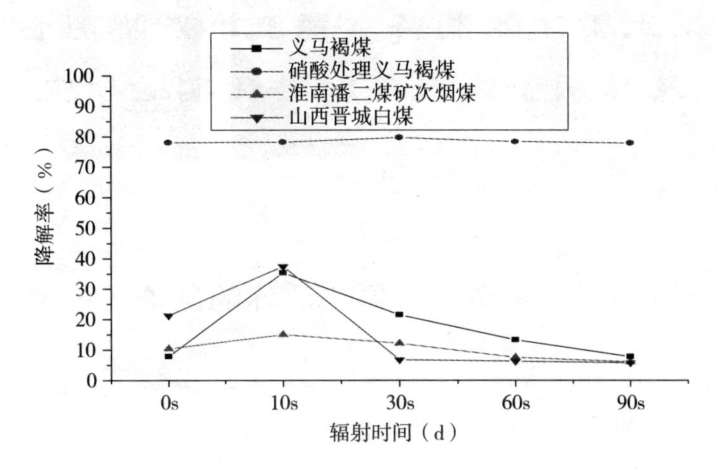

图4-14 辐射时间与降解率的关系

Fig 4-14 Relationship of degradation and irradiation time

微波辐射对细菌的诱变机理如第三章3.4节所述，但是微波辐射诱变对细菌的影响更为强烈，机理原因如本章4.3节所述。

5 球红假单胞菌、黄孢原毛平革菌原生质体的制备、诱变和跨界融合及其用于煤炭降解转化实验研究

5.1 球红假单胞菌原生质体的制备与再生

5.1.1 菌种

Rhodopseudomonas sphaeroides，由中国矿业大学提供。

5.1.2 培养基

基础培养基（g/L）：K_2HPO_4 3.0，$K_2H_2PO_4$ 1.0，$(NH_4)_2NO_3$ 0.5，Na_2SO_3 0.1，$MgSO_4 \cdot 7H_2O$ 0.01，$MnSO_4 \cdot 4H_2O$ 0.001，$CaCl_2$ 0.0005，$FeSO_4 \cdot 7H_2O$ 0.001，酵母膏 0.1，葡萄糖 10.0，乙酸钠 5.0，蒸馏水 1000mL，pH 7.0。

固体培养基：液体培养基+2%琼脂。

高渗再生培养基：固体培养基+20%蔗糖。

5.1.3 生化试剂

Tris－HCl 缓冲液（T 缓冲液）：25ml0.2mmol/L Tris ＋ 27.5ml 0.1mmol/L HCl，加蒸馏水稀释至 100mL，pH8.0。

EDTA 溶液：EDTA 溶于 T 缓冲液中。

溶菌酶：溶于 T 缓冲液中，pH8.0，使用前抽滤除菌。

5.1.4 原生质体形成率、再生率计算

原生质体形成率＝（A－B）/A×100％

原生质体再生率＝（C－B）/（A－B）×100％

A：未经酶处理的菌液在固体培养基平板上，28℃培养7d生长的菌落数；

B：经酶处理后的菌液在固体培养基平板上，28℃培养7d生长的菌落数；

C：经酶处理后的菌液在高渗再生培养基平板上，30℃培养3d生长的菌落数。

5.1.5 原生质体的制备

将球红假单胞菌接种于基础培养基中，28℃培养过夜，再以15％的接种量转接到新鲜液体培养基中，振荡培养6 h，移1 mL菌液于离心管内，10000 r/min离心5 min，用T缓冲液洗涤菌体3次后，按正交试验设计表，取蔗糖浓度（蔗糖溶于T缓冲液中）、溶菌酶浓度、EDTA浓度和酶反应时间四个因素，各因素分为3个水平，正交试验安排，试验因素及水平见表5-1。正交试验表头设计采用 L_9（3^4）。试验中不考虑各因素间的交互作用，试验结果如表5-2所示。试验结束后，以10000 r/min的转速离心5 min，除去溶菌酶，用高渗（T）缓冲液洗涤沉淀3次，将生成的原生质体悬于高渗（T）缓冲液中，以备下一步对其进行原生质体诱变和原生质体融合时使用。

表5-1 正交试验因素及水平表

Tab 5-1 Factors and levels of orthogonal experiment

因　素	水　平		
	1	2	3
蔗糖浓度（％）	10	20	30
溶菌酶浓度（mg/mL）	0.5	1.0	2.0
EDTA浓度（％）	0.1	0.2	0.4
作用时间（min）	30	40	50

表 5-2 球红假单胞菌原生质体形成率、再生率正交试验结果

Tab 5-2 The orthogonal design and test results of protoplasts and regeneration rates for R. s

组别	水平	蔗糖浓度/%	水平	溶菌酶浓度/mg/mL	水平	EDTA浓度/%	水平	作用时间/min	原生质体形成率/%	原生质体再生率/%
1	1	10	1	0.5	1	0.1	1	30	50	6.2
2	1	10	2	1.0	2	0.2	2	40	62	5.0
3	1	10	3	2.0	3	0.4	3	50	62	1.1
4	2	20	1	0.5	2	0.2	3	50	71	9.6
5	2	20	2	1.0	3	0.4	1	30	66	4.8
6	2	20	3	2.0	1	0.1	2	40	74	7.5
7	3	30	1	0.5	3	0.4	2	40	56	6.5
8	3	30	2	1.0	1	0.1	3	50	67	5.6
9	3	30	3	2.0	2	0.2	1	30	67	6.1
各水平平均值	水平	形成率/%	再生率/%	形成率/%	再生率/%	形成率/%	再生率/%	形成率/%	再生率/%	
	1	58	4.1	59	7.8	63.7	6.4	61	5.7	
	2	70.3	7.3	65	5.14	67.7	6.9	64	6.34	
	3	63.4	6.07	67.8	4.9	61.3	4.13	66.7	5.44	
极差		12.3	3.2	8.8	2.9	6.4	2.77	5.7	0.9	

根据表中各水平极差数值进行分析，本研究中影响球红假单胞菌原生质体形成率的因素顺序为蔗糖浓度（12.3）>溶菌酶浓度（8.8）>EDTA浓度（6.4）>作用时间（5.7）；而影响球红假单胞菌原生质体再生率的因素顺序为蔗糖浓度（3.2）>溶菌酶浓度（2.9）>EDTA浓度（2.77）>作用时间（0.9）。蔗糖浓度对原生质体的形成与再生率的影响均居首位，反映出球红假单胞菌原生质体对渗透压具有相当的敏感性。从表中各因素原生质体再生率平均值的最高值所对应的水平可以

看出，制备球红假单胞菌原生质体的最适条件是蔗糖浓度为20%，溶菌酶浓度为0.5mg/mL，EDTA浓度为0.2%，反应时间为40min。上述最适条件制备球红假单胞菌原生质体，形成率为76.6%，再生率为9.8%，均高于表中的结果。

球红假单胞菌的酶解原生质体扫描照片如图5-1和图5-2所示。

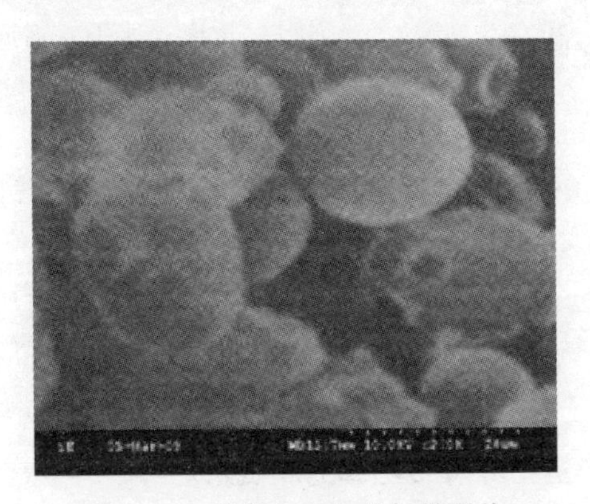

图5-1　酶解30min的扫描照片

Fig 5-1　30min enzymatic hydrolysis scanning

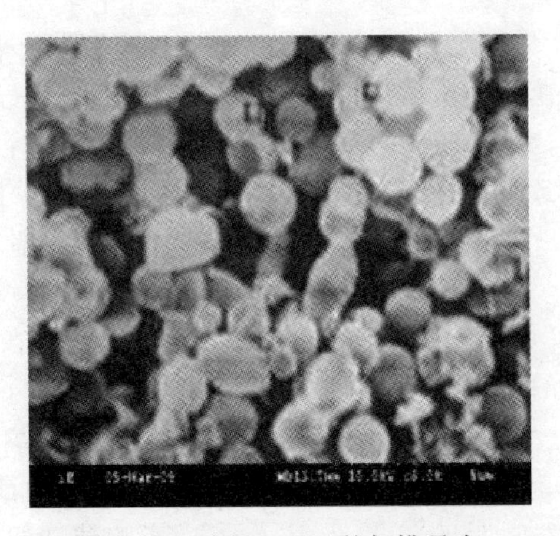

图5-2　酶解50min的扫描照片

Fig 5-2　50min enzymatic hydrolysis scanning

5.2 球红假单胞菌原生质体的紫外诱变及其煤炭降解转化实验研究

5.2.1 球红假单胞菌原生质体的紫外诱变选育

取酶解 40min 的原生质体，用渗稳剂稀释至 10^6 个/mL，取 5mL 菌液放在直径为 9cm 的无菌培养皿中，将培养皿置旋转圆盘（33r/min）上，并使其距离紫外灯 30cm 处，处理时间梯度为：20s，40s，60s，90s，120s，150s，180s，200s。紫外照射后，暗修复 2h，以免引起光修复。将处理过的原生质体适当稀释，涂布平板，黑暗避光培养，计算致死率。

5.2.2 煤炭生物降解转化率的测试方法

煤炭生物降解转化率的测试方法按 2.2.2 节中方法二执行。

5.2.3 实验结果与分析

5.2.3.1 紫外辐射对球红假单胞菌原生质体致死效应的影响

球红假单胞菌的原生质体经过紫外辐射处理，致死率明显。辐射处理时间为 20s 时，原生质体的致死率就达 86.3%；辐射处理时间为 120s 时，原生质体的致死率达到 98.1%；辐射处理时间为 150s 时，原生质体死亡率达到 100%。球红假单胞菌的原生质体致死率和辐射时间关系如图 5-3 所示。

从图 5-3 可知，紫外辐射球红假单胞菌原生质体在前 20s 时，其原生质体的致死率的增长梯度迅速，其后随着辐射时间的延长，原生质体的致死率增加梯度缓慢，处理时间为 150s 时，球红假单胞菌的原生质体的死亡率达到 100%。这表明球红假单胞菌的原生质体对紫外辐射十分敏感，致死效应非常明显。

紫外线辐射对菌体的诱变机理如第三章 3.3 节所述，本节实验特别之处在于球红假单胞菌原生质体由于失去细胞壁的庇护后，极易受到紫外辐射的影响，更易引起微生物的突变，这也是细菌原生质体更适合进行诱变育种的原因。

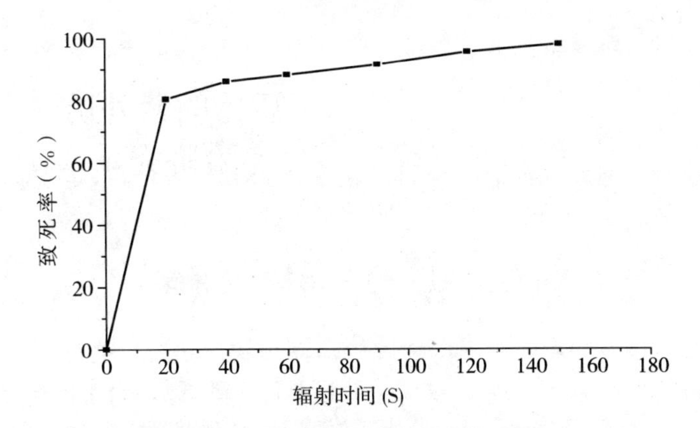

图 5-3　紫外辐射对球红假单胞菌原生质体致死效应的影响

Fig 5-3　Lethality rate of protoplasts of R. s by Ultraviolet ray

在本章以后的试验：微波辐射诱变球红假单胞菌原生质体、紫外辐射诱变黄孢原毛平革菌原生质体和微波辐射诱变黄孢原毛平革菌原生质体的实验中，都存在以上情况，在以后的实验中不再一一叙述。

5.2.3.2　紫外辐射诱变球红假单胞菌（原生质体）的煤炭生物降解转化结果

紫外诱变球红假单胞菌（原生质体）的煤炭生物降解转化结果如图 5-4 所示。

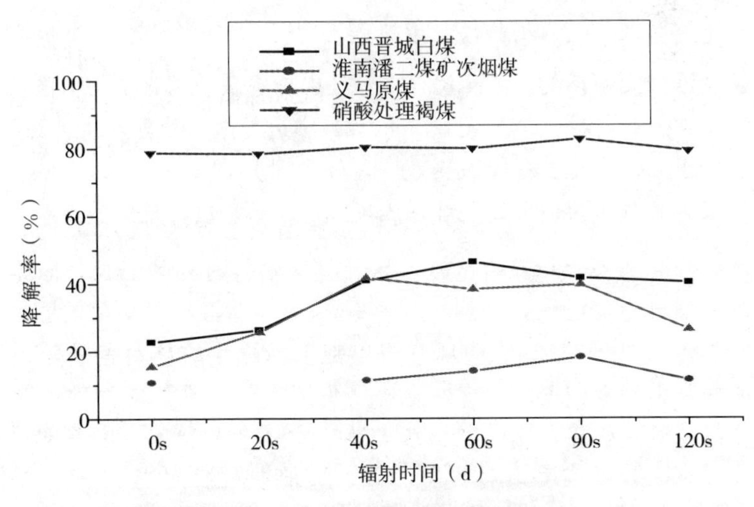

图 5-4　辐射时间与降解率的关系

Fig 5-4　Relationship of degradation and irradiation time

紫外辐射诱变球红假单胞菌（原生质体）的煤炭生物降解转化结果是：原生质体辐射处理时间为60s时，球红假单胞菌对义马褐煤的降解转化率达到最大，为46.32%；原生质体辐射处理时间为90s时，球红假单胞菌对硝酸处理褐煤的降解转化率达到最大，为82.65%；原生质体辐射处理时间为90s时，球红假单胞菌对淮南潘二煤矿次烟煤的降解转化率达到最大，为18%；原生质体辐射处理时间为40s时，球红假单胞菌对山西白煤的降解转化率达到最大，为41.62%。造成原生质体辐射处理时间在不同点时对不同种煤的降解转化达到最大的原因是：球红假单胞菌的原生质体对紫外辐射十分敏感，致死效应非常明显，从20s时的86.3%到120s时的98.1%和150s时的100%，原生质体的致死率增加梯度缓慢，所以在此诱变辐射时间内球红假单胞菌存在不同的正突变率，不同正突变率下的细菌对不同阶煤炭存在不同的降解转化率。

5.3 球红假单胞菌原生质体的微波诱变及其煤炭降解转化实验研究

5.3.1 原生质体的微波诱变选育

取酶解40min的原生质体，用渗稳剂稀释至10^6个/mL，而后将装有5mL菌悬液的无菌试管置于小烧杯中，杯内加水浸没试管中的菌液，然后将小烧杯放在微波器（2450MHz，650W）中进行微波处理，通过每10s换一次水的低温热分散法来抵消热效应，处理时间梯度为：10s，30s，60s，90s，120s。将处理过的原生质体适当稀释，涂布平板，计算致死率。

5.3.2 实验结果与分析

5.3.2.1 微波辐射对球红假单胞菌原生质体致死效应的影响

球红假单胞菌的原生质体经过微波辐射处理，致死率明显。辐射处理时间为30s时，原生质体的致死率就达85.2%；辐射处理时间为90s时，原生质体的致死率达到96.8%；辐射处理时间为120s时，原生质体死亡率达到100%。球红假单胞菌的原生质体致死率和辐射时间关系如图5-5所示。

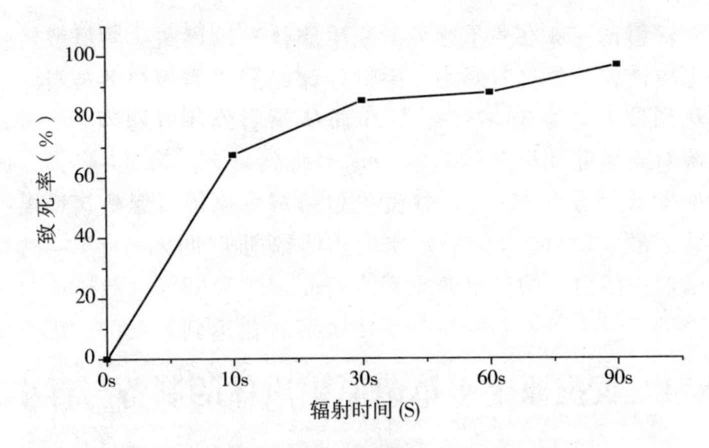

图 5－5　微波对球红假单胞菌致死效应的影响

Fig 5－5　Lethality rate of protoplasts R. s by Microwave irradiation

从图 5－5 可知，球红假单胞菌的原生质体对微波辐射十分敏感，致死效应非常明显，这也是细菌原生质体更适合进行诱变育种的原因。

5.3.2.2　微波辐射诱变球红假单胞菌（原生质体）的煤炭生物降解转化结果

微波辐射诱变球红假单胞菌（原生质体）的煤炭生物降解转化结果如图 5－6 所示。

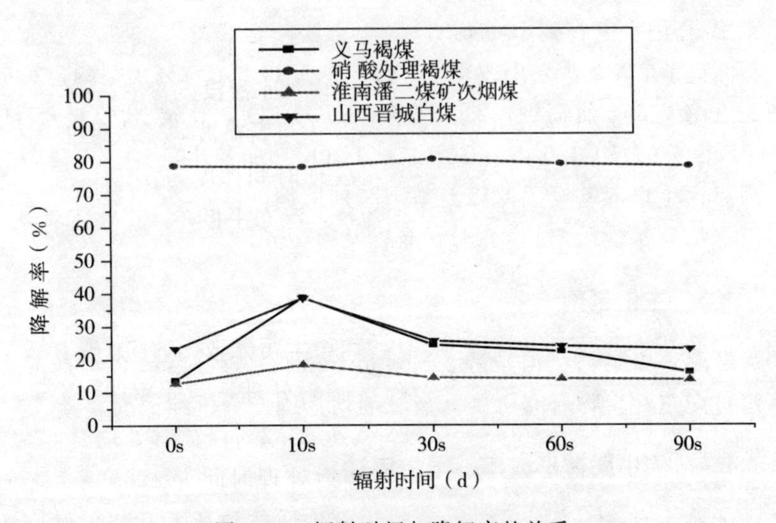

图 5－6　辐射时间与降解率的关系

Fig 5－6　Relationship of degradation and irradiation time

微波辐射诱变球红假单胞菌（原生质体）的煤炭生物降解转化结果是：原生质体辐射处理时间为10s时，球红假单胞菌对义马褐煤的降解转化率达到最大，为38.68%；原生质体辐射处理时间为30s时，球红假单胞菌对硝酸处理褐煤的降解转化率达到最大，为80.65%；原生质体辐射处理时间为10s时，球红假单胞菌对淮南潘二煤矿次烟煤的降解转化率达到最大，为18.33%；原生质体辐射处理时间为10s时，球红假单胞菌对山西白煤的降解转化率达到最大，为38.56%。

5.4 黄孢原毛平革菌原生质体的制备与再生

5.4.1 菌种

黄孢原毛平革菌（Phanerochaete chrysosporium）BKM－F－1767，购自广东微生物研究所。

5.4.2 培养基

基本培养基：200g马铃薯浸出液，20g葡萄糖，3gKH_2PO_4，1.5g $MgSO_4 \cdot 7H_2O$，0.1mg $FeSO_4 \cdot 7H_2O$，0.2mg $CuSO_4 \cdot 5H_2O$，8mg维生素B_1。用水定容到1000mL。

斜面孢子培养基：采用改良PDA培养基（L^{-1}），4%山梨醇，200g马铃薯浸出液，20g葡萄糖，20g琼脂，3gKH_2PO_4，1.5g $MgSO_4 \cdot 7H_2O$，0.1mg $FeSO_4 \cdot 7H_2O$，0.2mg $CuSO_4 \cdot 5H_2O$，8mg维生素B_1。

高渗再生培养基：固体培养基+20%蔗糖。

以上培养基使用前0.07MPa湿热灭菌20min。

5.4.3 生化试剂

蜗牛酶、山梨糖、山梨醇、Novonzyme234为Sigma公司产品。溶壁酶购自广东微生物研究所。其余试剂均为国产分析纯试剂。

5.4.4 原生质体形成率、再生率计算

原生质体形成率＝（A－B）/A×100%

原生质体再生率＝（C－B）/（A－B）×100%

A：未经酶处理的菌液在固体培养基平板上，28℃培养 7d 生长的菌落数。

B：经酶处理后的菌液在固体培养基平板上，28℃培养 7d 生长的菌落数。

C：经酶处理后的菌液在高渗再生培养基平板上，30℃培养 3d 生长的菌落数。

5.4.5 原生质体的制备

黄孢原毛平革菌在基础培养基平板上培养 8d，用无菌水洗一下平板中的分生孢子，经 4 层擦镜纸过滤，接种于 100mL 的基础培养基中，使其孢子的浓度为 1×10^{6} 个/mL 左右，在 36℃下振荡培养 5～6h，孢子会萌发出极短的芽管。移 1mL 菌液于离心管内，10000r/min 离心 5min 收集萌发孢子，用 0.6mol/L$MgSO_4$ 洗 3 次，重悬于 1mL 酶液中（酶液的配制为 2mL $MgSO_4$ 溶液中含有溶壁酶 14mg 和 Novonzyme234 各 10mg（比例为 1.4/1)），置于 37℃下培养，每 30min 镜检一次，仔细观察原生质体形成情况。一般需要 2h 左右，原生质体的形成率即可达 85%以上，用 0.6mol/L $MgSO_4$ 洗 2 次，重新悬浮于 1mL $MgSO_4$ 溶液中，以备融合时使用。

实验结果表明，黄孢原毛平革菌原生质体的形成率为 85%，黄孢原毛平革菌原生质体的再生率为 9%。黄孢原毛平革菌在 120min 时的酶解扫描照片如图 5-7 所示。

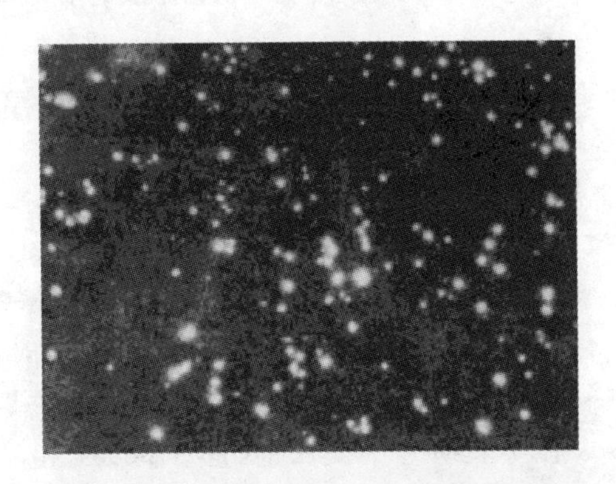

图 5-7 酶解 120min 的扫描照片

Fig 5-7 120min enzymatic hydrolysis scanning

5.4.6 原生质体形成结果与探讨

5.4.6.1 原生质体细胞来源的选择[163]

原生质体转化法是丝状真菌最常用的一种遗传转化方法。在这些研究中，研究者们常常采用不同营养状态的细胞作为原生质体的来源，一般均视实验的方便而定。根据已有的报道，P. chrysosporiun 原生质体大多来自担孢子，但是根据本来在探索性实验中的结果，利用孢子制备原生质体效果不好，与已有文献中的结果差别很大。另外，也有使用幼嫩菌丝体制备原生质体的报道。国际上仅有 Tien 等报道，使用分生孢子制备原生质体，但形成率仅为 40%[164]。

实验结果发现，萌发的分生孢子细胞壁比幼嫩菌丝的容易被裂解，而分生孢子细胞壁几乎不能被消化。因此萌发的分生孢子是制备原生质体的理想材料，其中最佳的分生孢子萌发率对制备原生质体是至关重要的。

5.4.6.2 渗透压稳定剂对原生质体形成的影响

制备原生质体常用的渗透压稳定剂有 KCl，$MgCl_2$，$MgSO_4$，NaCl 和山梨醇、蔗糖，各稳定剂种类及其使用浓度因菌株的不同而不同。实验结果表明，0.6mol/L $MgSO_4$ 为渗透压稳定剂，采用合适的细胞壁裂解酶，黄孢原毛平革菌原生质体的形成率较高，且不易破裂，稳定效果好，因此是制备黄孢原毛平革菌原生质体较为理想的渗透压稳定剂。

5.4.6.3 细胞壁裂解酶系的选择

目前有多种细胞壁裂解酶可用于丝状真菌原生质体的制备，最常用的且对多种丝状真菌均较合适的是 Novozyme234。在已有的报道中，该酶可单独使用，也可与其他酶类混合使用，后者效果更好。实验研究表明，同时使用 Novozyme 234 和溶壁酶（各 10mg/mL），在 0.6mol/L $MgSO_4$ 中，原生质体的形成率可达 85%以上。

5.4.6.4 原生质体再生条件的研究

原生质体再生，重建细胞壁、恢复完整的形态，是原生质体遗传转化和原生质体融合育种的必要条件。影响其再生频率的因素较多，主要与再生培养基成分、再生培养条件、原生质体制备条件以及菌株本身的特性等有关。本人在实验研究中使用 Novozyme234 和溶壁酶混合液消化萌发的分生孢子，以 0.6mol/L $MgSO_4$ 作为制备黄孢原毛平革菌原生质体的渗透压稳定剂，得到了比较理想的结果。

5.5 黄孢原毛平革菌原生质体的紫外诱变及其煤炭降解转化实验研究

5.5.1 原生质体的紫外诱变选育

取酶解 120min 的原生质体，用渗稳剂稀释至 10^6 个/mL，取 5mL 菌液放在直径为 9cm 的无菌培养皿中，将培养皿置旋转圆盘（33r/min）上，并使其距离紫外灯 30cm 处，处理时间梯度为：20s，40s，60s，90s，120s，150s。紫外照射后，暗修复 2h，以免引起细菌的光修复。将处理过的原生质体适当稀释，涂布平板，黑暗避光培养，计算致死率。

5.5.2 煤炭微生物降解转化率的测试方法

煤炭生物降解转化率的测试方法按 2.2.2 节中方法一执行。

5.5.3 试验结果与分析

5.5.3.1 紫外辐射对黄孢原毛平革菌原生质体致死效应的影响

黄孢原毛平革菌的原生质体经过紫外辐射处理，致死率明显。辐射处理时间为 20s 时，原生质体致死率就达 80.4%；辐射处理时间为 120s 时，原生质体的致死率达到 100%。黄孢原毛平革菌的原生质体致死率和辐射时间关系如图 5-8 所示。

从图 5-8 可知，紫外辐射黄孢原毛平革菌原生质体在前 20s 时，其原生质体的致死率的增长梯度迅速，其后随着辐射时间的延长，原生质体的致死率增长梯度缓慢，处理时间为 90s、120s 时，黄孢原毛平革菌的原生质体的死亡率分别为 95.6%和 100%。这表明黄孢原毛平革菌原生质体对紫外辐射十分敏感，致死效应非常明显。

黄孢原毛平革菌的原生质体紫外辐射诱变育种并不像黄孢原毛平革菌的紫外诱变育种一样，使菌株的生长时间缩短接近 1/3，菌球数量增加接近 1 倍，菌球直径减小接近 1 倍；菌株的生长时间有适当缩短，不是十分明显；菌球数量的增加和菌球直径的减小亦同样不是十分明显，菌球的颜色未出现变化。

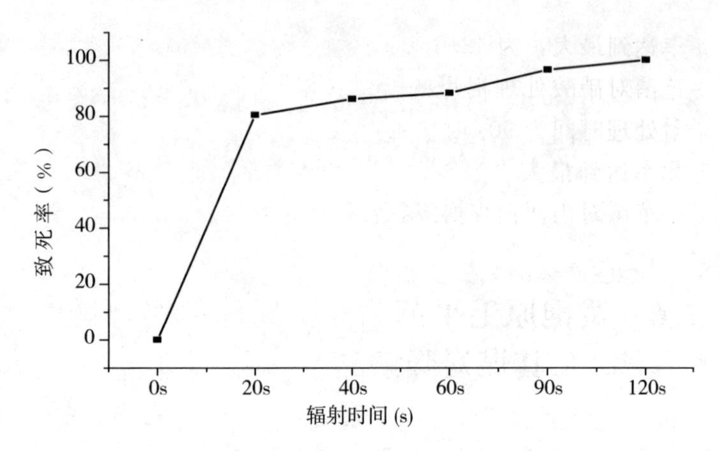

图 5-8 紫外辐射对黄孢原毛平革菌致死效应的影响

Fig 5-8 Lethality rate of protoplasts of Phanerochaete chrysosporium by Ultraviolet ray

5.5.3.2 紫外辐射诱变黄孢原毛平革菌（原生质体）的煤炭降解转化结果

紫外诱变黄孢原毛平革菌（原生质体）的煤炭生物降解转化结果如图 5-9 所示。

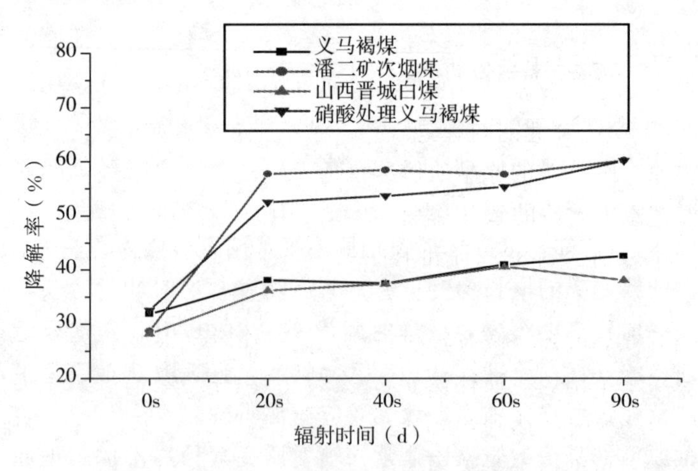

图 5-9 辐射时间与降解率的关系

Fig 5-9 Relationship of degradation and irradiation time

紫外辐射诱变黄孢原毛平革菌（原生质体）的煤炭生物降解转化结果是：原生质体辐射处理时间为 90s 时，黄孢原毛平革菌对义马褐煤的降解转化率达到最大，为 42.6%；原生质体辐射处理时间为 90s 时，黄孢原毛平革菌对硝酸处理褐煤的降解转化率达到最大，为 60.16%；原生质体辐射处理时间为 90s 时，黄孢原毛平革菌对淮南潘二煤矿次烟煤的降解转化率达到最大，为 60.2%；原生质体辐射处理时间为 60s 时，黄孢原毛平革菌对山西白煤的降解转化率达到最大，为 40.55%。

5.6 黄孢原毛平革菌原生质体的微波诱变及其煤炭降解转化实验研究

5.6.1 原生质体的微波诱变选育

取酶解 120min 的原生质体，用渗稳剂稀释至 10^6 个/mL，而后将装有 5mL 菌悬液的无菌试管置于小烧杯中，杯内加水浸没试管中的菌液，再将小烧杯放在微波器（2450MHz，650W）中进行微波处理，通过每 10s 换一次水的低温热分散法来抵消热效应，处理时间梯度为：10s，20s，30s，40s，50s。将处理过的原生质体适当稀释，涂布平板，计算致死率。

5.6.2 实验结果与分析

5.6.2.1 微波辐射对黄孢原毛平革菌原生质体致死效应的影响

黄孢原毛平革菌的原生质体经过微波，致死率明显。辐射处理时间为 10s 时，原生质体的致死率就达 80.7%，辐射处理时间为 30s 和 40s 时，致死率分别达到 88.2% 和 100%。致死率和辐射时间关系如图5-10所示。

从图 5-10 可知，微波辐射黄孢原毛平革菌原生质体类似于紫外辐射黄孢原毛平革菌原生质体诱变，对微波辐射十分敏感，原生质体致死率明显。在 10s 时即达到 80.7%，在 40s 时即达到 100%。

微波辐射黄孢原毛平革菌原生质体对黄孢原毛平革菌表形特征的影响大致如同紫外辐射黄孢原毛平革菌原生质体的情况，没有十分明显的变化。

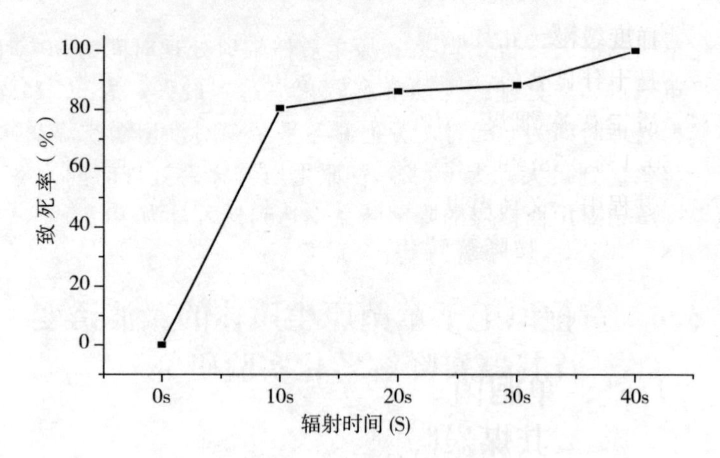

图 5-10　微波辐射对黄孢原毛平革菌致死效应的影响

Fig 5-10　Lethality rate of protoplasts of Phanerochaete chrysosporium by Microwave irradiation

5.6.2.2　微波辐射诱变黄孢原毛平革菌（原生质体）的煤炭降解转化结果

微波诱变黄孢原毛平革菌（原生质体）的煤炭生物降解转化结果如图 5-11 所示。

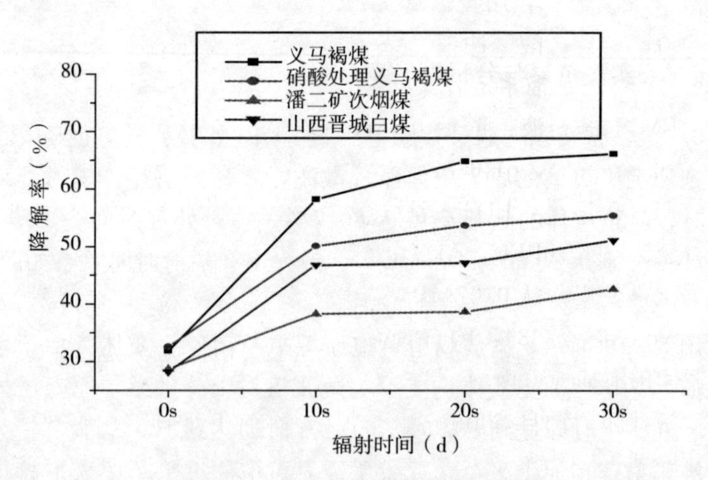

图 5-11　辐射时间与降解率的关系

Fig 5-11　Relationship of degradation and irradiation time

微波诱变黄孢原毛平革菌原生质体的溶煤效果显著，在微波辐射诱变时间为 10s 时，不同品种煤的降解转化率已经很高，同诱变致死率一样，增加的梯度缓慢。究其原因可见，细胞在失去细胞壁的庇护后，辐射对其损伤是十分显著的。在辐射时间为10s时，义马褐煤、硝酸处理义马褐煤、潘二矿次烟煤、山西晋城白煤的生物降解转化率分别为58.22%、50.1%、38.29%和46.8%；在微波辐射诱变黄孢原毛平革菌原生质体的过程中，义马褐煤、硝酸处理义马褐煤、潘二矿次烟煤、山西晋城白煤的最大生物降解转化率分别为66.15%、55.4%、42.62%和51.13%。

5.7 球红假单胞菌、黄孢原毛平革菌的跨界融合及其煤炭降解转化实验研究

5.7.1 几种营养液、缓冲液和试剂的配制

（1）0.01mol/L pH7.4 磷酸盐缓冲液（PBS）：取 0.25mol/L Na_2HPO_4 85mL，0.25mol/L KH_2PO_4 15mL，NaCl 20g，用蒸馏水定容至2500mL.

（2）0.05mol/L pH8.0 Tris－HCl 缓冲液：0.2mol/L Tris 25mL，0.1mol/L HCl 25mL，用蒸馏水定容至100mL。

（3）磷酸－柠檬酸缓冲液（P缓冲液）：$Na_2HPO_4 \cdot 12H_2O$ 29.5g，柠檬酸1.85g，用蒸馏水定容500mL，pH7.0。

（4）SMM 缓冲液：蔗糖 0.5mmol/L，$MgCl_2$ 0.02mmol/L，顺丁烯二酸 0.02mmol/L，pH6.5。

（5）EDTA 溶液：EDTA 溶于 P 缓冲液中。

（6）聚乙二醇（PEG，MW＝6000）溶液：PEG 溶于 SMM 缓冲液中。以上试剂使用前从 0.07MPa 湿热灭菌 20min。

（7）Novonzyme234：购自 Sigma 公司产品，溶于 SMM 缓冲液中，pH6.5，使用前抽滤除菌。

（8）溶菌酶：购自 Sigma 公司产品，溶于 T 缓冲液中，pH8.0，使用前抽滤除菌。

（9）溶壁酶：购自广东微生物研究所，溶于 SMM 缓冲液中，pH6.5，使用前抽滤除菌。

5.7.2 培养基

（1）基础培养基（g/L）：200g 马铃薯浸出液，20g 葡萄糖，20g 琼脂，0.2mg $CuSO_4 \cdot 5H_2O$，8mg 维生素 B1，3.0 K_2HPO_4，3.0 KH_2PO_4，0.5 $(NH_4)_2NO_3$，0.1 Na_2SO_3，0.1 $MgSO_4 \cdot 7H_2O$，0.001 $MnSO_4 \cdot 4H_2O$，0.0005 $CaCl_2$，0.2 $FeSO_4 \cdot 7H_2O$，0.1 酵母膏，10.0 葡萄糖，5.0 乙酸钠，蒸馏水 1000mL，pH7.0。

（2）固体基础培养基：液体培养基+2%琼脂。

（3）高渗再生培养基：固体基础培养基+17%蔗糖。

以上培养基使用前以 0.07MPa 湿热灭菌 20min。

（4）鉴别培养基：

鉴别 1=基本固体培养基+200μ/mL 青霉素（Penicillin，Pc）；

鉴别 2=基本固体培养基+200μ/mL 制霉菌素（Nystatin，Nt）；

鉴别 3=基本固体培养基+200μ/mL 青霉素+200μ/mL 制霉菌素（Pc+Nt）。

（5）选择培养基：高渗再生培养基+青霉素和制霉菌素各 200u/mL，青霉素和制霉菌素用蒸馏水配成 10000u/mL 的溶液，抽滤除菌后加入灭菌后的高渗再生培养基中。

5.7.3 原生质体融合率

原生质体融合率=A/（B−C）×100%

A：选择培养基平板上 30℃培养 4d 后生长的菌落数；

B：两亲株原生质体在高渗再生培养基平板上，30℃培养 4d 后的菌落数；

C：两亲株原生质体在固体基础培养基平板上，30℃培养 4d 后的菌落数。

5.7.4 菌种及其原生质体的制备

使用菌种：（1）黄孢原毛平革菌；（2）球红假单胞菌。

球红假单胞菌原生质体的制备优化条件如 5.1 所述。

黄孢原毛平革菌原生质体的制备优化条件如 5.4 所述。

5.7.5 融合子的药检检出

活化出发菌株和融合子后，以鉴别培养基制成倾注平板后，置于28℃培养箱内培养观察。出发菌株和融合子的抗生素抗性实验见表5-3，出发菌株和融合子的抗生素抗性实验图片如图5-12所示。

表5-3 出发菌株和融合子的抗生素抗性

Tab 5-3 Original strain and the protoplast fusants antibiotic resistance

	出发菌株		跨界融合子
	球红假单胞菌	黄孢原毛平革菌	
鉴别1	－	＋	－
鉴别2	＋	－	＋
鉴别3	－	－	＋

注：＋表示在鉴别培养基琼脂平板上有生长且生长良好，－表示在鉴别培养基琼脂平板上不能生长。

球红菌在培养基1中生长状况

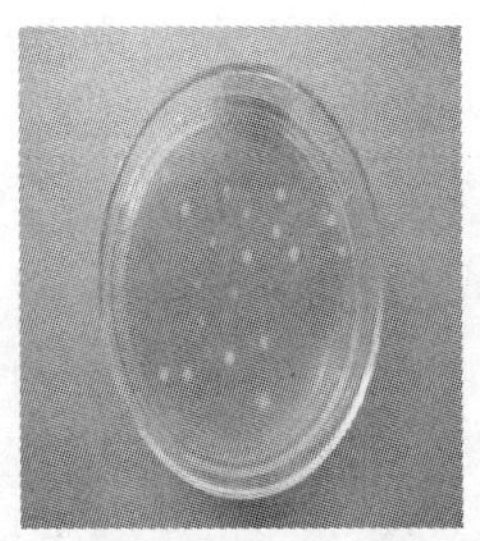

黄孢原毛平革菌在培养基1中生长状况

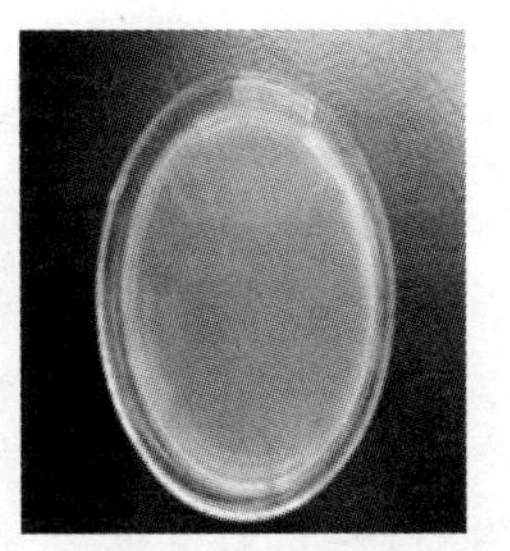

融合子在培养基1中生长状况

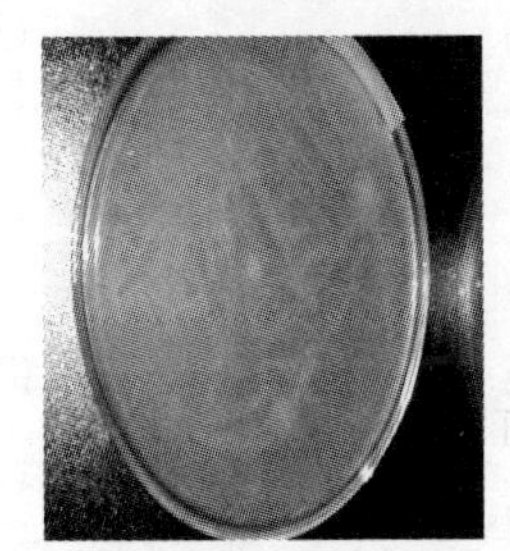

球红菌在培养基2中生长状况

黄孢原毛平革菌在培养基2中生长状况

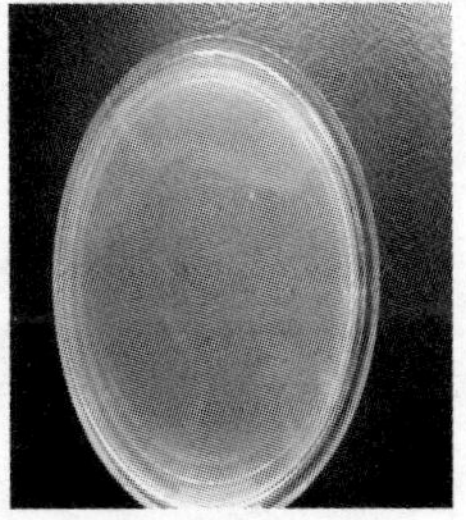

融合子在培养基2中生长状况

球红菌在培养基3中生长状况

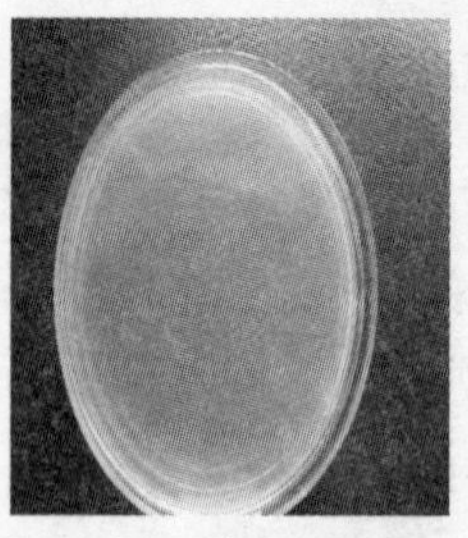
黄孢原毛平革菌在培养基3中生长状况

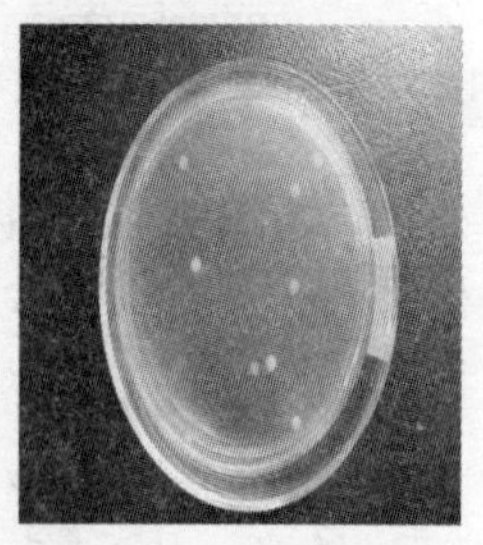
融合子在培养基3中生长状况

图 5-12　出发菌株和融合子的抗生素抗性实验图片

Fig 5-12　Original strain and the protoplast fusants antibiotic resistance pictures

5.7.6　球红假单胞菌和黄孢原毛平革菌原生质体融和条件的优化

5.7.6.1　原生质体融合最佳条件研究

按正交实验设计表，取 PEG6000 浓度、反应温度、$CaCl_2$ 浓度和作用时间四个因素，各因素分为 3 个水平，正交实验安排，试验因素及水平见表 5-4。正交试验表头设计采用 L_9（3^4）。试验中不考虑各因素间的交互作用，实验结果见表 5-5。

取球红假单胞菌与黄孢原毛平革菌的原生质体制备液各 0.5mL，混匀，10000r/min 离心 5min，弃去上清液，用 SMM 缓冲液洗涤双亲原生质体混合物 3 次后加入配置好的不同浓度的融合液，按照表 5-4 正交实验安排实验。实验终止后，10000r/min 离心 5min 除去 PEG，将沉淀用 SMM 缓冲液洗涤 3 次后悬浮在 1mL SMM 液中。将菌液涂布到选择培养基平板上，30℃培养 4d 后计算菌落数。同时将双亲原生质体混合物用 SMM 缓冲液稀释 10^6 倍，分别涂布高渗再生培养基和固体基础培养基平板上，30℃培养 4d 后计算菌落数。

原生质体融合率＝D/（E－F）×100％

D：选择培养基平板上 30℃培养 4d 后生长的菌落数；

E：两亲株原生质体在高渗再生培养基平板上，30℃培养 4d 后的菌落数；

F：两亲株原生质体在固体基础培养基平板上，30℃培养 4d 后的菌落数。

表 5-4 正交实验因素及水平表

Tab 5-4 Factors and levels of orthogonal experiment

因素	水平		
	1	2	3
$CaCl_2$ 浓度/mmol/L	10	30	50
PEG6000 浓度/%	30	35	40
反应温度/℃	20	30	40
作用时间（min）	10	15	20

表 5-5 球红假单胞菌和黄孢原毛平革菌原生质体融和条件正交实验结果

Tab 5-5 The orthogonal design and test results of protoplast fusion rates for Phanerochaete chrysosporium and R. s

组别	水平	$CaCl_2$ 浓度/mmol/L	水平	PEG6000 浓度/%	水平	反应温度/℃	水平	作用时间/min	融合率（$\times 10^{-6}$）
1	1	10	1	30	1	20	1	10	1.59
2	1	10	2	35	2	30	2	15	1.48
3	1	10	3	40	3	40	3	20	0.83
4	2	30	1	30	2	30	3	20	4.30
5	2	30	2	35	3	40	1	10	3.16
6	2	30	3	40	1	20	2	15	1.13
7	3	50	1	30	3	40	2	15	5.08
8	3	50	2	35	1	20	3	20	1.66
9	3	50	3	40	2	30	1	10	6.55
融合率平均值（$\times 10^{-6}$）	1	1.30	3.99	1.46	3.77				
	2	2.9	2.07	4.11	2.56				
	3	4.43	2.84	3.02	2.23				
极差（$\times 10^{-6}$）		3.13	1.92	2.65	1.54				

根据表中各水平极差分析，本研究中影响球红假单胞菌与黄孢原毛平革菌双亲原生质体融合率因素顺序为：钙离子浓度（3.13）>温度（2.65）>PEG浓度（1.92）>作用时间（1.54）。研究结果表明，增加钙离子的浓度可以显著地提高双亲原生质体融合率。另据报道，钙离子有助于增加细胞膜的通透性。因此，细胞膜的通透性对原生质体融合有显著影响。

根据表中各因素原生质体融合率平均值所对应的水平，双亲的最佳融合条件为：Ca^{2+} 浓度 50mmol/L，PEG浓度 30%，温度 30℃，融合时间 10min。

以上述条件进行双亲原生质体融合，测得融合率为 6.8×10^{-6}，略高于表中的结果。

5.7.6.2 黄孢原毛平革菌与球红假单胞菌原生质体跨界融合子显微图片

黄孢原毛平革菌与球红假单胞菌原生质体跨界融合子显微图片如图 5-13 所示。

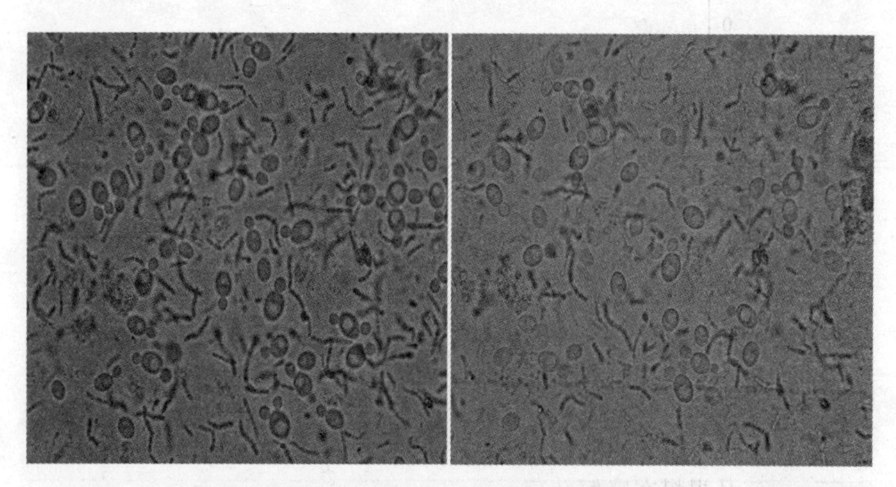

图 5-13 黄孢原毛平革菌与球红假单胞菌原生质体跨界融合子显微图片

Fig 5-13 Microstructure picture of protoplast fusants for Phanerochaete chrysosporium and R. s

5.7.7 球红假单胞菌、黄孢原毛平革菌的跨界融合子对煤炭生物降解转化实验研究

5.7.7.1 跨界融合子对煤炭生物降解转化时间条件的实验研究

黄孢原毛平革菌与球红假单胞菌原生质体的跨界融合子煤炭生物降解转化时间实验条件叙述：融合子培养繁殖三代后，在若干组加入煤样95mL的基础培养基中分别加入5mL的培养2天的菌液，其对硝酸处理褐煤和义马褐煤生物降解转化时间效果分别如下图5－14和图5－15所示。

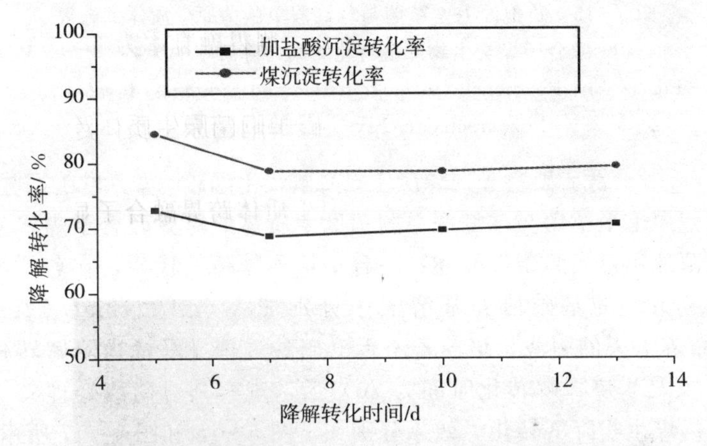

图5－14 黄孢原毛平革菌与球红假单胞菌原生质体的跨界融合子煤炭生物降解转化时间与降解率的关系

Fig 5－14 Relationship of degradation and protoplast fusants for Phanerochaete chrysosporium and R. s

黄孢原毛平革菌与球红假单胞菌原生质体的跨界融合子对硝酸处理褐煤和义马褐煤生物降解转化时间实验结果表明：

黄孢原毛平革菌与球红假单胞菌原生质体跨界融合子生物降解转化硝酸处理义马褐煤在降解转化时间为5d时达到最大，（加盐酸沉淀）生物降解转化率和（煤沉淀）生物降解转化率分别达到72.61％和84.47％。融合子生物降解转化义马褐煤在降解转化时间为7d时达到最大，生物降解转化率达到52.28％。

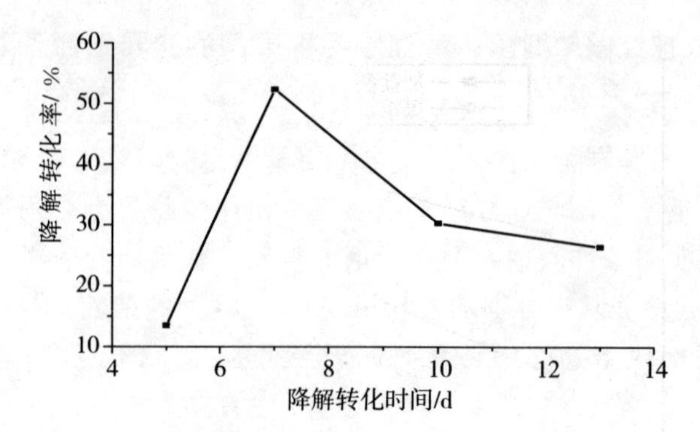

图 5-15　黄孢原毛平革菌与球红假单胞菌原生质体的跨界融合子煤炭生物降解转化时间与降解率的关系

Fig 5-15　Relationship of degradation and protoplast fusants for Phanerochaete chrysosporium and R. s

5.7.7.2　跨界融合子对煤炭生物降解转化菌液用量条件的实验研究

黄孢原毛平革菌与球红假单胞菌原生质体的跨界融合子煤炭生物降解转化菌液用量实验条件叙述：融合子培养繁殖三代后，在若干组加入煤样的 95mL 的基础培养基溶液中分别加入 5mL、10mL、15mL 和 20mL 培养 2 天的菌液，培养若干天（硝酸处理义马褐煤降解转化时间为 5d，义马褐煤降解转化时间为 7d）后，观察其对硝酸处理义马褐煤和义马褐煤生物降解转化，效果分别如下图 5-16 和图 5-17 所示。

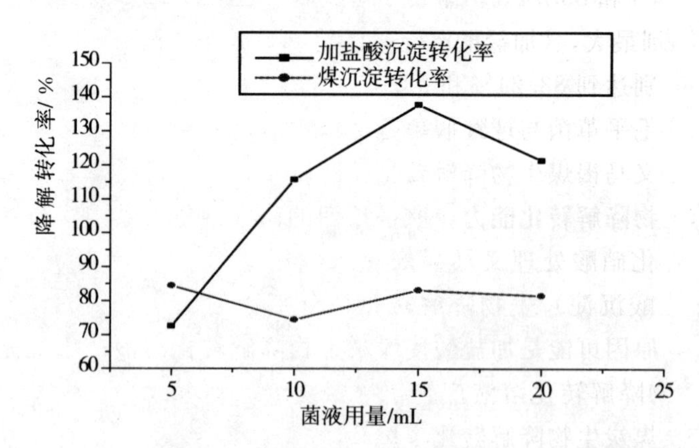

图 5-16　黄孢原毛平革菌与球红假单胞菌原生质体的跨界融合子煤炭生物降解转化菌液用量与降解率的关系

Fig 5-16　Relationship of degradation and protoplast fusants for Phanerochaete chrysosporium and R. s

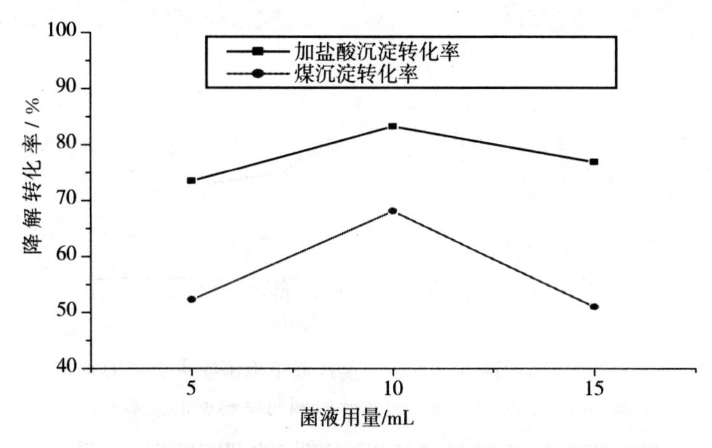

图 5-17　黄孢原毛平革菌与球红假单胞菌原生质体的跨界融合子煤炭生物降解菌液用量与降解率的关系

Fig 5-17　Relationship of degradation and protoplast fusants for Phanerochaete chrysosporium and R. s

黄孢原毛平革菌与球红假单胞菌原生质体的跨界融合子对硝酸处理义马褐煤和义马褐煤生物降解菌液用量实验条件的实验结果表明：跨界融合子生物降解转化硝酸处理义马褐煤在菌液用量为15mL时达到最大，(加盐酸沉淀）生物降解转化率和（煤沉淀）生物降解转化率分别达到137.74%和83.14%。融合子生物降解转化义马褐煤在菌液用量为10mL时达到最大，(加盐酸沉淀）生物降解转化率和（煤沉淀）生物降解转化率分别达到83.24%和68.07%。

黄孢原毛平革菌与球红假单胞菌原生质体的跨界融合子对硝酸处理义马褐煤和义马褐煤生物降解转化实验结果表明其跨界融合子对煤炭具有很高的生物降解转化能力，取得预期的研究期望。其中，跨界融合子生物降解转化硝酸处理义马褐煤在菌液用量为10mL、15mL和20mL时，(加盐酸沉淀）生物降解转化率分别达到115.75%、137.74%和121.42%，原因可能是加盐酸使煤炭生物降解转化溶液产生沉淀，大量的 Cl^- 与生物降解转化溶液产生了反应，进入到沉淀内，从而增大了计量误差，使煤炭生物降解转化率虚增了。另外，目前还没有很好的计算煤炭生物降解转化率的方法，有待今后进一步的实验研究，以期研究出直接又合理的计算方法。

6 煤炭生物降解转化产物的特性研究

本章主要研究了煤炭生物降解转化产物的特征、XRD、MS、FTIR和热分析，共分为三节：

6.1 球红假单胞菌降解转化煤炭产物的特性研究；

6.2 黄孢原毛平革菌降解转化煤炭产物的特性研究；

6.3 球红假单胞菌和黄孢原毛平革菌原生质体融合子降解转化煤炭产物的特性研究。

6.1 球红假单胞菌降解转化煤炭产物的特性研究

6.1.1 球红假单胞菌溶煤产物的特性研究

球红假单胞菌溶煤实验的开始时，培养基pH值大约在7.0左右；煤发生降解转化后，培养基pH值大都上升到7.0～8.5之间。实验结束时进行液体与煤渣分离，过滤离心，煤微生物降解转化后的产物，都在离心的上清液中，然后对离心的上清液进行处理，可得出其具有的一些特性。义马褐煤经球红假单胞菌降解后产物的性质可归纳为以下几点，如图6-1所示。

（1）离心的上清液是一种较浓的黑色油状水溶性物质，长期静置，不会出现沉淀。

（2）对离心的上清液加碱（NaOH溶液）得不到任何沉淀物。

（3）对离心的上清液加盐酸或硫酸，使pH值达到2以下，不久就出现大量的絮状沉淀物，绝大部分的煤转化产物都被沉淀下来。

（4）将絮状沉淀物进行过滤，烘干，得到一种同煤相似的黑亮色固体。

（5）对同煤相似的黑亮色固体加氢氧化钠溶液或氨水溶液，不久就变成水溶性液体。

（6）对同煤相似的黑亮色固体加入甲醇、乙醇溶剂，发现固体物质溶解度很小。

球红假单胞菌用于降解转化煤实验

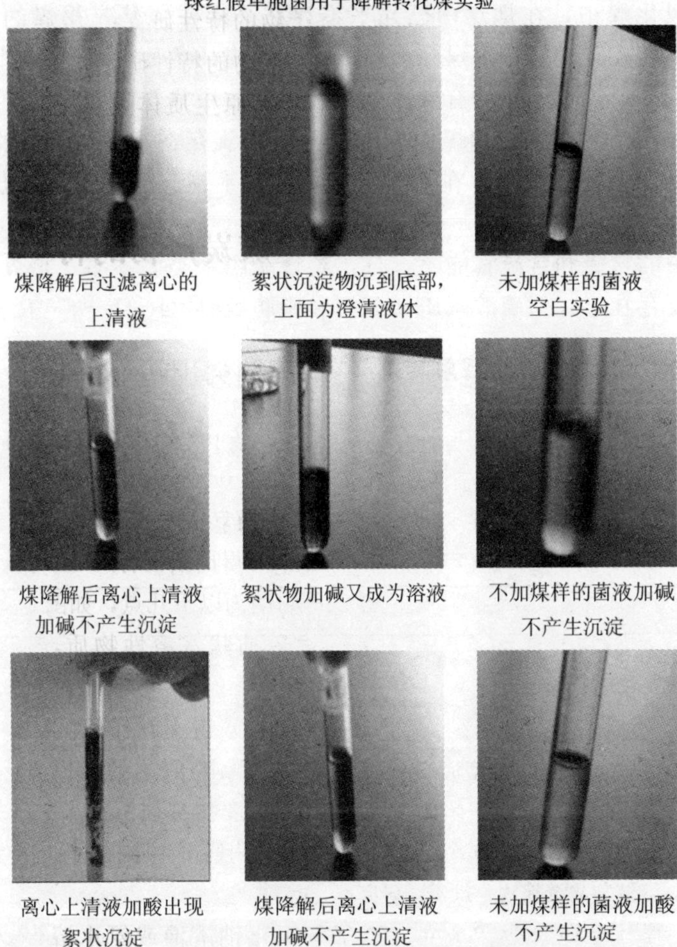

煤降解后过滤离心的上清液　絮状沉淀物沉到底部，上面为澄清液体　未加煤样的菌液空白实验

煤降解后离心上清液加碱不产生沉淀　絮状物加碱又成为溶液　不加煤样的菌液加碱不产生沉淀

离心上清液加酸出现絮状沉淀　煤降解后离心上清液加碱不产生沉淀　未加煤样的菌液加酸不产生沉淀

图 6－1　球红假单胞菌降解义马褐煤实验及产物的性质

Fig 6－1　The experiment of degradation and the characters of products

6.1.2 褐煤与煤降解转化产物的分析研究

煤结构单元的烷基侧链随煤化程度的增加而很快增加，除烷基侧链外，还有其他官能团。主要是含氧官能团和少量含氮、含硫官能团，由于煤的氧含量及氧的存在形式对煤的性质影响很大，对低煤化度尤为重要。因此，进行官能团的分析时，通常把重点放在含氧官能团上。

煤中的含氧官能团主要包括羧基（—COOH）、羟基（—OH）、羰基（—C=O）、甲氧基（$—OCH_3$）和醚键（—O—）。羧基存在泥炭、褐煤和风化煤中，在烟煤中已几乎不存在，存在羧基是褐煤的主要特征。羟基存在于泥炭、褐煤和烟煤中，是烟煤的主要含氧官能团，一般被认为较多地存在于煤的有机质中，且大多数煤只含酚羟基而醇羟基很少，存在于从泥炭到无烟煤的全过程；甲基氧存在于泥炭和软褐煤中；醚键也是煤中氧的一种存在方式，它们相对不易起化学反应和热分解，所以也被称为非活性氧。

煤中的含硫和含硫官能团，与含氧官能团种类差不多。褐煤中有机硫的主要存在形式似硫醇（R—SH）和脂肪硫醚（R—S—S—R′）。

6.1.3 褐煤与褐煤降解转化产物的 FTIR 谱图分析

6.1.3.1 实验样品

实验煤样情况见表 6-1。

表 6-1 FTIR 实验样品及样品制备

Tab 6-1 Sample of FTIR experiment and the preparation of sample

样品号	样 品
1#	义马褐煤，0.5～0.2mm，未经硝酸处理原煤样，干燥，研磨
2#	义马褐煤，0.5～0.2mm，5N 硝酸浸泡二天，蒸馏水清洗，烘干，研磨
3#	义马褐煤，0.5～0.2mm，5N 硝酸处理，球红假单胞菌作用 10 天后残渣，烘干，研磨
4#	义马褐煤，0.5～0.2mm，5N 硝酸处理，球红假单胞菌作用 10 天后水溶液加酸沉淀物，烘干，研磨
5#	义马褐煤，0.5～0.2mm，5N 硝酸处理，球红假单胞菌作用 7 天后水溶液加酸沉淀物，烘干，研磨

6.1.3.2 各样品的FTIR谱图及解析

各样品的FTIR谱图及解析如图6-2～6-6及表6-2～6-6所示。

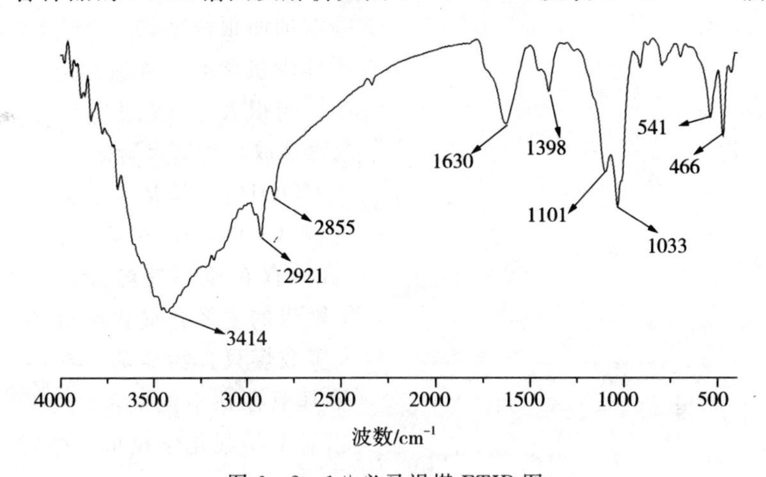

图6-2 1#义马褐煤FTIR图

Fig 6-2 FTIR spectra of 1#-YiMa original lignite

表6-2 义马褐煤FTIR图谱解析

Tab 6-2 FTIR parse of YiMa original lignite

波数/cm^{-1}	可能的官能团	波数/cm^{-1}	可能的官能团
3414	酚羟基，$-RH_2$ 或 $Ar-NH_2$	1101	酚、醇、醚、酯的C—O
2921	环烷烃或脂肪烃的$-CH_3$	1033	C—O、C=S伸缩振动，S=O伸展振动(磺酸盐类)
2855	醛基中的—CH	541	S—S伸缩振动吸收
1630	芳香苯环骨架振动	466	S—S伸缩振动吸收
1398	芳香苯环骨架振动		

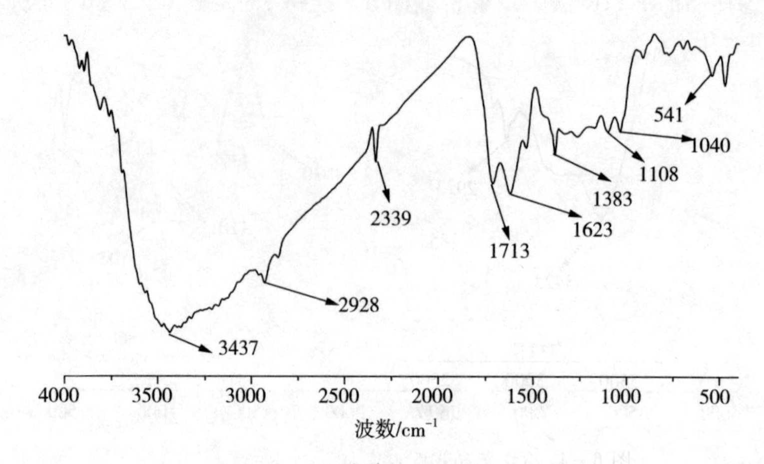

图 6-3　2#硝酸处理褐煤 FTIR 图

Fig 6-3　FTIR spectra of 2#－YiMa lignite pretreated with nitric acid

表 6-3　义马硝酸处理褐煤 FTIR 图谱解析

Tab 6-3　FTIR parse of YiMa lignite pretreated with nitric acid

波数 /cm^{-1}	可能的官能团	波数 /cm^{-1}	可能的官能团
3437	酚羟基，－RH2 或 Ar－NH2	1383	芳烃骨架振动
2928	环烷烃或脂环烃－CH3	1108	酚、醇、醚、酯的 C－O
2339	杂原子 X－H（X=P、Si）伸缩振动	1040	C－O、C=S 伸缩振动，S=O 伸展振动（磺酸盐类）
1713	羰基伸缩振动或杂环的骨架振动	541	S－S 伸缩振动吸收
1623	芳烃骨架振动		

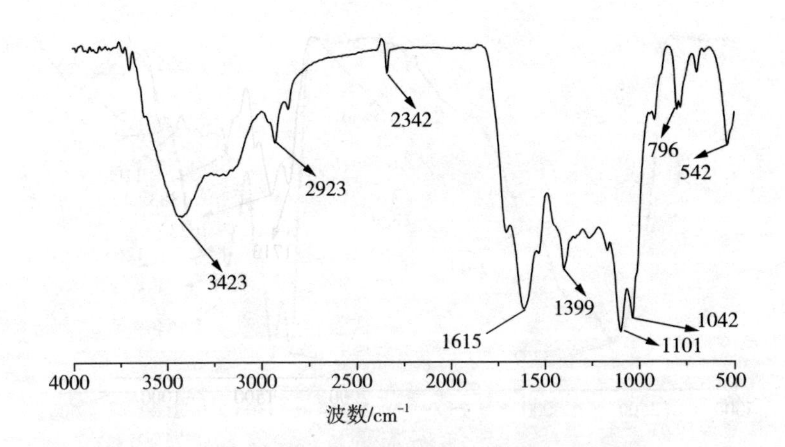

图 6-4　3＃义马褐煤降解 10 天后残渣 FTIR 图

Fig 6-4　FTIR spectra of 3＃－draff of YiMa lignite degraded after 10 days

表 6-4　义马褐煤降解 10 天后残渣 FTIR 图谱解析

Tab 6-4　FTIR parse of draff of YiMa lignite degraded after 10 days

波数 $/cm^{-1}$	可能的官能团	波数 $/cm^{-1}$	可能的官能团
3423	酚羟基，$-RH_2$ 或 $Ar-NH_2$	1101	酚、醇、醚、酯的 C－O
2923	环烷烃或脂环烃$-CH_3$	1042	C－O、C＝S 伸缩振动，S＝O 伸展振动（磺酸盐类）
2342	杂原子 X－H（X＝P、Si）伸缩振动	796	芳烃的－CH 弯曲振动
1615	芳烃骨架振动	542	S－S 伸缩振动吸收
1399	芳烃骨架振动		

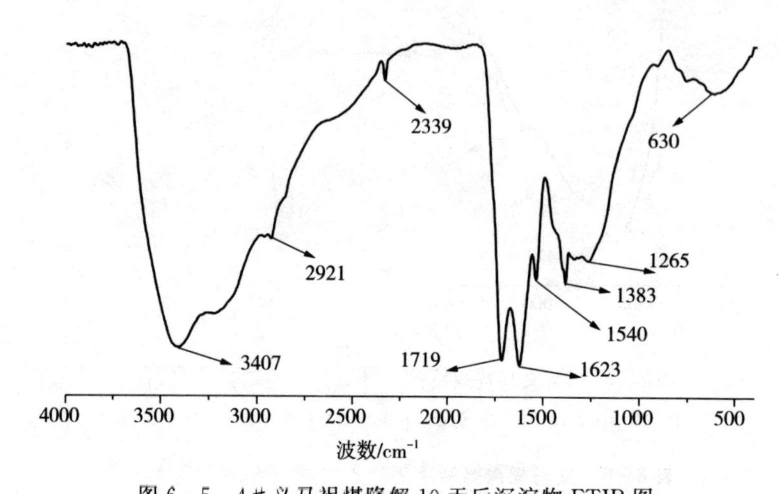

图 6-5　4＃义马褐煤降解 10 天后沉淀物 FTIR 图

Fig 6-5　FTIR spectra of 4＃—deposit of YiMa lignite degraded after 10 days

表 6-5　义马褐煤降解 10 天后沉淀物 FTIR 图谱解析

Tab 6-5　FTIR parse of deposit of YiMa lignite degraded after 10 days

波数 /cm^{-1}	可能的官能团	波数 /cm^{-1}	可能的官能团
3407	酚羟基，$-RH_2$ 或 $Ar-NH_2$	1540	芳香苯环骨架振动
2921	环烷烃或脂环烃$-CH_3$	1383	芳烃骨架振动
2339	杂原子 X—H（X=P、Si）伸缩振动	1265	酚、醇、醚、酯的 C—O
1719	羰基伸缩振动，或杂环的骨架振动	630	芳烃的—CH 弯曲振动
1623	芳烃骨架振动		

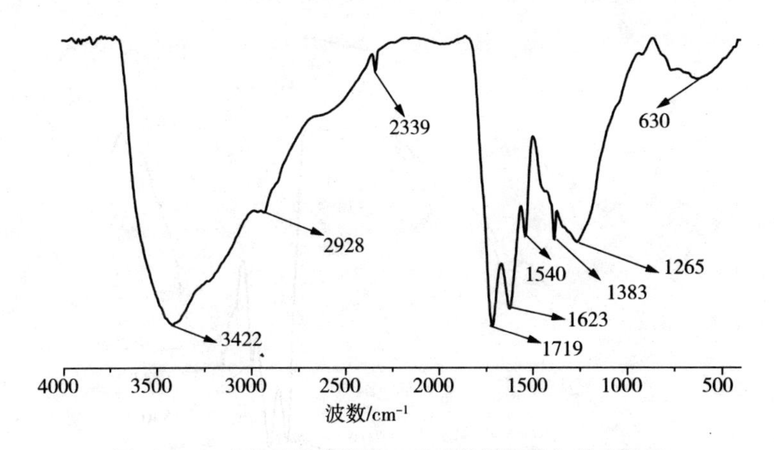

图 6-6　5＃义马褐煤降解 7 天后的沉淀物红外光谱图

Fig 6-6　FTIR spectra of 5＃-deposit of YiMa lignite degraded after 7 days

表 6-6　义马褐煤降解 7 天后的沉淀物 FTIR 图谱解析

Tab 6-6　FTIR parse of deposit of YiMa lignite degraded after 7 days

波数 /cm^{-1}	可能的官能团	波数 /cm^{-1}	可能的官能团
3422	酚羟基，$-RH_2$ 或 $Ar-NH_2$	1540	芳烃骨架振动
2928	环烷烃或脂环烃$-CH_3$	1383	芳烃骨架振动
2339	杂原子 X-H（X=P、Si）伸缩振动	1265	酚、醇、醚、酯的 C-O
1719	羰基伸缩振动，或杂环的骨架振动	630	芳烃的-CH 弯曲振动
1623	芳烃骨架振动		

6.1.3.3　各样品红外光谱图对照图谱

硝酸处理义马褐煤与原煤的红外光谱图的区别是硝酸处理义马褐煤在 1713cm^{-1}的地方出现了峰，在 1538cm^{-1}和 1171cm^{-1}的地方也出现了相对较弱的峰。对照谱图解析，主要是 1，2—二和 1，2，4—三取代羰基……C—O 这种含氧官能团增加了，说明煤有了一定程度的氧化。在 1171cm^{-1}稍有增强，对照谱图，酚、醇、醚、酯的 C-O 的吸收峰，也较小程度地增加了含氧官能团。

下面观察图 6-7、6-8。

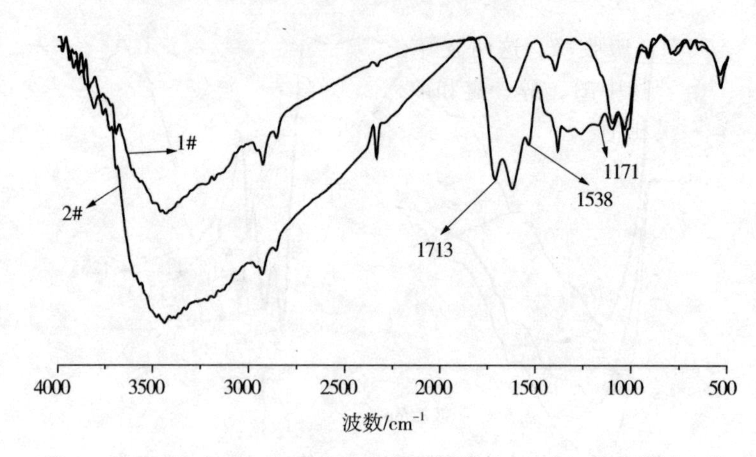

图 6－7　原煤（1＃）与硝酸处理义马褐煤（2＃）红外光谱图比较

Fig 6－7　The FTIR spectra compare of original coal（1＃）and coal pretreated with nitric acid（2＃）

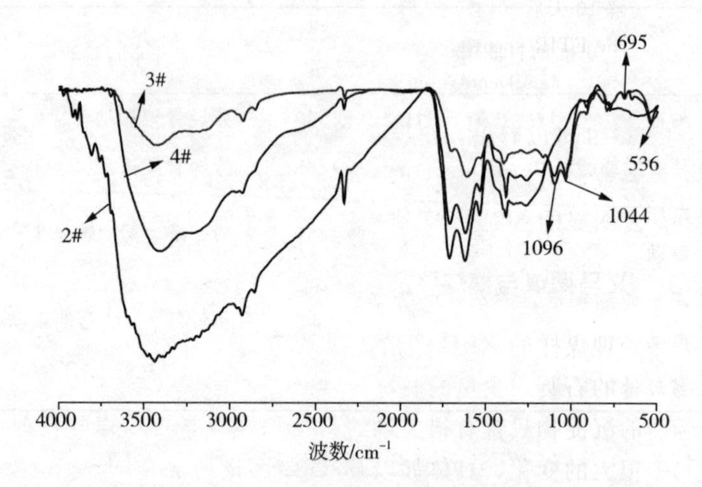

图 6－8　2＃、3＃、4＃红外光谱图

Fig 6－8　FTIR spectra of 2＃（coal pretreated with nitric acid）、3＃（cinder）、4＃（deposit）

根据硝酸处理义马褐煤（2＃）、降解后残渣（3＃）以及降解后沉淀物（4＃）的 FTIR 图谱解析和对照图谱可见，其峰形整体走势差不多。明显不同的地方是在 $1096cm^{-1}$ 和 $1044cm^{-1}$ 的附近，对照谱图 $1096cm^{-1}$附近是酚、醇、醚、酯的C—O键吸收峰，$1044cm^{-1}$附近是取代芳烃的 CH—吸收峰。这两波峰在沉淀物（4＃）波谱中已经消失，表明褐煤降解产物中酚、醇、醚和取代芳烃类物质有所减少，但产物的结构仍然与原煤相似。

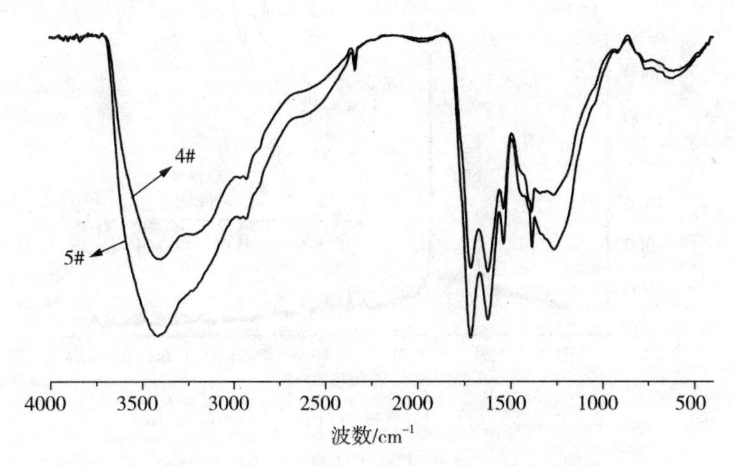

图 6－9 降解 10 天后（4＃）与降解 7 天（5＃）后沉淀物的红外光谱图比较
Fig 6－9 The FTIR spectra compare of deposit degraded after 10 days（4＃）andDeposition degraded after 7 days5＃

从谱图 6－9 可以看出，褐煤降解 7 天后与 10 天后所得的沉淀物图谱走势基本一致，可以推断褐煤降解产物随着降解时间的延长而增加，结构上并没有明显的区别。

6.1.4 义马褐煤与褐煤降解转化产物的 XRD 图谱分析

由硝酸处理煤样的 XRD 图谱可以看出，硝酸处理煤样中的矿物质成分含有大量的石英、少量的高岭土和赤铁矿，以及矿物质方解石；而褐煤降解后的沉淀物只含有很少量的石英和硬石膏；褐煤降解前后所含矿物质发生很大的变化，具体如以下 XRD 图谱所示。

比较硝酸处理义马褐煤与降解后的沉淀物 XRD 的三个参数，硝酸处理义马褐煤的 d_{002} 为 0.337nm，而沉淀物的 d_{002} 为 0.364nm，即微晶层片的层间距增大了，其间的层片数减少了，也就是说芳香结合程度降低了。

比较参数 La，降解后沉淀物的 La（1.298nm）与降解前的硝酸处理煤的 La（1.376nm）相比减小，说明煤微生物降解后的水溶性沉淀物的芳香环单层层片直径比硝酸处理煤的单层层片直径有一定程度的减小，芳香环单层的芳环缩聚程度有所降低，也即煤微生物降解后的水溶性产物芳香单层层片的芳环数减少了。

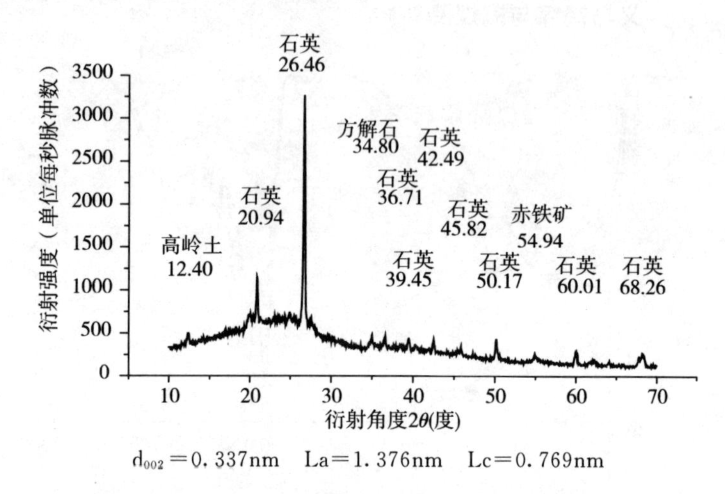

d_{002}＝0.337nm　La＝1.376nm　Lc＝0.769nm

图 6-10　硝酸处理义马褐煤 XRD 衍射图

Fig 6-10　XRD spectra of coal pretreated with nitric acid

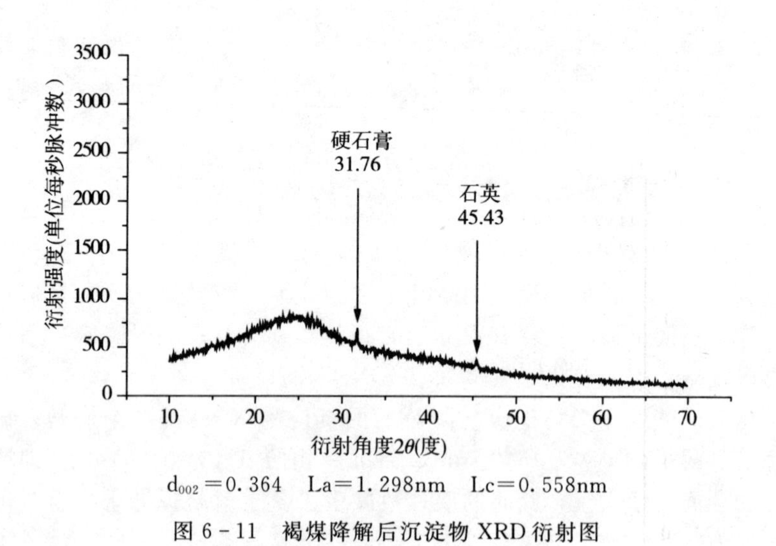

d_{002}＝0.364　La＝1.298nm　Lc＝0.558nm

图 6-11　褐煤降解后沉淀物 XRD 衍射图

Fig 6-11　XRD spectra of deposit

比较参数 Lc，降解后的沉淀物的 Lc（0.558nm）与降解前的硝酸处理煤的 Lc（0.769nm）相比减小了，即芳香层片的堆砌高度降低了，其堆砌的层片数减少了。

6.1.5 义马褐煤与褐煤降解转化产物的热分析（TG－DTA）图谱分析

（1）义马褐煤与褐煤降解转化产物的热分析 TG 图谱如图 6－12～图 6－16 所示。

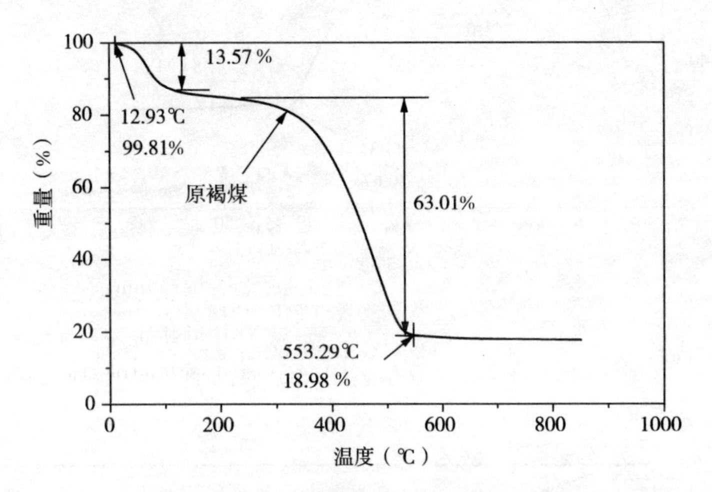

图 6－12　义马褐煤的失重（TG）曲线图

Fig 6－12　TG graph of original coal

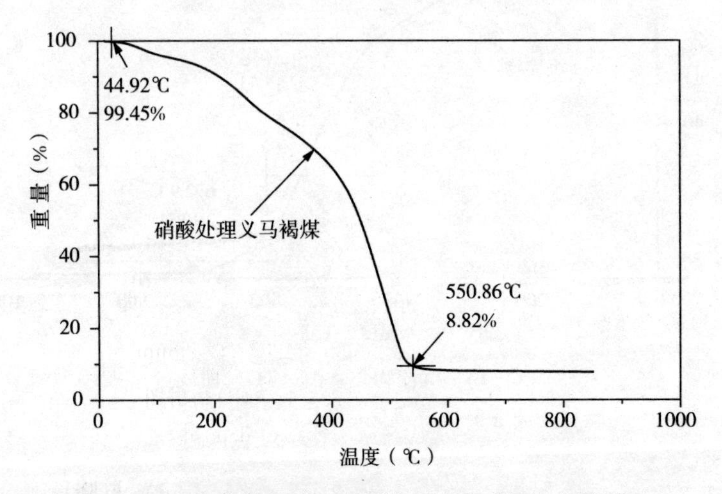

图 6－13　硝酸处理义马褐煤的失重（TG）曲线图

Fig 6－13　TG graph of coal pretreated with nitric acid

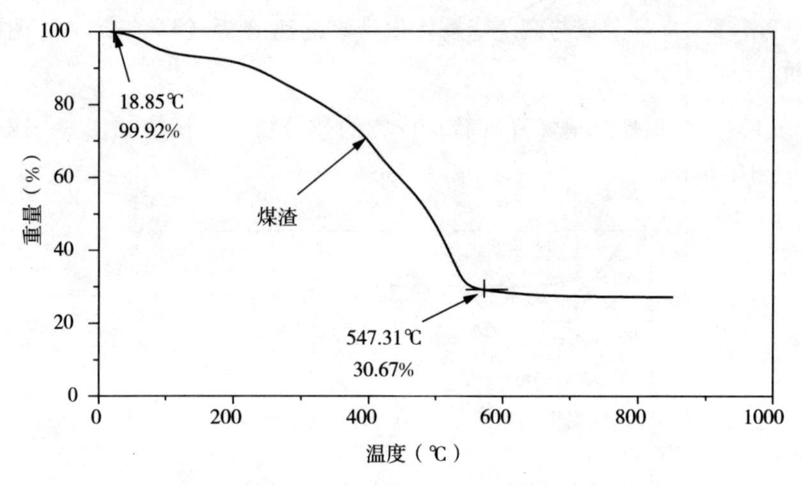

图 6-14　煤渣失重（TG）曲线图

Fig 6-14　TG graph of cinder

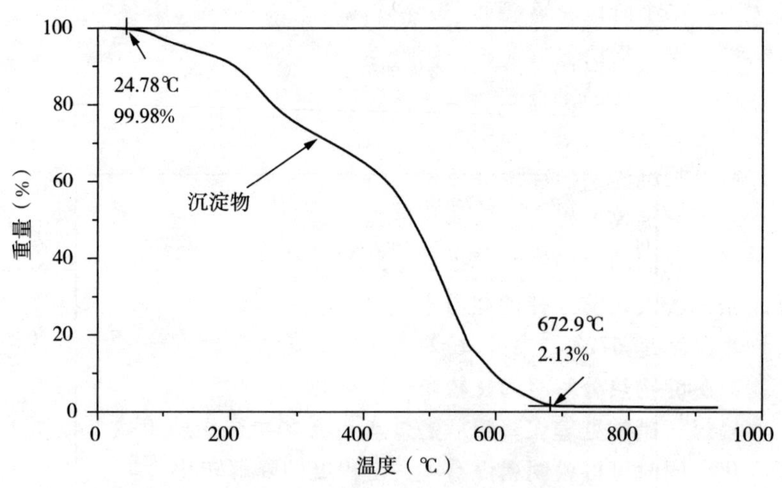

图 6-15　沉淀物失重图（TG）曲线

Fig 6-15　TG graph of deposit

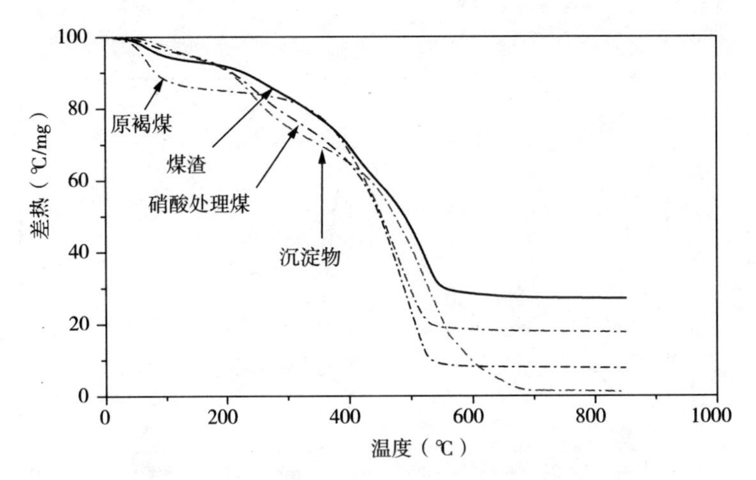

图 6-16　原褐煤、硝酸处理煤、煤渣及沉淀物的 TG 曲线图

Fig 6-16　TG graph of original coal，coal pretreated with nitric acid，cinder and deposit

由原褐煤 TG 曲线图可以看出，原褐煤有两个比较明显的热分解阶段，即热失重阶段。第一个阶段是在温度 12～100℃范围内，失重率为 13.7%；第二个阶段是在温度 300～550℃范围内，失重率为 61.01%。而硝酸处理煤、煤渣及沉淀物的热分解曲线中没有分阶段进行，随着温度不断地升高，样品重量是慢慢连续减少的。

由图还可以发现，沉淀物的总失重率都高于其他三种原料的失重率，即可获知沉淀物的挥发分较大。总失重率的大小顺序为沉淀物>硝酸处理煤>原褐煤>煤渣。这四种样品起始的热分解温度差不多，都比较低，说明它们的热稳定性都很低；而热分解终止温度沉淀物与其他三种样品相差较大，前三种的热分解终止温度在 550℃左右，沉淀物的热分解终止温度是 672℃左右，相差约 120℃，说明褐煤降解后所得的降解产物即沉淀物热分解时间比较长。

原褐煤、硝酸处理煤降解后的煤渣和沉淀物在物质组成与结构上发生了变化，同时可以说明褐煤有了一定程度的降解转化。

（2）义马褐煤与褐煤降解转化产物的热分析 DTA 图谱如图 6-17～图 6-21 所示。

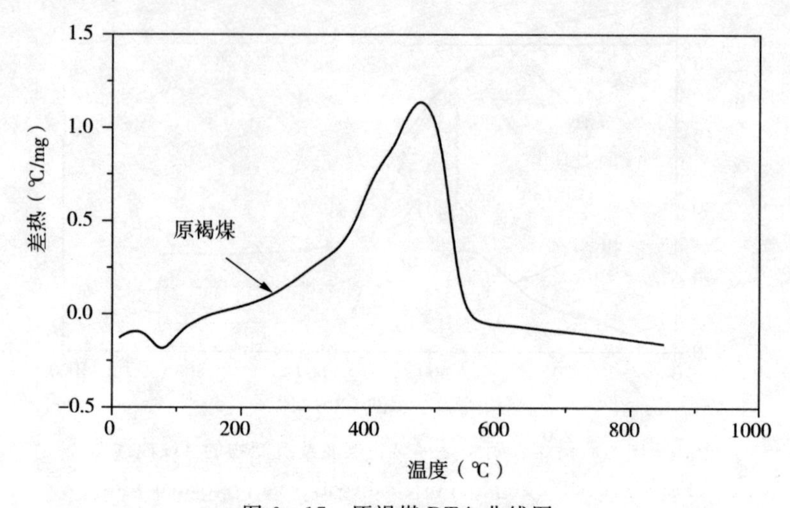

图 6-17　原褐煤 DTA 曲线图

Fig 6-17　DTA graph of original lignite

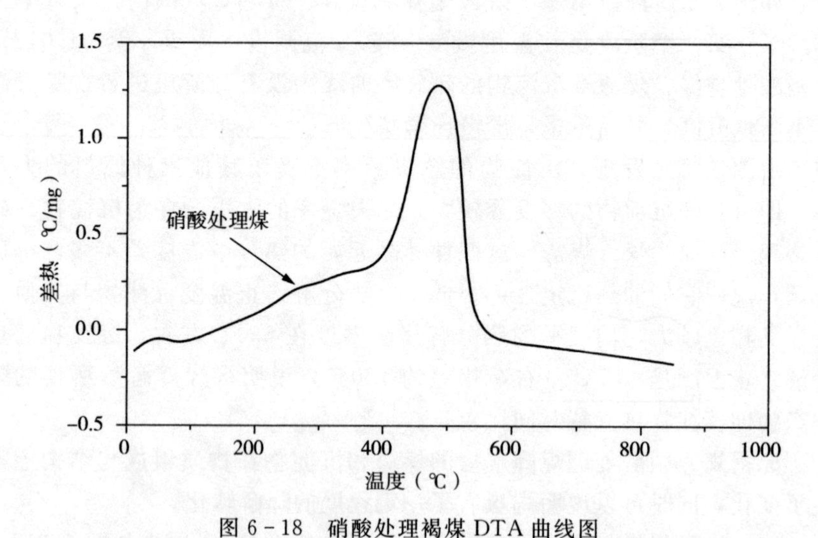

图 6-18　硝酸处理褐煤 DTA 曲线图

Fig 6-18　DTA graph of lignite pretreated with nitric acid

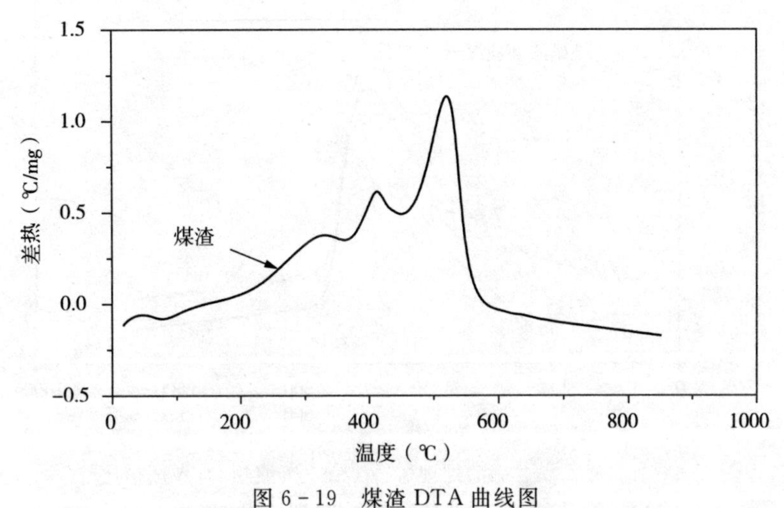

图 6-19 煤渣 DTA 曲线图

Fig 6-19 DTA graph of cinder

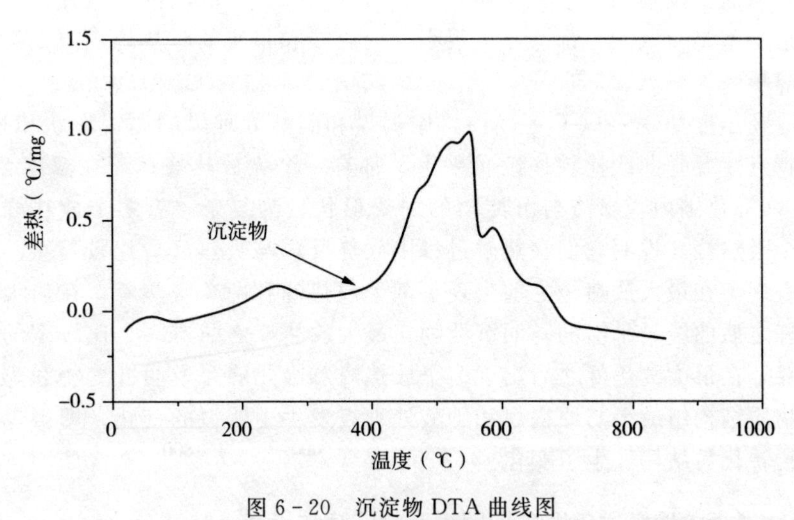

图 6-20 沉淀物 DTA 曲线图

Fig 6-20 DTA graph of deposit

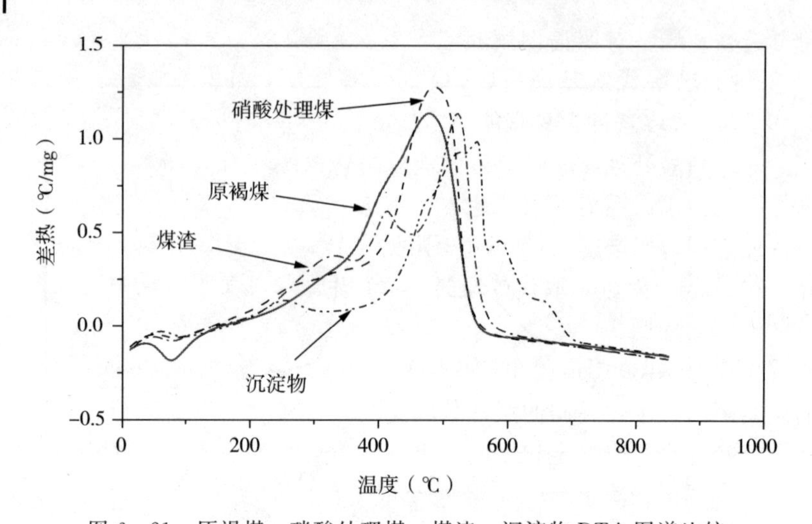

图 6-21　原褐煤、硝酸处理煤、煤渣、沉淀物 DTA 图谱比较

Fig 6-21　The compare of DTA graph of original lignite, lignite pretreated with nitric acid, cinder and deposit

从以上图谱曲线形状来看，在温度 25～200℃范围内，四种样品的峰形基本是一致的，都有一个很小的放热峰和很小的吸热峰，原褐煤的吸热峰较大一点。

在温度 200～800℃范围内，原褐煤和硝酸处理煤的曲线形状相近，其特点主要是曲线比较连续且平滑，都有一个大放热峰；而在温度 200～600℃范围内，煤渣与沉淀物的曲线形状较为复杂，有多个放热峰和多个吸热峰，说明它们在热解过程中放热反应与吸热反应比较复杂。煤渣表现为在最大放热峰之前出现了两个放热峰和两个吸热峰，在最大放热峰之后曲线是平滑的。而沉淀物在最大放热峰之前有一个比较宽的吸热峰，在最大放热峰之后出现多个放热峰和吸热峰，说明沉淀物和煤渣在物质结构组成上与原褐煤和硝酸处理煤发生了明显的变化，即褐煤经降解转化后结构发生了变化。

6.1.6　球红假单胞菌降解煤产物的特性研究小结

（1）球红假单胞菌降解义马褐煤得到的降解产物在固体时是一种似煤的黑亮物质，极易溶于水和碱，不溶于酸、甲醇和乙醇。

（2）FTIR 谱图分析得出：硝酸处理煤与原褐煤在波数为 1713cm^{-1} 的地方出现了较强的峰，在波数为 1538cm^{-1} 和 1171cm^{-1} 的地方出现了相对较弱的峰。对照谱图解析，主要是增加了芳香烃1，2－二取代和1，2，4－三取代羰基……C—O含氧官能团，还有酚、醇、醚、酯的C—O的吸收峰这种含氧官能团增加了，说明煤有了一定程度的氧化。

（3）硝酸处理煤、降解后残渣以及降解后沉淀物的FTIR图峰形整体走势差不多。明显不同的地方是沉淀物消失了$1096cm^{-1}$和$1044cm^{-1}$的特征峰。对照谱图，$1096cm^{-1}$附近是酚、醇、醚、酯的C—O键吸收峰，$1044cm^{-1}$附近是取代芳烃的—CH吸收峰，表明褐煤中芳香烃类物质被大幅度降解。

（4）由XRD图谱得出：煤降解产物与硝酸处理煤相比，微晶层片的层间距增大了，其间的层片数减少了，即芳香结合程度降低了；芳香环单层层片直径有一定程度的减小，芳香环单层的芳环缩聚程度有所降低，即煤微生物降解后的水溶性产物芳香环单层层片的芳环数减少了；芳香层片的堆砌高度降低了，其堆砌的层片数减少了。

（5）由原褐煤、硝酸处理煤、煤渣及沉淀物的TG图谱得出：四种物质的热稳定性都比较低；沉淀物的热分解时间长、挥发分大，热失重率为98%；其他三种物质热分解时间较沉淀物短，且失重率都低于沉淀物。

（6）由DTA图谱得出：沉淀物与煤渣具有多个放热峰和吸热峰，它们在热分解过程中的放热反应与吸热反应比较复杂，说明沉淀物和煤渣在物质组成或结构上与原褐煤和硝酸处理煤发生了明显的变化，即褐煤经降解转化后结构发生了变化。

6.2　黄孢原毛平革菌降解转化煤炭产物的特性研究

6.2.1　黄孢原毛平革菌降解转化煤产物的特性研究

真菌降解转化煤实验开始时，培养基pH值在7.0左右；煤发生降解转化后，其pH值大都下降到6.2左右；实验结束时，进行液体与煤渣分离，过滤、离心，煤微生物降解转化后的产物都在离心的上清液中，对离心的上清液进行处理，可得出其具有的一些特性。

（1）离心的上清液是一种较浓的黑色或深褐色油状水溶性物质，长期静置，不会出现沉淀。

（2）对离心的上清液加酸（盐酸、硝酸等），得不到任何沉淀物。

（3）对离心的上清液加碱（NaOH 溶液），使 pH 值达到 12 以上，不久就出现大量的絮状沉淀物，煤转化产物都被沉淀下来。

（4）将絮状沉淀物进行过滤，烘干，得到一种同煤相似的黑色固体。

（5）对同煤相似的黑色固体加盐酸，不久就变成水溶性液体。

（6）对同煤相似的黑色固体加入甲醇、乙醇溶剂，发现固体物质溶解度很小。

6.2.2 试验样品

试验煤样情况见表 6－7 所示。

表 6－7 试验样品及样品制备

Tab 6－7 Sample of experiment and the preparation of sample

样品号	样 品
1#	义马褐煤，5N 硝酸预处理后经菌株黄孢原毛平革菌转化的水溶物加碱沉淀物，烘干，研磨
2#	义马褐煤，5N 硝酸预处理后经菌株黄孢原毛平革菌转化的残渣，烘干，研磨
3#	义马褐煤，5N 硝酸处理浸泡二天，清洗烘干，研磨
4#	淮南次烟煤，5N 硝酸预处理后经菌株黄孢原毛平革菌转化的水溶物加碱沉淀，烘干，研磨
5#	淮南次烟煤，5N 硝酸预处理后经菌株黄孢原毛平革菌转化的残渣，烘干，研磨
6#	淮南次烟煤，5N 硝酸处理浸泡二天，清洗烘干，研磨

6.2.3 义马褐煤、淮南次烟煤及其生物降解转化产物的 XRD 图谱分析

6.2.3.1 义马褐煤及其生物降解转化产物 XRD 图谱

由图 6－22 可以看出，义马褐煤及其微生物降解转化后的水溶性产物的 La（1.183nm）同原褐煤的 La（1.211nm）相比减小了。这说明煤微生物降解转化的水溶性产物的芳香环单层层片直径比原煤的单层层片直径有一定程度的减小，芳香环单层的芳环缩聚程度有所降低，即煤微

生物降解转化后的水溶性产物芳香环单层层片的芳环数减少了；煤微生物降解转化后的剩余残渣 La（1.120nm）比降解的水溶性产物和原煤样都小，这可能是煤结构中较大的芳香环有机物被降解了的原因或煤中的高岭石、石英等成分干扰的结果。

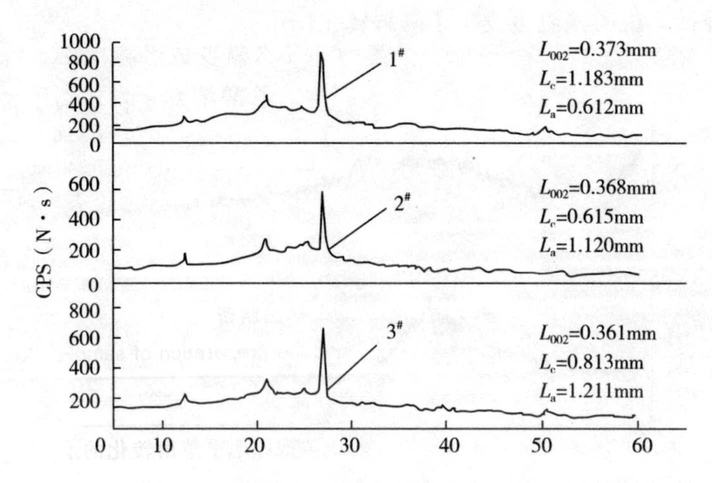

1＃——煤微生物降解转化后的水溶物碱沉淀物 X 衍射图谱

2＃——煤微生物降解转化作用后的残渣 X 衍射图谱

3＃——义马褐煤经硝酸处理后的 X 衍射图谱

图 6-22　义马褐煤及其降解微生物转化产物的 X 射线衍射分析图谱

Fig 6-22　X-ray diffraction analysis spectrum of lignite and microorganism biotransformation

分析图 6-22 可知，降解转化后的水溶性产物的 Lc（0.612nm）同原褐煤的 Lc（0.813nm）相比减小了，即芳香环层片的堆砌高度降低了，其堆砌的层片数减少了。煤微生物降解转化后的残渣 Lc（0.615）同原煤相比，也有所减小，说明其大分子结构被降解了。

从图 6-22 看出，微晶层片的层间距，降解转化后的水溶性产物的层间距 d_{002}（0.373nm）及转化后剩余残渣的 d_{002}（0.368nm）比原褐煤的 d_{002}（0.361nm）都增大了，其间的层片数减少，芳香环结合程度降低了。

6.2.3.2　淮南次烟煤及其生物降解转化产物 XRD 图谱

由图 6-23 可知，淮南次烟煤微生物降解转化后的水溶性产物的 La（0.340nm）同原煤的 La（1.692nm）相比，有较大程度的降低。这说明煤微生物降解转化水溶性产物的芳香环单层层片直径比原煤的单层层片直径有一定程度的减小，芳香环单层的芳香环缩聚程度有所降低，即煤微生物降解转化后的水溶性产物芳香环单层层片的芳环数减少了；而煤微生物转化后的剩余残渣 La（1.359nm），同原次烟煤相比也有较大程度降低，说明残渣也发生了降解转化作用。

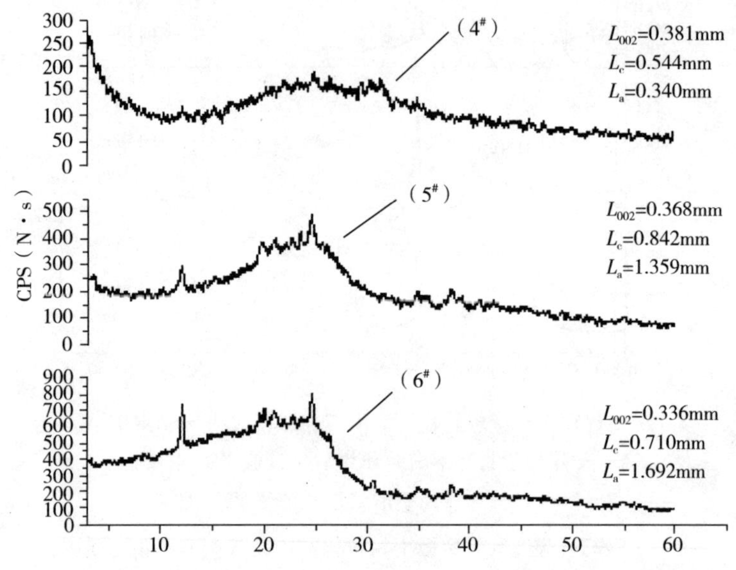

4＃——煤微生物降解转化后的水溶物碱沉淀物 X 射线衍射分析图谱

5＃——煤微生物降解转化作用后的残渣 X 射线衍射分析图谱

6＃——硝酸处理后淮南次烟煤的 X 射线衍射分析图谱

图 6-23　淮南次烟煤及微生物转化物的 X 射线衍射分析图谱

Fig 6-23　X—ray diffraction analysis spectrum of times bituminous coal and microorganism biotransformation

分析图 6-23，煤微生物降解转化水溶物的 Lc（0.544nm）比原煤的 Lc（0.710nm）有较大的降低，即芳香环层片的堆砌高度降低，其堆砌的层片数减少了。煤微生物降解转化后的残渣 Lc 比原煤要高，故从 Lc 这个参数来说，煤降解转化后的残渣并没有降解。

再分析图 6-23 可知，煤微生物降解转化水溶物的层间距 d_{002}（0.381nm）及残渣 d_{002}（0.368nm）同原煤的 d_{002}（0.336nm）层间距相比有很大程度的提高，其间的层片数减少，芳香环结合程度降低了。

6.2.4 义马褐煤及其生物降解转化产物的 FTIR 图谱分析

义马褐煤及其生物降解转化产物的 FTIR 图谱如图 6-24～6-27 及表 6-8～6-10 所示。

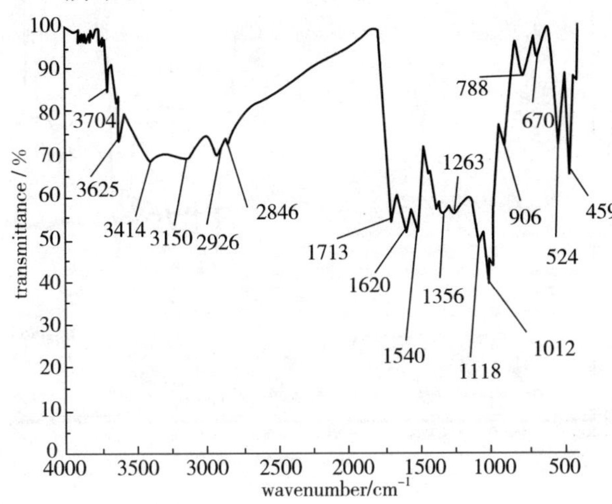

图 6-24 1#样品红外光谱

Fig 6-24 FTIR spectra of 1# Sample

表 6-8 义马褐煤降解后沉淀物 FTIR 图谱解析

Tab 6-8 FTIR parse of deposit of YiMa lignite degradation

波数/cm^{-1}	可能的官能团
3704，3625，3454	酚羟基，O—H 或 N—H
3150	芳烃的—CH
2926	环烷烃或脂环烃的—CH_2
2846	醛基中的—CH
1713	羰基伸缩振动或杂环的骨架振动
1620，1540，1356	芳香苯环骨架振动
1118，1012	C—O、C=S 伸缩振动，S=O 伸展振动（磺酸盐类）
906—670	芳烃的吸收峰
524—459	S—S 伸缩振动吸收

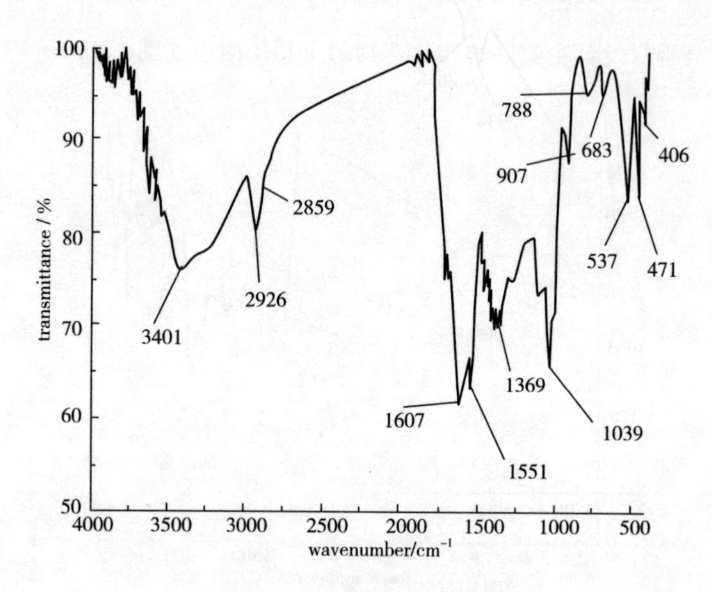

图 6-25　2＃样品红外光谱

Fig 6-25　FTIR spectra of 2＃ Sample

表 6-9　义马褐煤降解后残渣 FTIR 图谱解析

Tab 6-9　FTIR parse of draff of YiMa lignite degradation

波数/cm^{-1}	可能的官能团
3401	伯胺，$R-NH_2$ 或 $Ar-NH_2$
2926	环烷烃或脂环烃的$-CH_2$
2859	醛基中的$-CH$
1607，1554，1369	芳香苯环骨架振动
1039	C—O、C=S 伸缩振动，S=O 伸展振动（磺酸盐类）
907—683	芳烃的吸收峰
537—471	S—S 伸缩振动吸收

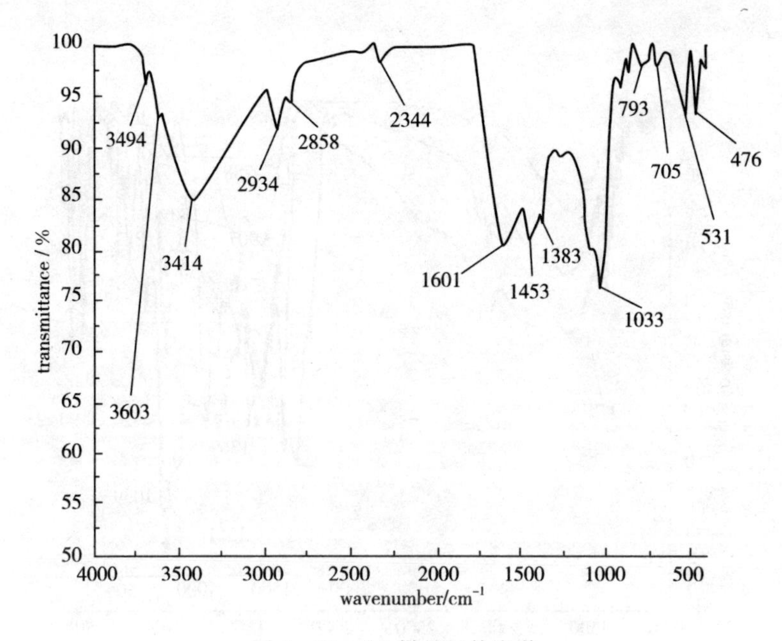

图 6-26　3#样品红外光谱

Fig 6-26　FTIR spectra of 3# Sample

表 6-10　硝酸处理义马褐煤 FTIR 图谱解析

Tab 6-10　FTIR parse of YiMa lignite pretreated with nitric acid

波数/cm^{-1}	可能的官能团
3603，3494，3414	酚羟基，$R-RH_2$ 或 $Ar-NH_2$
2934	环烷烃或脂环烃的$-CH_2$
2858	醛基中的$-CH$
2344	叁键或累积双键或空所中 CO_2 干扰
1601	芳香苯环骨架振动
1453	C—H 弯曲振动
1033	C—O、C=S 伸缩振动，S=O 伸展振动（磺酸盐类）
793—705	芳烃的吸收峰
531—476	S—S 伸缩振动吸收

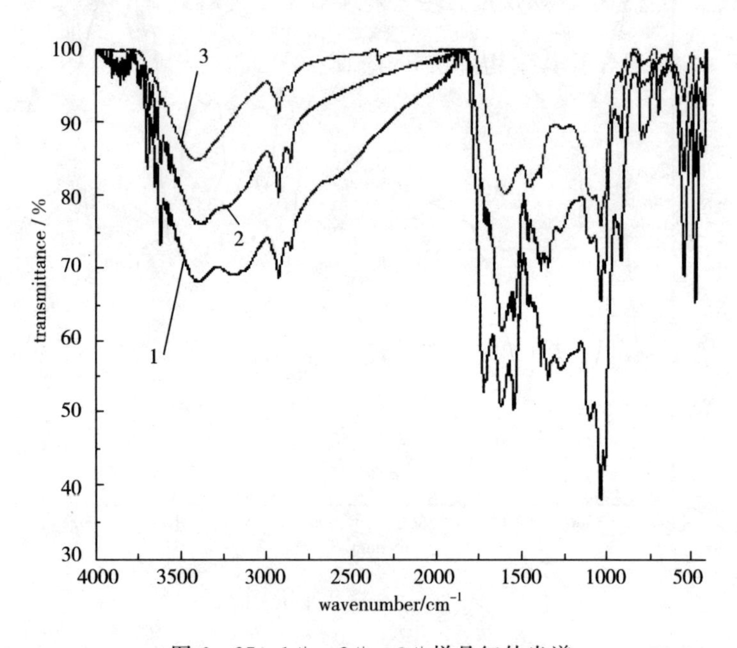

图 6-27　1#、2#、3#样品红外光谱

Fig 6-27　FTIR spectra of 1#（coal pretreated with nitric acid）、2#（cinder）、3#（deposit）Sample

根据义马褐煤样被微生物降解转化作用前后的 FTIR 图谱（图 6-24～6-26）及对照图谱（图 6-27）可见，其峰形整体走势差不多，相差较大的地方在波数 3300cm^{-1}、1600cm^{-1}和 1500cm^{-1}附近，在图 6-24 中峰形最强，图 6-25 中峰形次之，而在图 6-26 中峰形最弱，从图谱（图 6-27）中可清楚的看出。这说明义马褐煤样中的芳香类高聚物被大量的降解成低分子量类物质及其他类物质。从图 6-27 中同样可看出，所用菌株对煤中的 S 有一定的去除作用。

6.2.5 潘二矿次烟煤及其生物降解转化产物的 FTIR 图谱分析

潘二矿次烟煤及其生物降解转化产物的 FTIR 图谱如图 6-28～6-31 及表 6-11～6-13 所示。

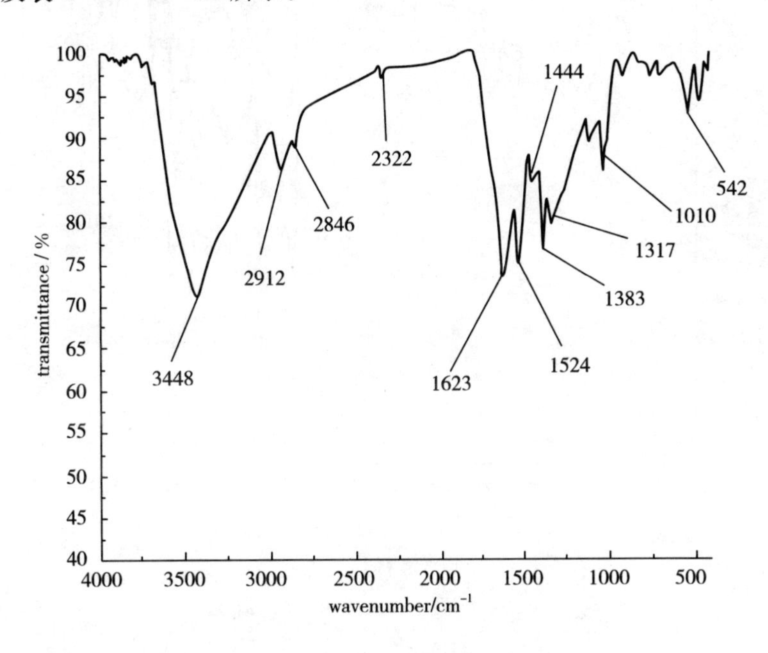

图 6-28　4＃样品红外光谱

Fig 6-28　FTIR spectra of 4＃ Sample

表 6-11　淮南次烟煤降解后沉淀物 FTIR 图谱解析

Tab 6-11　FTIR parse of deposit of times bituminous coal degradation

波数 $/cm^{-1}$	可能的官能团	波数 $/cm^{-1}$	可能的官能团
3448	酚羟基，$R-NH_2$ 或 $Ar-NH_2$	1623，1524	芳香苯环骨架振动
2912	环烷烃或脂环烃的 $-CH_2$	1444，1383，1317	C—H 弯曲振动
2846	醛基中的 $-CH$	1010	芳烃的吸收峰
2322	叁键或累积双键或空所中 CO_2 干扰	542	S—S 伸缩振动吸收

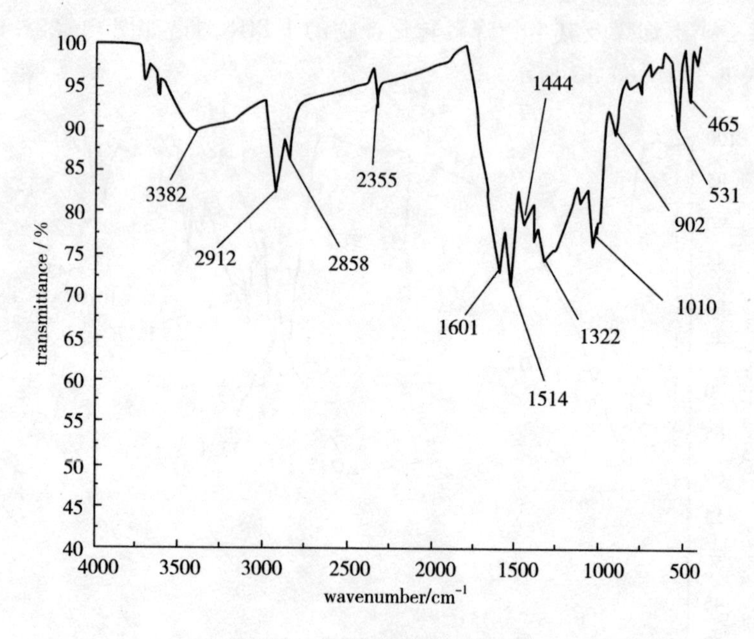

图 6-29　5#样品红外光谱

Fig 6-29　FTIR spectra of 5# Sample

表 6-12　淮南次烟煤降解后残渣 FTIR 图谱解析

Tab 6-12　FTIR parse of draff of times bituminous coal degradation

波数 /cm^{-1}	可能的官能团	波数 /cm^{-1}	可能的官能团
3382	酚羟基，R－NH_2 或 Ar－NH_2	1601，1514	芳香苯环骨架振动
2912	环烷烃或脂环烃的－CH_2	1444，1322	C—H 弯曲振动
2858	醛基中的－CH	1010，902	芳烃的吸收峰
2355	叁键或累积双键或空气中 CO_2 干扰	531－465	S—S 伸缩振动吸收

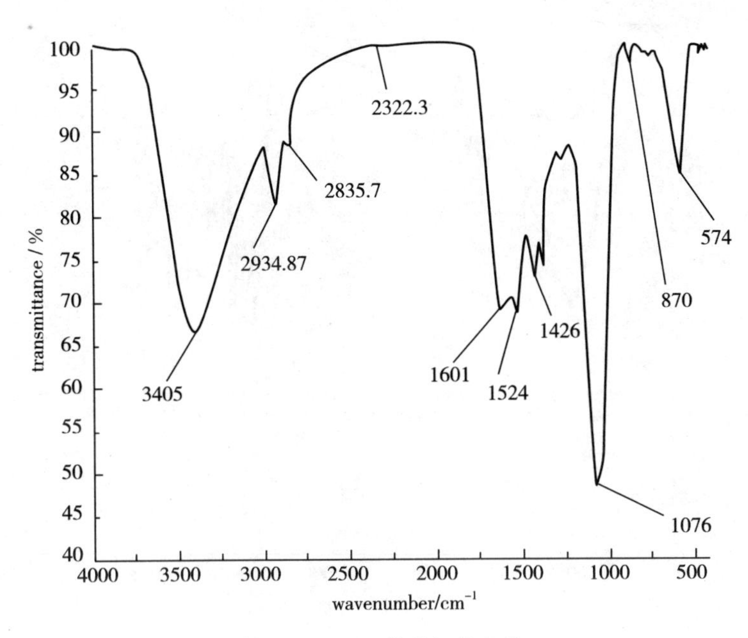

图 6-30　6＃样品红外光谱

Fig 6-30　FTIR spectra of 6＃ Sample

表 6-13　淮南次烟煤和硝酸处理褐煤 FTIR 图谱解析

Tab 6-13　FTIR parse of times bituminous coal pretreated with nitric acid

波数/cm^{-1}	可能的官能团	波数/cm^{-1}	可能的官能团
3405	酚羟基，$R-RH_2$ 或 $Ar-NH_2$	1601，1524	芳香苯环骨架振动
2934	环烷烃或脂环烃的 $-CH_2$	1426	C—H 弯曲振动
2858	醛基中的 $-CH$	1076，870	芳烃的吸收峰
2322	叁键或累积双键或空所中 CO_2 干扰	574	S—S 伸缩振动吸收

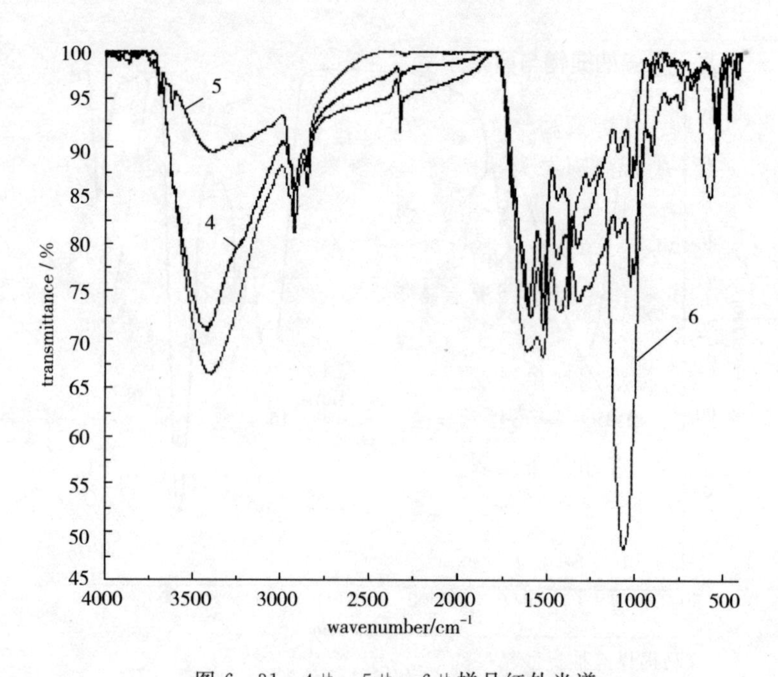

图 6－31　4＃、5＃、6＃样品红外光谱

Fig 6－31　FTIR spectra of 4＃ （ coal pretreated with nitric acid）、5＃ （cinder）、6＃ （deposit ） Sample

由淮南潘二矿次烟煤被微生物降解转化作用前后的 FTIR 谱图（图 6－28～6－30）及对照图谱（图 6－31）可见，其峰形相差不多，区别主要在峰强度上。由于峰强度差异出现之处发生在波数 3390cm^{-1} 和 1076cm^{-1} 附近，说明煤样中的酚羟基官能团增加导致波数 3390cm^{-1} 处吸收峰增强，而波数 1070cm^{-1} 处峰强增加较多，则是次烟煤中大芳环结构被降解转化为较小芳环化合物数量增加的原因。在其降解转化后的水溶性化合物中，也有 S—S 伸缩振动吸收峰存在，说明黄孢原毛平革菌对煤中的 S 有一定的去除作用。

对比义马褐煤样，淮南次烟煤样被微生物降解转化作用前后的 FTIR 变化要小得多，说明微生物对淮南次烟煤的降解转化作用比褐煤降解转化作用要相对困难。

6.2.6 煤炭抽提物与黄孢原毛平革菌生物降解转化产物的MS研究

6.2.6.1 抽提实验

(1) 5N硝酸浸泡二天，蒸馏水清洗后用HCl－HF对两种原煤（义马褐煤、淮南次烟煤）进行浸泡，去除部分矿物质。浸泡二次，每次三天。去掉浸泡液，用蒸馏水清洗干净，70℃干燥。

(2) 用吡啶作为溶剂（沸点115℃），索式抽提器进行抽提实验，抽提三个小时。

(3) 对抽提液用沙星过滤器过滤，去掉杂质。

6.2.6.2 实验样品及样品制备

实验样品及样品制备见表6-14。

表6-14 实验样品及样品制备

Tab 6-14 Sample of experiment and the preparation of sample

样品号	样　品
1#	义马褐煤经抽提沙星过滤器过滤后液体产物
2#	淮南次烟煤经抽提沙星过滤器过滤后液体产物
3#	－0.2mm义马褐煤、5N硝酸浸泡二天、1g，菌液50mL、培养15天后的水溶物，加碱沉淀，离心过滤烘干，再加酸成水溶物，沙星过滤器过滤后液体
4#	－0.2mm淮南次褐煤、5N硝酸浸泡二天、1g，菌液50mL、培养15天后的水溶物，加碱沉淀，离心过滤烘干，再加酸成水溶物，沙星过滤器过滤后液体

6.2.6.3 义马褐煤抽提物及其生物降解转化产物的MS图谱分析

图6-32与图6-33为1#样品的正负离子峰全MS图谱（m/z=150—2000），从图谱来看，样品内的物质分子量非常大，并显示出是一多种物质的混合物。从负离子峰图谱看，高分子量的聚合物占主体，相对较低分子量物质也有相当的一部分，特别是质荷比为292.4处，离子强度很大，显示出这一分子量类物质占有相当大的比例；从正离子峰图谱看，质荷比为256.6的物质占主体部分，高分子量物质分布较为均匀，质荷比为1434.4的物质较多。由于分子量的大小谱线非常密集，我们从正负离子峰的局部放大MS图谱来进行判断。

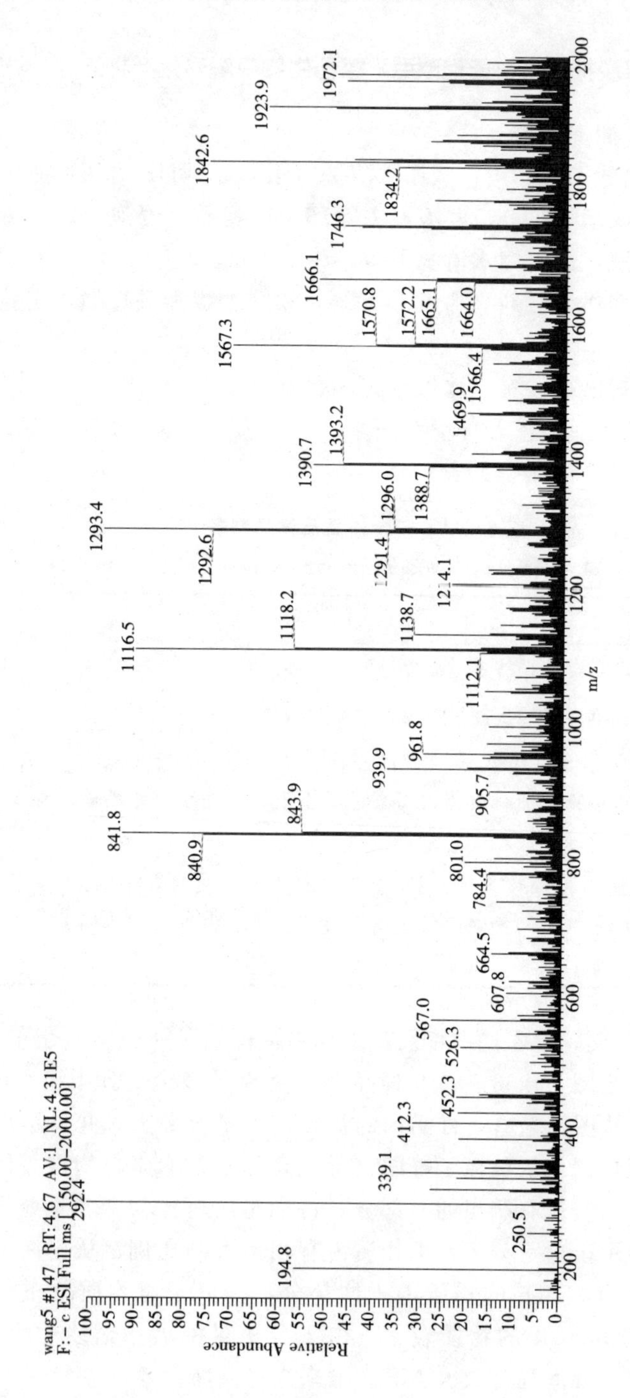

图6-32　1＃样品的负离子峰全MS图谱（m/z=150—2000）

Fig 6-32　Negative peak MS map of 1# Sample

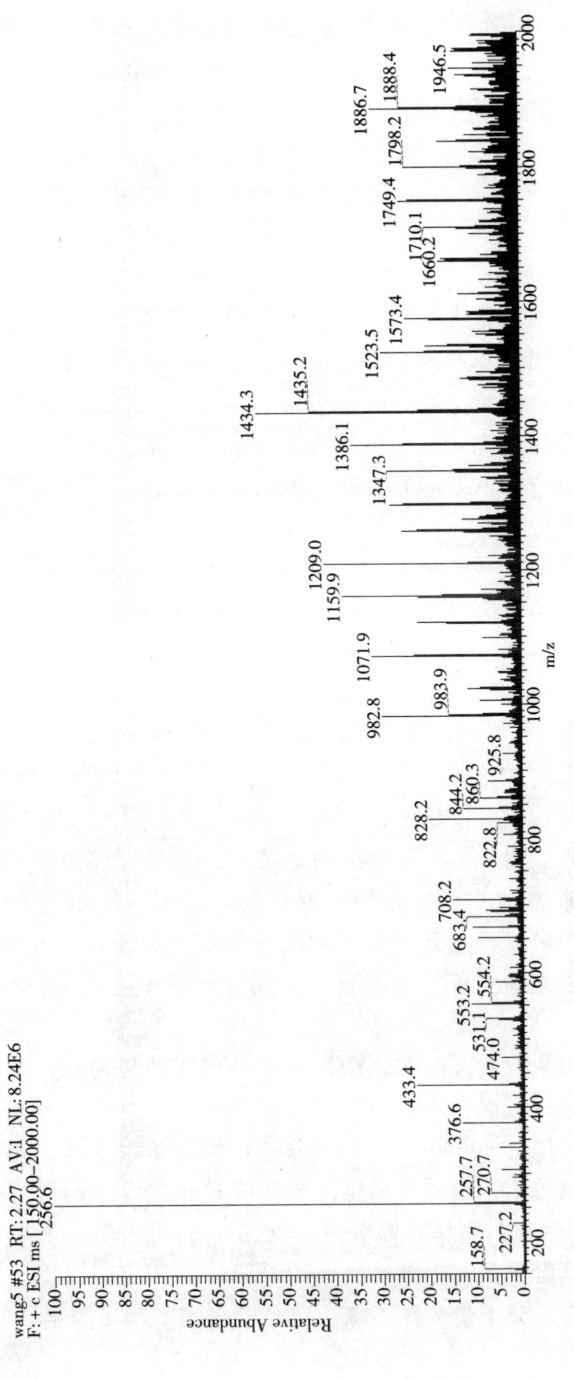

图6-33 1＃样品的正离子峰全MS图谱（m/z=150—2000）

Fig 6-33 Positive ions peak MS map of 1# Sample

图 6－34 为 1＃样品的正离子强度较大的峰局部放大 MS 图谱。在图 6－32 中质荷比为 1434.7 附近，负离子所带的电荷数至少在 20 个以上，因此粗略计算分子量应在 3×10^4u 左右。

总的来说，义马褐煤的抽提物是非常复杂的有机高低分子量的混合物，高分子量类聚合物占主导地位，分子量大约在 2500u～4×10^4u 之间。

图 6－35 与图 6－36 为 3＃样品的正负离子峰全 MS 图谱（m/z=150—2000），从谱图来看，样品内的物质分子量也较大，并显示出是一多种物质的混合物。从负离子峰图谱看，相对较低分子量的聚合物占主体，相对较高的分子量物质也有相当的一部分；从正离子峰图谱看，以分子量较低类物质为主，特别是质荷比为 332.9 的占较大部分，而分子量较高的物质只占很小的部分。分子量的大小可从正负离子峰的局部放大 MS 图谱来进行判断。

图 6－37 和图 6－38 为 3＃样品的负离子强度较大的峰局部放大 MS 图谱。在图 6－38 中质荷比为 325.1 附近，负离子所带的电荷数大约为 10 个，分子量在 300u 多；在图 6－36 质荷比为 339.1 附近，负离子所带的电荷数大约为 10 个，分子量应在 3400u 左右。

图 6－39 为 3＃样品的正离子强度较大峰的局部放大 MS 谱图。图 6－37 中在质荷比为 286.7、283.1 附近，正离子所带的电荷数大约在 10 个，分子量大约在 3000u 以下。

从图 6－32 至图 6－39 可得出如下结论：义马褐煤的微生物降解转化产物也是非常复杂的有机高分子混合物，从图谱很难判断其物质种类。整个混合物中，较小分子量类物质占主体，分子量在几百到 3400u 之间，大分子量类物质所占比例较小，其分子量大约在 10000～20000u 之间。

义马褐煤的微生物降解转化产物与义马褐煤抽提物相比：相同点是它们都是复杂的有机混合物，分子量小到几十、几百，大到几万。不同点是义马褐煤抽提物 20000～30000u 分子量类物质占主体，相对较低分子量类物质比例较小；而义马褐煤微生物降解转化产物的低分子量（几十～几千 u）类物质占主体，高分子量（10000～20000u）类物质比例较小。因此，同样得出结论：煤经微生物降解转化作用后，煤大分子结构发生了降解转化，分子量整体下降，以低分子量类物质为主。

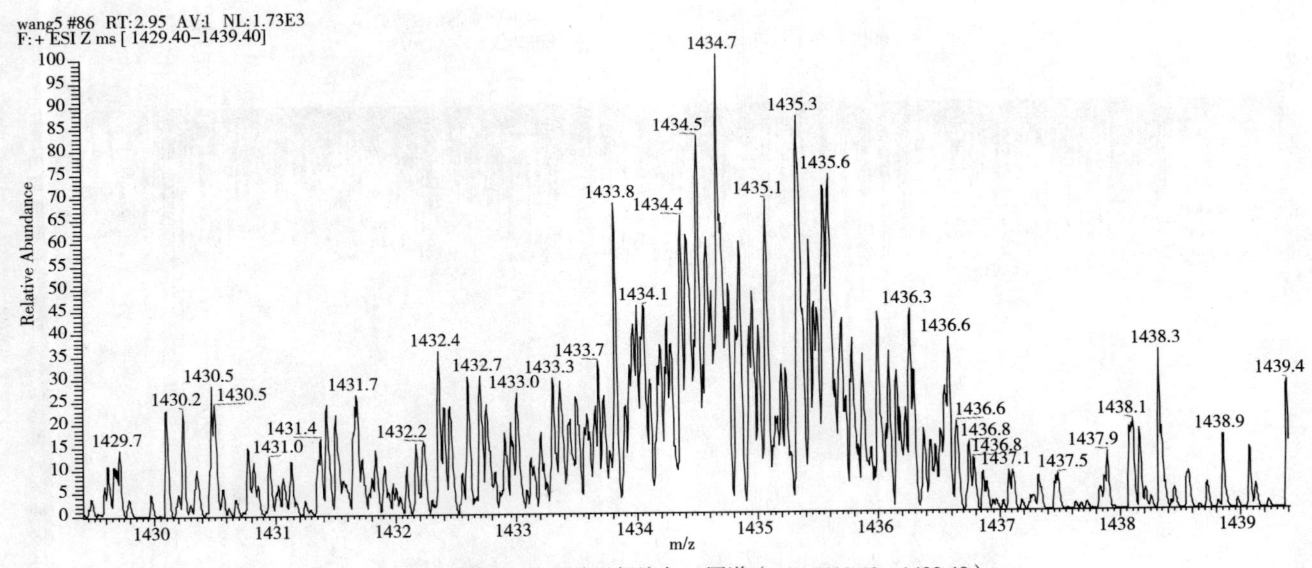

图6–34　1＃样品的正离子峰局部放大MS图谱（m/z=1429.40—1439.40）

Fig 6–34　Local enlarge of positive ions peak MS map of 1# Sample

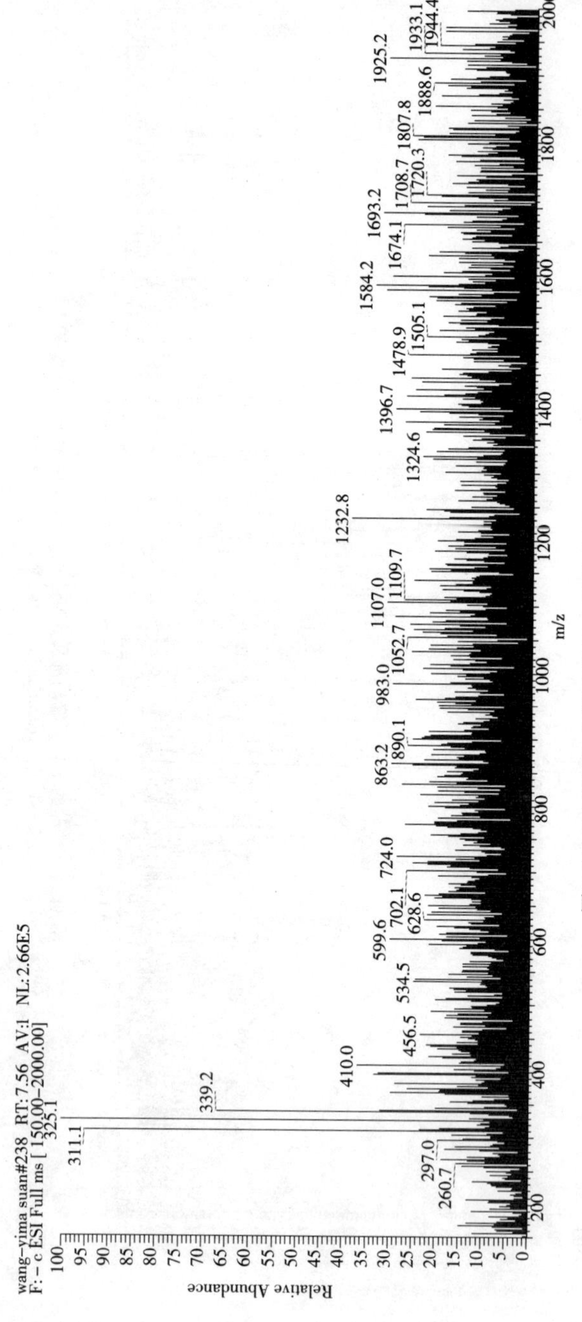

图6-35　3 # 样品的负离子峰全MS图谱（m/z=150—2000）
Fig 6-35　Negative ions peak MS map of 3# Sample

图6-36 3＃样品的正离子全MS图谱（m/z=150—2000）

Fig 6-36 Positive ions peak MS map of 3# Sample

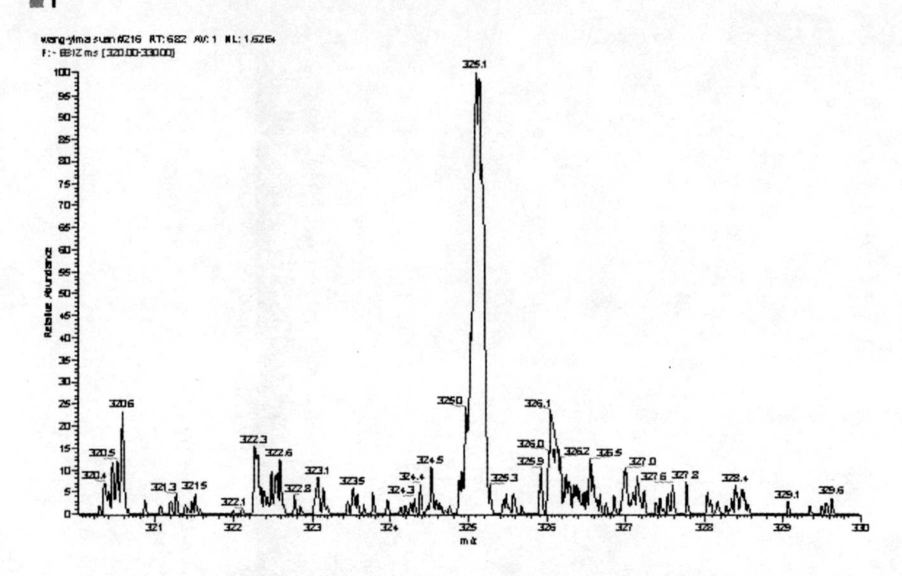

图 6-37　3#样品的负离子峰局部放大 MS 图谱（m/z=320.00—330.00）

Fig 6-37　Local enlarge of negative ions peak MS map of 3# Sample

6.2.6.4　淮南潘二矿次烟煤抽提物及其生物降解转化产物的 MS 图谱分析

图 6-40 为 2#样品的正离子峰全 MS 图谱（m/z=150—2000），从图谱来看，样品为大分子和多种物质的混合物。从正离子峰图谱来看，质荷比为 270.7 的物质占主体部分，高分子量物质分布较为均匀，谱线非常密集，以质荷比为 1625.8 的物质占的比重较大。分子量可从正负离子峰的局部放大 MS 图谱来进行粗略判断。

图 6-41 和图 6-42 为 2#样品的正离子强度较大的峰局部放大 MS 图谱。在图 6-41 中质荷比为 339.0 附近，正离子所带的电荷数至少在 10 个以上，因此粗略计算分子量应在 3390u；在质荷比为 340.1 附近，正离子所带的电荷数至少在 20 个以上，分子量应在 6800u 以上。在图 6-42中质荷比为 1624.4、1627.7 附近，离子所带的电荷数至少在 20 个以上，分子量应在 3 万 u 以上。

从图 6-40 至图 6-42 可得出如下结论：淮南次烟煤的抽提物是非常复杂的有机高分子量的混合物，高分子量类聚合物占主导地位，分子量大约在几千～4 万 u 之间。

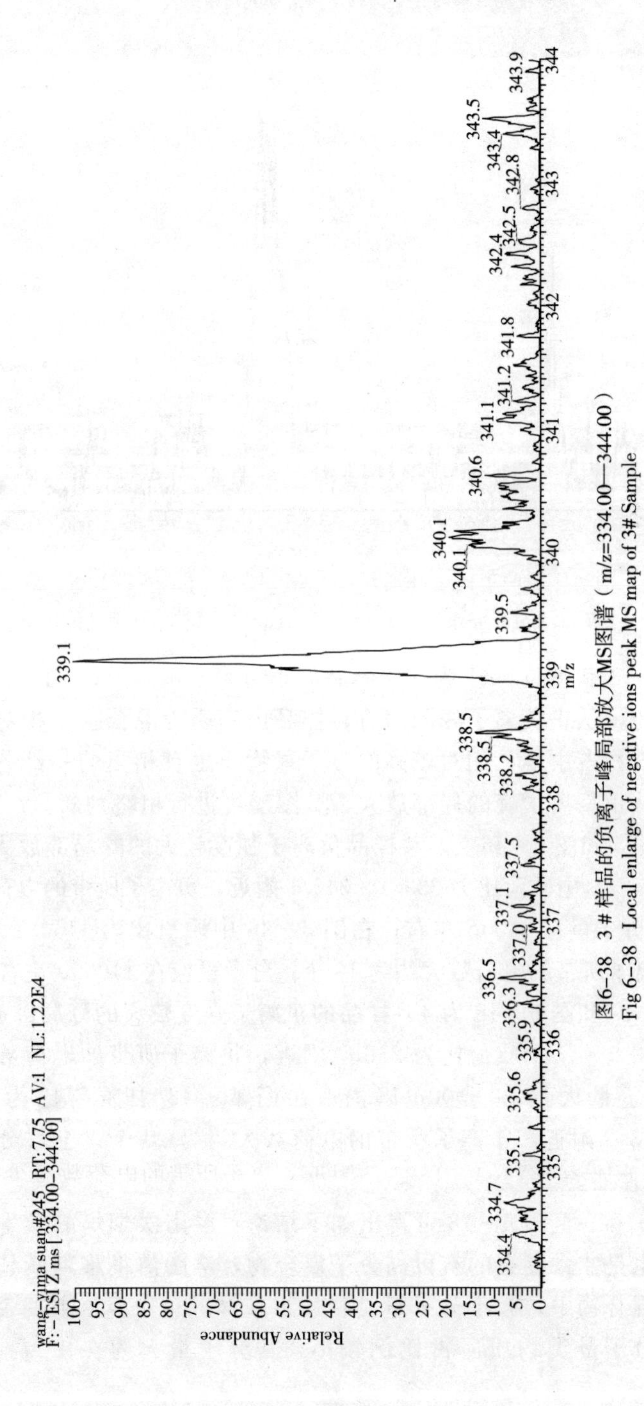

图6-38　3＃样品的负离子峰局部放大MS图谱（m/z=334.00—344.00）

Fig 6-38　Local enlarge of negative ions peak MS map of 3# Sample

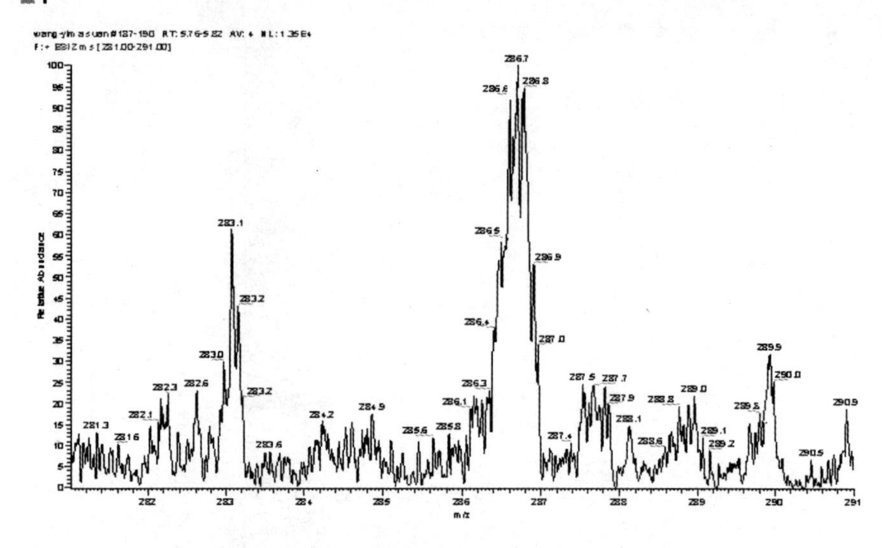

图 6-39　3#样品的正离子峰局部放大 MS 图谱（m/z=281.00—291.00）

Fig 6-39　Local enlarge of positive ions peak MS map of 3# Sample

图 6-43 和图 6-44 为 4#样品的正负离子峰全 MS 图谱（m/z=150—2000），从正负离子峰图谱看，样品内物质为混合物，相对较低分子量的聚合物占主体，相对较高的分子量物质也有相当的一部分。分子量的大小从正负离子峰的局部放大 MS 图谱可进行粗略判断。

图 6-45 和图 6-46 为 4#样品负离子强度较大的峰局部放大 MS 图谱。在图 6-45 中质荷比为 339.1、340.1 附近，负离子所带的电荷数大约为 10 个，分子量在 3400u 左右；在图 6-46 中质荷比为 1154.5、1150.0 附近，负离子所带的电荷数大约为 10 个，分子量应在 11000u 左右。

图 6-47 和图 6-48 为 4#样品的正离子强度较大的峰局部放大 MS 图谱。在图 6-47 中质荷比为 256.7 附近，正离子所带的电荷数大约为 10 个，分子量大约在 3000u 以内；在图 6-48 中质荷比为 683.2、687.3、688.2 附近，正离子所带的电荷数大约为 20 个以上，分子量应在 15000u 左右。

从图 6-40 至图 6-48 可得出如下结论：淮南次烟煤的微生物降解转化产物也是非常复杂的有机高分子混合物，从图谱很难判断其物质种类。整个混合物中，较小分子量类物质占主体，分子量在几百到 7500u 之间，大分子量类物质所占比例较小，其分子量大约在 1 万～2 万 u 之间。

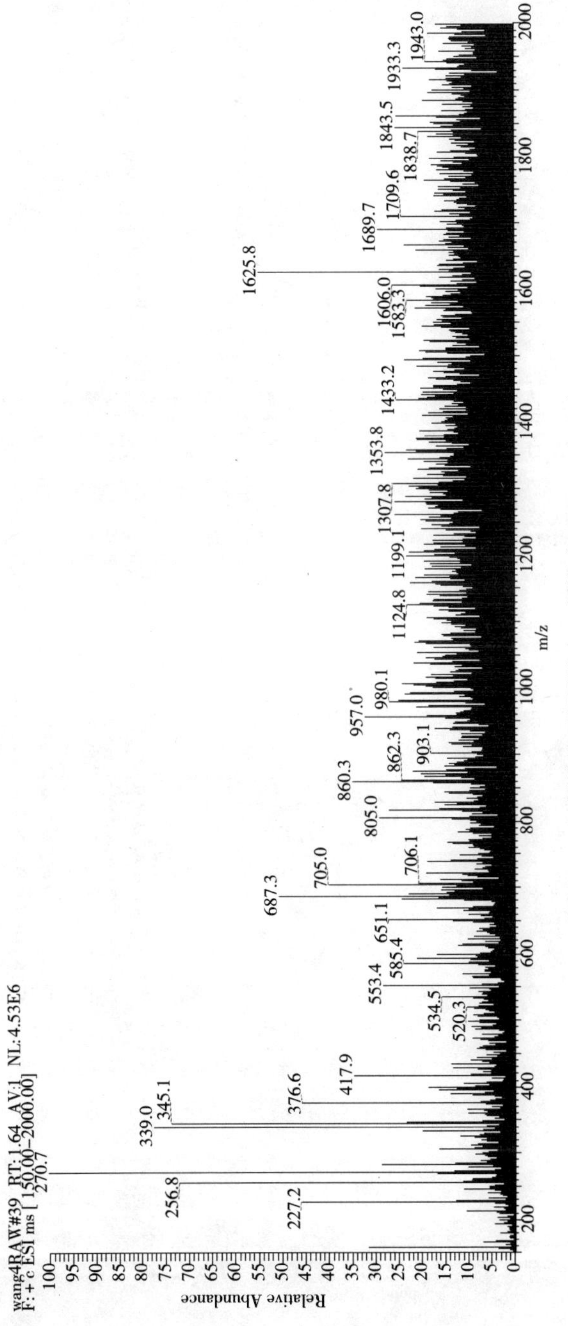

图6–40　2 # 样品的正离子峰全MS图谱（m/z=150—2000）

Fig 6–40　Positive ions peak MS map of 2# Sample

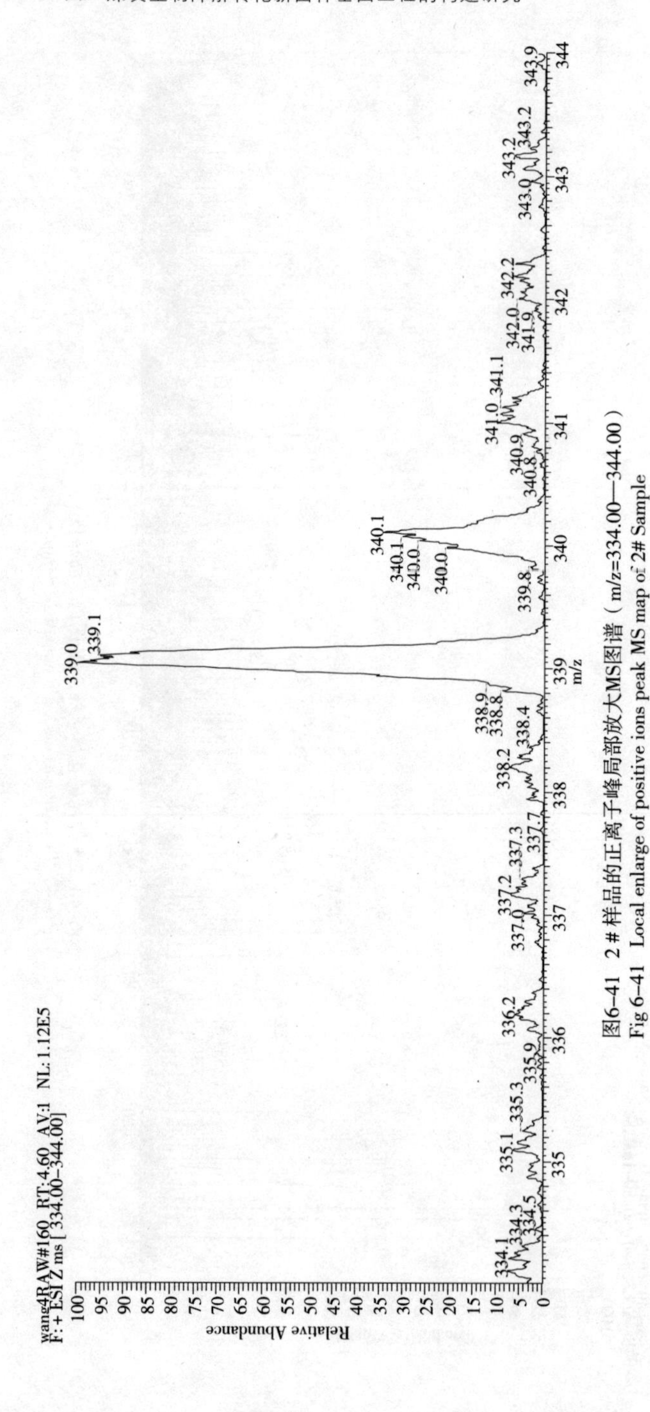

图6-41 2＃样品的正离子峰局部放大MS图谱（m/z=334.00—344.00）

Fig 6-41 Local enlarge of positive ions peak MS map of 2# Sample

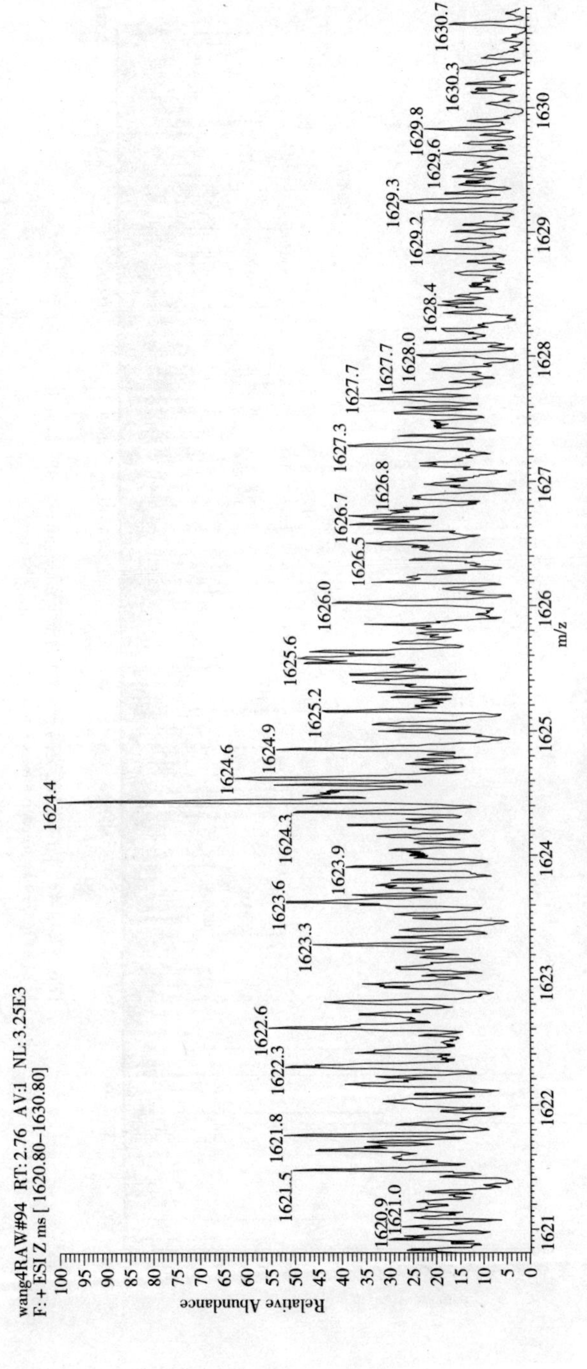

图6–42　2＃样品的正离子峰局部放大MS图谱（m/z=1620.80—1630.80）

Fig 6–42　Local enlarge of positive ions peak MS map of 2# Sample

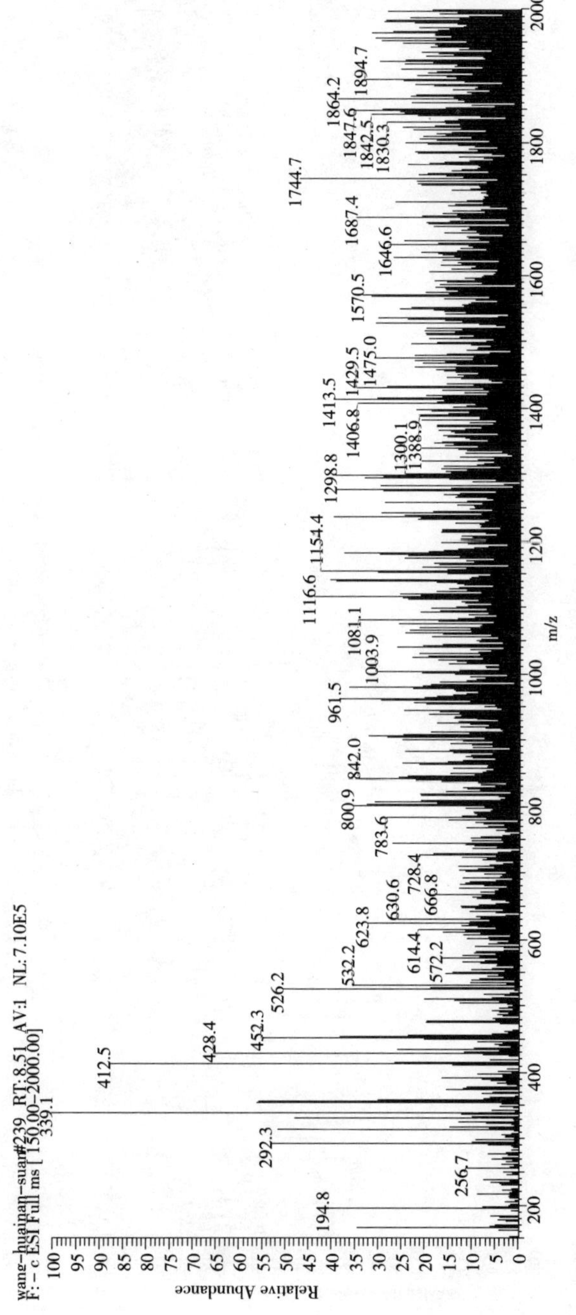

图6-43　4＃样品的负离子全MS图谱（m/z=150—2000）
Fig 6-43　Negative ions peak MS map of 4# Sample

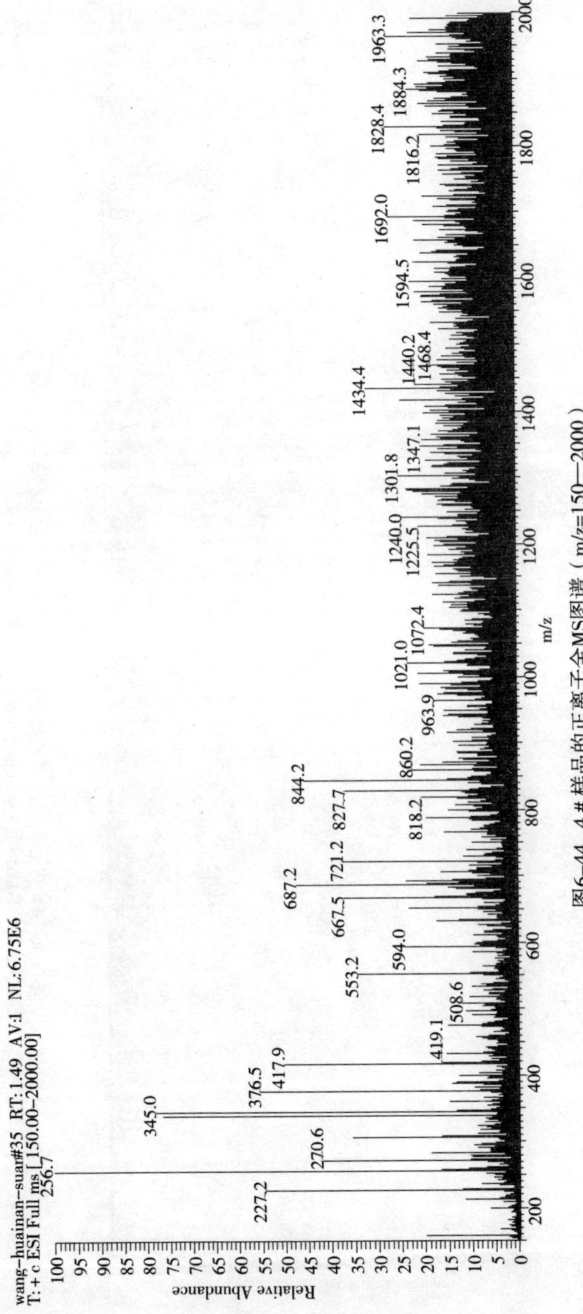

图6-44 4 # 样品的正离子全MS图谱（m/z=150—2000）

Fig 6-44 Positive ions peak MS map of 4# Sample

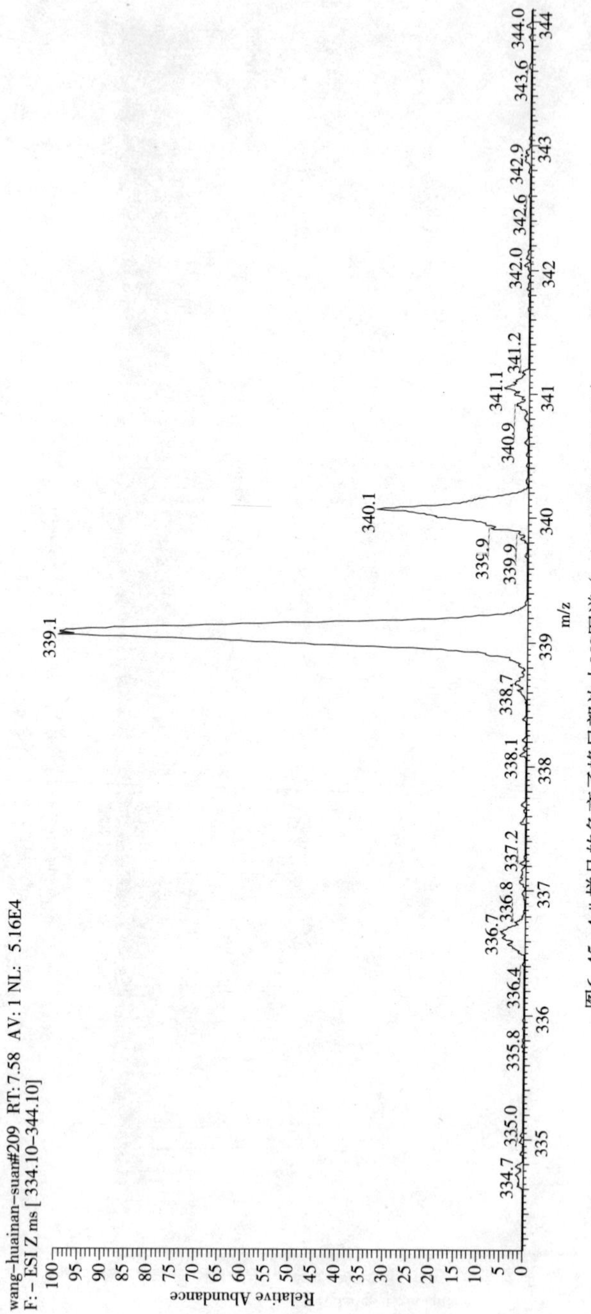

图6–45 4 # 样品的负离子峰局部放大MS图谱（m/z=334.10—344.10）
Fig 6–45 Local enlarge of negative ions peak MS map of 4# Sample

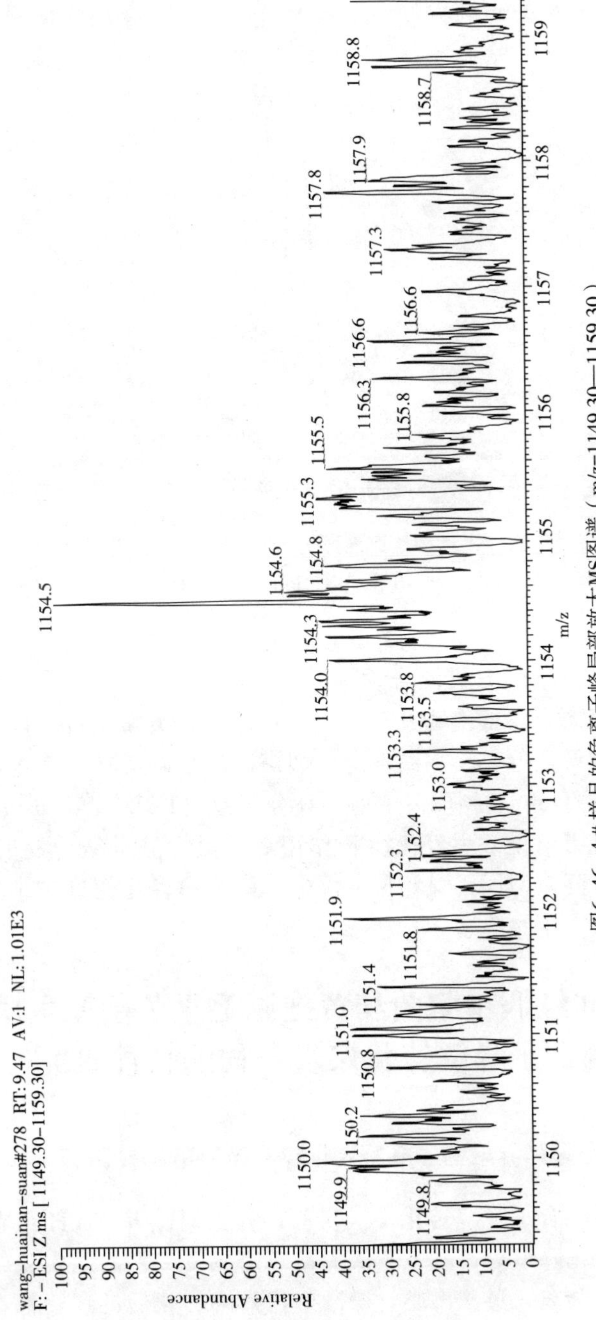

图6-46　4＃样品的负离子峰局部放大MS图谱（m/z=1149.30—1159.30）

Fig 6-46　Local enlarge of negative ions peak MS map of 4# Sample

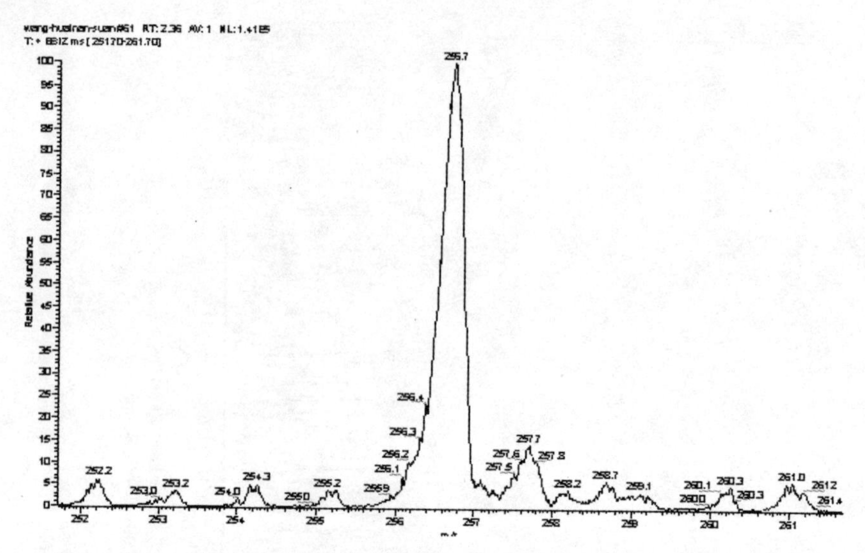

图 6-47　4#样品的正离子峰局部放大 MS 图谱（m/z=251.70—261.70）

Fig 6-47　Local enlarge of positive ions peak MS map of 4# Sample

淮南次烟煤的微生物降解转化产物与淮南次烟煤抽提物相比：相同点是它们都是复杂的有机混合物，分子量小到几十、几百，大到几万。不同点是淮南次烟煤抽提物几千～4 万 u 分子量类物质占主体，相对较低分子量类物质比例较小；而淮南次烟煤微生物降解转化产物的低分子量（几十～几百 u）类物质占主体，高分子量（1 万～2 万 u）类物质比例较小。因此可以说，煤经微生物作用后，煤大分子结构发生了降解，分子量整体下降，但同褐煤相比，次烟煤的降解转化幅度较小，说明它比褐煤难于被微生物降解。

6.3　球红假单胞菌和黄孢原毛平革菌原生质体融合子降解转化煤炭产物的特性研究

6.3.1　两菌跨界融合子降解转化煤炭产物的特性研究

两菌跨界融合子降解转化煤炭实验，开始时培养基 pH 值在 7.0 左右，煤发生转化降解后，其 pH 值大都下降到 6.2 左右，实验结束时进行液体与煤渣分离，过滤离心，煤微生物降解转化后的产物都在离心的上清液中，对离心的上清液进行处理，可得出其具有的一些特性。

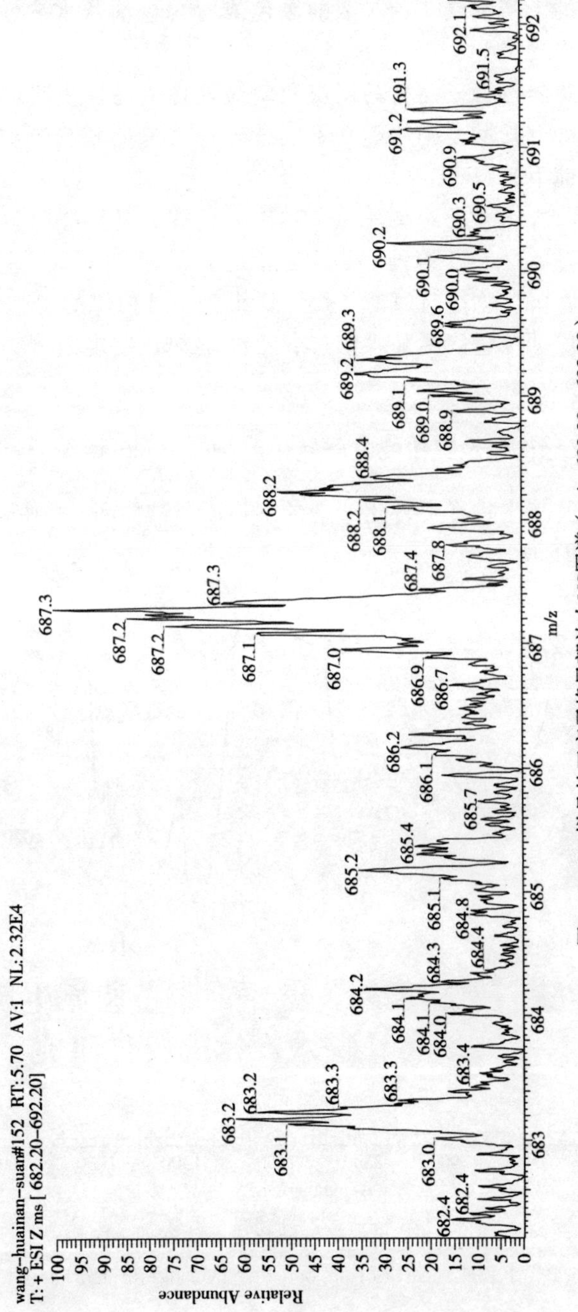

图6–48　4＃样品的正离子峰局部放大MS图谱（m/z=682.20—692.20）

Fig 6–48　Local enlarge of positive ions peak MS map of 4# Sample

（1）离心的上清液是一种较浓的黑色或深褐色油状水溶性物质，长期静置，不会出现沉淀。

（2）两菌跨界融合子对义马褐煤和硝酸处理义马褐煤降解转化后离心的上清液加酸（盐酸、硝酸等）不久就出现大量的絮状沉淀物，煤转化产物都被沉淀下来。

（3）两菌跨界融合子对义马褐煤和硝酸处理义马褐煤降解转化后离心的上清液加碱（NaOH 溶液）不产生沉淀。

（4）将絮状沉淀物进行过滤，烘干，得到一种似煤的黑色固体。

（5）对似煤的黑色固体加入甲醇、乙醇溶剂，发现固体物质溶解度很小。

6.3.2 义马褐煤及其生物降解转化产物的 FTIR 谱图分析

义马褐煤及其生物降解转化产物的 FTIR 图谱如图 6－49～6－51 及表 6－15～6－16 所示。

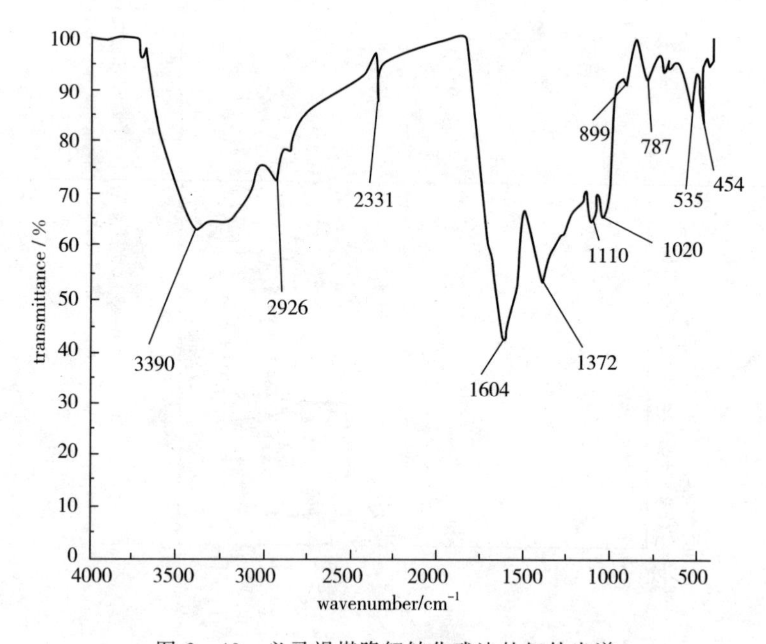

图 6－49　义马褐煤降解转化残渣的红外光谱

Fig 6－49　FTIR spectra of deposit of YiMa lignite degradation

表 6－15 义马褐煤降解转化残渣的 FTIR 图谱解析

Tab 6－15 FTIR parse of draff of YiMa lignite degradation

波数 /cm^{-1}	可能的官能团	波数 /cm^{-1}	可能的官能团
3390	N－H 的伸缩振动吸收	1265	酚、醇、醚、酯的 C－O
3180	芳烃的－CH	1020	C－O 伸缩振动
2339	杂原子 X－H（X＝P、Si）伸缩振动	899787	芳烃的－CH 弯曲振动
2926	环烷烃或脂环烃的 $-CH_2$	630	芳烃的－CH 弯曲振动
2331	杂原子 X－H（X＝P、Si）伸缩振动	535454	S－S 伸缩振动吸收
16041372	芳烃骨架振动		

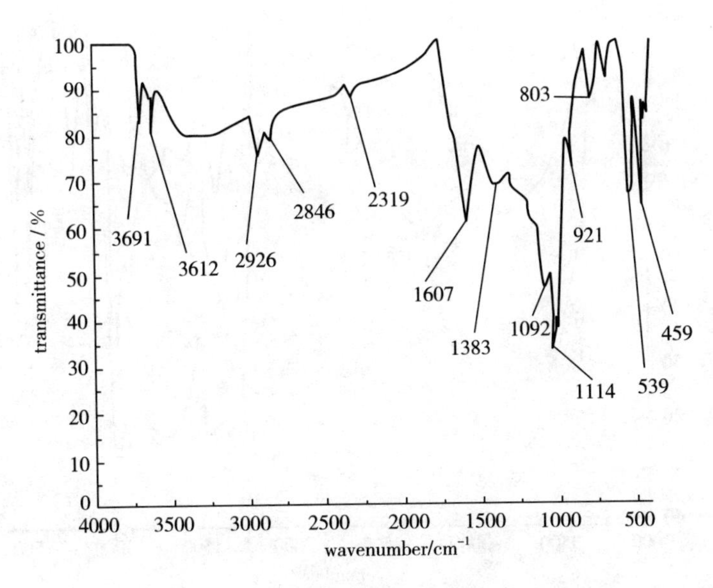

图 6－50 义马褐煤降解转化后沉淀物的红外光谱

Fig 6－50 FTIR spectra of deposit of YiMa lignite degradation

表 6-16 义马褐煤降解转化后沉淀物的 FTIR 图谱解析

Tab 6-16 FTIR parse of deposit of YiMa lignite degradation

波数 /cm^{-1}	可能的官能团	波数 /cm^{-1}	可能的官能团
36913612	酚羟基－OH 或－NH（胺类）	10921014	C－O 伸缩振动
29262845	环烷烃或脂环烃的 $-CH_2$	921803	芳烃的－CH 弯曲振动
2319	杂原子 X－H（X＝P、Si）伸缩振动	539459	S－S 伸缩振动吸收
16071383	羰基伸缩振动，芳烃骨架振动，或杂环的骨架振动		

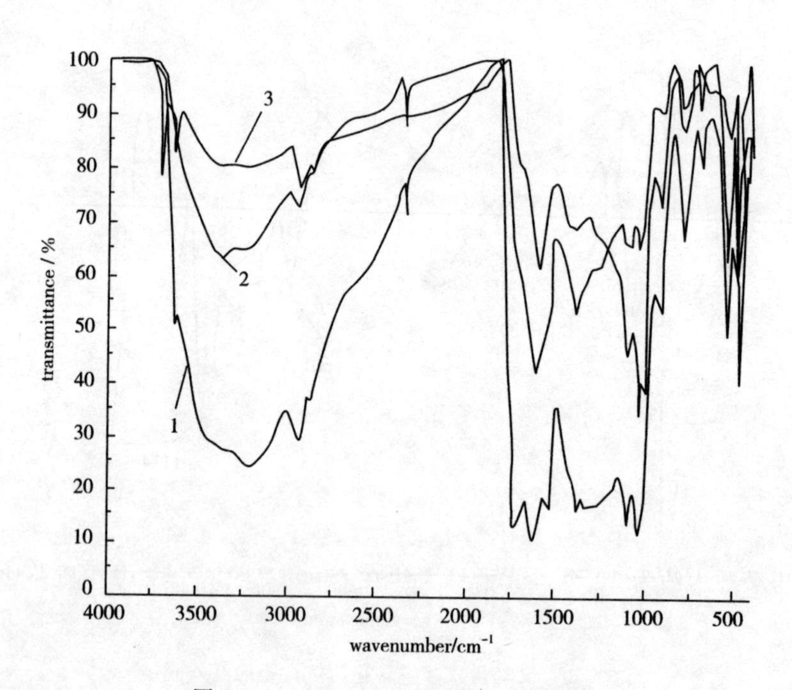

图 6-51 1＃、2＃、3＃样品红外光谱

Fig 6-51 FTIR spectra of 1＃ (coal pretreated with nitric acid)、2＃ (cinder)、3＃ (deposit) Sample

根据义马褐煤样被微生物降解转化作用前后的FTIR图谱及对照图谱（图6-51）可见，其峰形相差较大，其中较明显的地方在波数$3300cm^{-1}$和$1600cm^{-1}$附近。在图6-49和图6-50中两地方的峰形强而宽，图6-51图峰形弱而窄，对照图谱解析，说明义马褐煤样中芳香烃类物质被大幅度降解，含量变少而使峰形变弱。同时，降解转化后水溶性产物中，也有S—S伸缩振动吸收峰存在，说明所用菌株对煤中的S有一定的去除作用。

6.3.3 煤炭抽提物与融合子生物降解转化产物的MS研究

6.3.3.1 实验样品

—0.2mm义马褐煤，5N硝酸浸泡二天，球红假单胞菌和黄孢原毛平革菌原生质体融合子降解转化10天后的水溶物，加酸沉淀，离心过滤烘干，再加碱成水溶物，沙星过滤器过滤后呈现液体。

6.3.3.2 义马褐煤抽提物及其生物降解转化产物的MS图谱分析

图6-52与图6-53为样品的正负离子峰全MS图谱（m/z=150—2000），从图谱来看，样品内的物质分子量也较大，并显示出是一多种物质的混合物。从正负离子峰图谱看，相对较低分子量的聚合物占主体，相对较高分子量物质也有相当的一部分。由于分子量的大小谱线非常密集，很难进行判断，可从正负离子峰的局部放大MS图谱来进行粗略判断。

图6-54和图6-55为4#样品的正负离子强度较大的峰局部放大MS图谱。图6-54中在质荷比为194.8附近，负离子所带的电荷数大约为3个，分子量在600u左右；图6-55中在质荷比为412.3、414.3附近，负离子所带的电荷数大约为10个，分子量应在4000u左右。

图6-56和图6-57为4#样品的正离子强度较大的峰局部放大MS图谱。图6-56中在质荷比为444.9、445.8、441.1附近，正离子所带的电荷数大约为10个，分子量大约在4500u；图6-57中在质荷比为749.1、750.2和其他地方，正离子所带的电荷数大约为10个，分子量应在7500u左右。

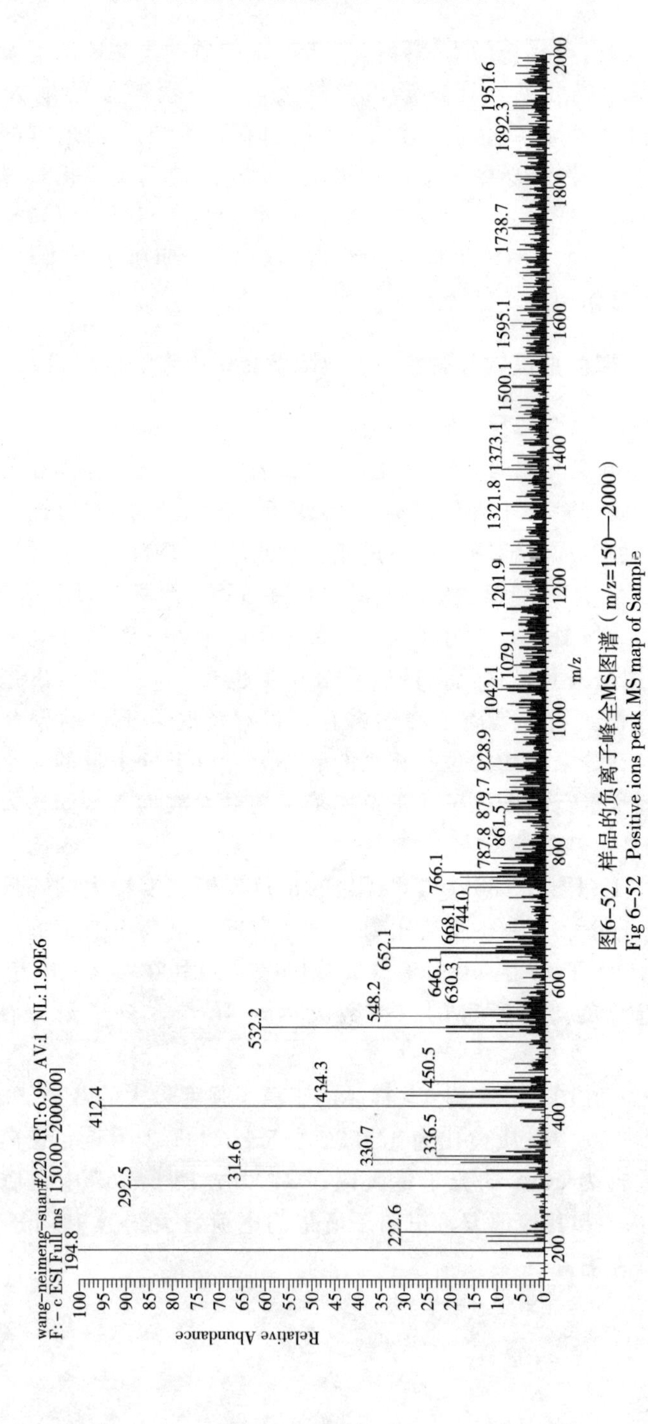

图6-52 样品的负离子峰全MS图谱（m/z=150—2000）

Fig 6-52 Positive ions peak MS map of Sample

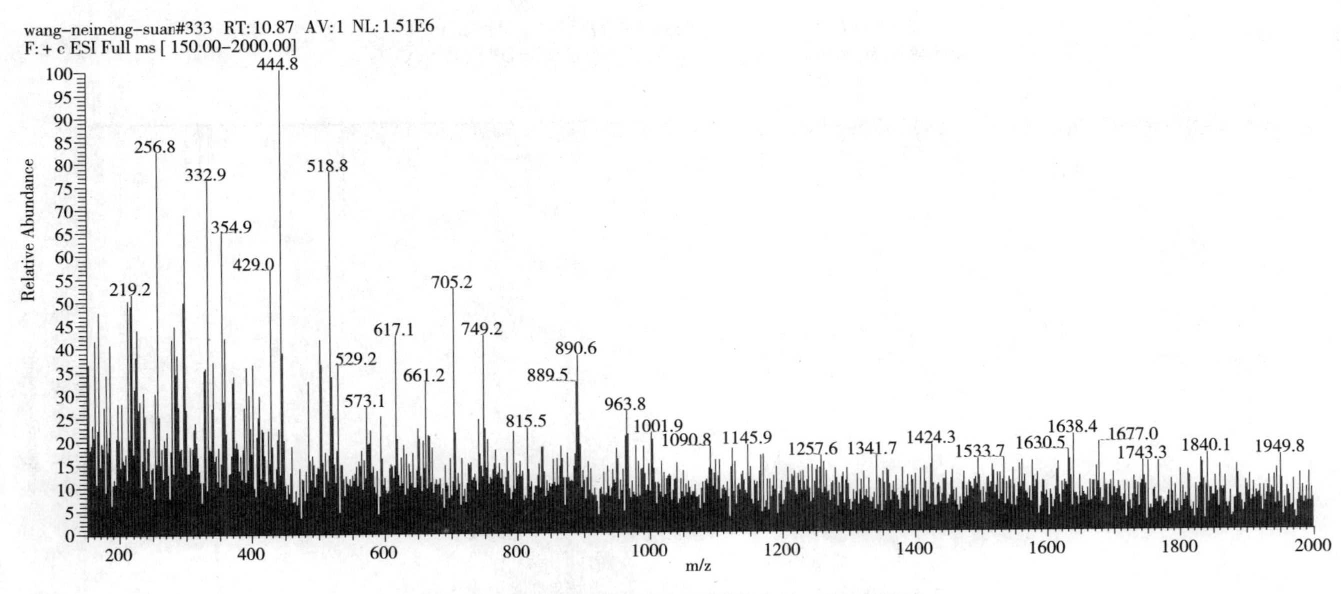

图6-53 样品的正离子峰全MS图谱（m/z=150—2000）

Fig 6-53 Positive ions peak MS map of Sample

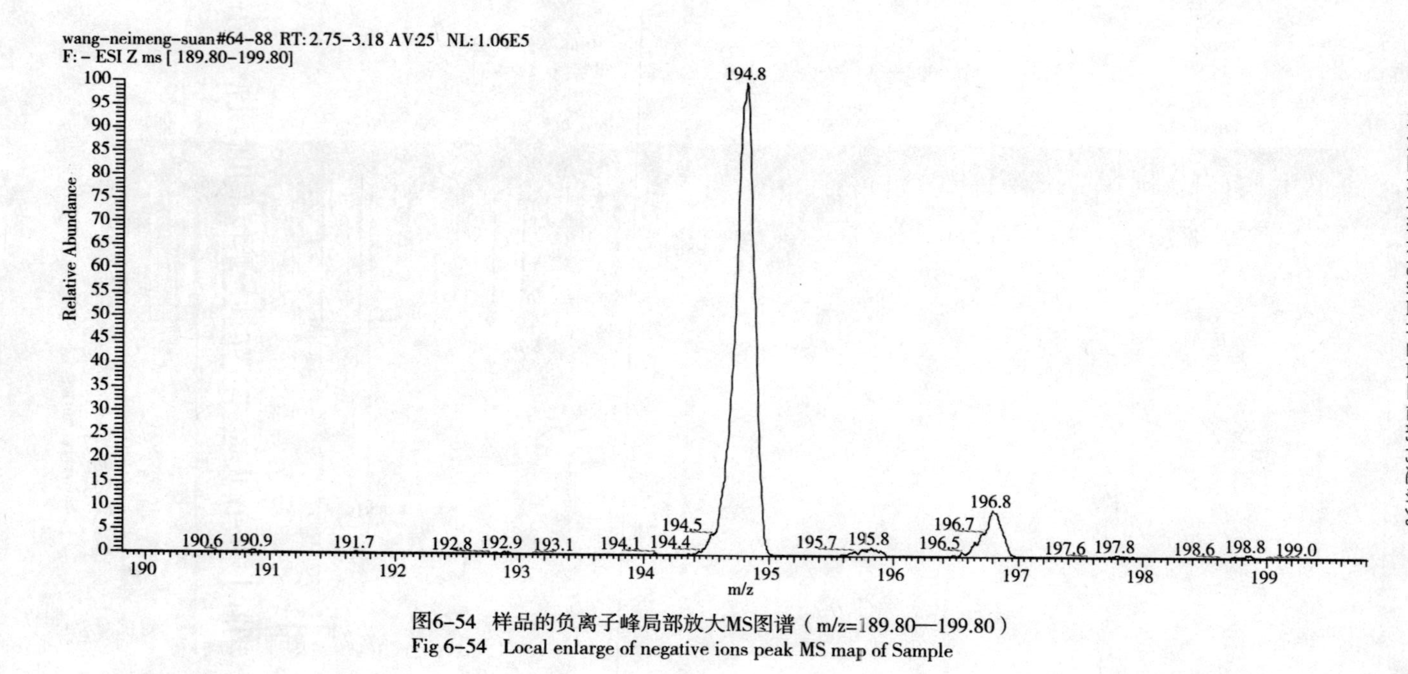

图6-54 样品的负离子峰局部放大MS图谱（m/z=189.80—199.80）

Fig 6-54 Local enlarge of negative ions peak MS map of Sample

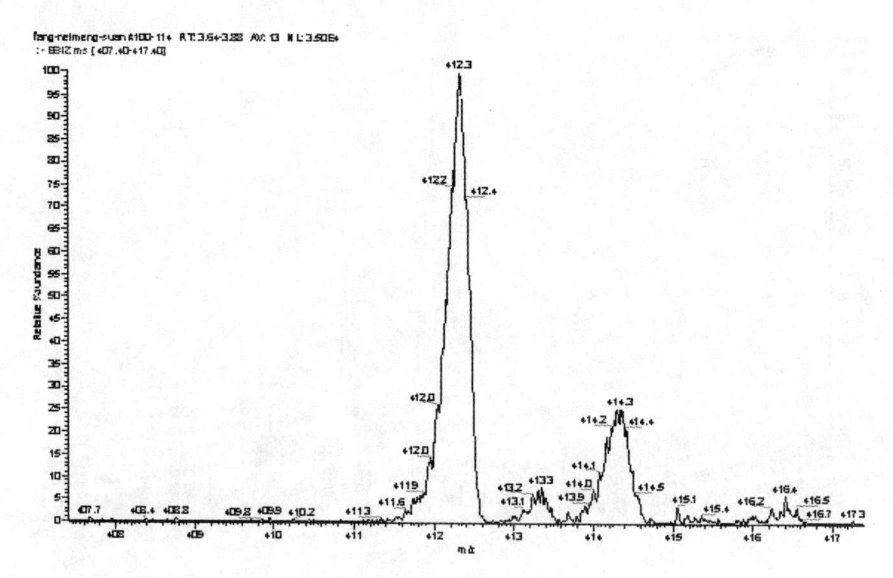

图 6－55　样品的负离子峰局部放大 MS 图谱（m/z＝407.40—417.40）

Fig 6－55　Local enlarge of negative ions peak MS map of Sample

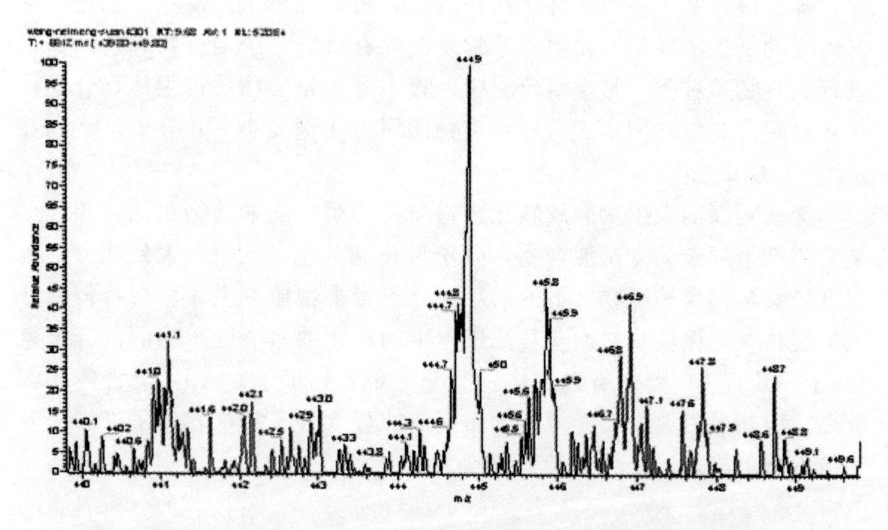

图 6－56　样品的正离子峰局部放大 MS 图谱（m/z＝439.80—449.80）

Fig 6－56　Local enlarge of positive ions peak MS map of Sample

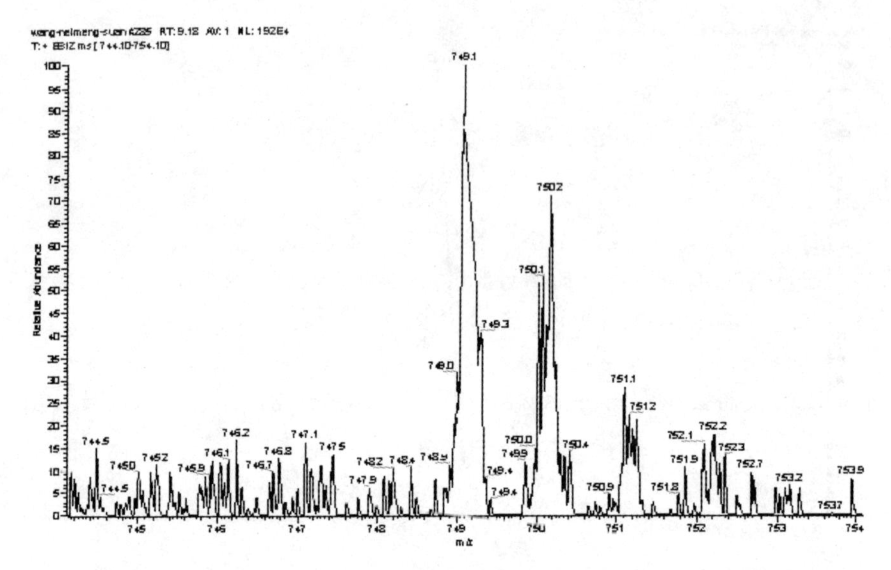

图 6－57　样品的正离子峰局部放大 MS 图谱（m/z＝744.10—754.10）
Fig 6－57　Local enlarge of positive ions peak MS map of Sample

球红假单胞菌和黄孢原毛平革菌原生质体融合子降解转化义马褐煤，其抽提物及生物降解转化产物的 MS 图谱分析可得出如下结论：义马褐煤的微生物转化产物也是非常复杂的有机高分子混合物，从图谱很难判断其物质种类。整个混合物中，较小分子量类物质占主体，分子量在几百到 7500u 之间，大分子量类物质所占比例较小，其分子量大约在 1 万～2 万 u 之间。

义马褐煤的微生物降解转化产物与义马褐煤的抽提物相比：相同点是它们都是复杂的有机混合物，分子量小到几十、几百，大到几万。不同点是义马褐煤抽提物 2 万～4 万 u 分子量类物质占主体，相对较低分子量类物质比例较小；而义马褐煤微生物转化的水溶性产物的低分子量（几十～几百 u）类物质占主体，高分子量（1 万～2 万 u）类物质比例较小。因此可以说，煤经微生物作用后，煤大分子结构发生了降解，分子量整体下降，以低分子量类物质为主。

7 煤炭生物降解转化机理研究与分析

煤起源于不同植物（动物）腐败残骸的压力成岩作用，这些植物含有不同数量的木质素。煤化过程中，类木质素结构被保存下来，并可能超过其他木组织残骸。Buravis[165]报道过，年轻褐煤的化学分析表明：它们含有木质素化合物达35%～70%，而年老褐煤可能含有由这些结构缩聚形成的化合物。既然木质素和褐煤都是来源于植物组织，利用降解木质素的真菌和细菌来降解煤，使其成为液体产物是完全可能的。

一方面，由于煤炭生物降解转化的转化条件相对于其他化学转化方法具有绿色、环保等一系列优点，因而在近几年来成为研究者们研究的热点课题之一；另一方面，又由于煤炭具有复杂的化学和物理结构，以及适合煤炭生物降解转化菌种的选育等一系列原因，致使煤炭生物降解转化存在一定的困难。现阶段，煤炭生物降解转化反应的速度较其他化学转化方法要慢得多。研究者们为了提高煤炭生物降解转化的效率及速率，对煤炭生物降解转化菌种的选育以及煤炭生物降解转化机理进行了大量的研究。不同研究者的实验均已证明某些真菌和细菌能够将煤降解转化成为液体产物。然而，对生物与煤之间的作用机理尚未有一致的看法。不同的研究者依据研究所用菌类及试验方法和条件不同，从不同的侧面得到了支持各自结论的证据。

自开展此项研究以来，专家学者们对此提出了多种机理。到目前为止，煤炭生物降解转化的机理被人们所公认的主要有三种，即碱作用机理、生物分泌的螯合剂的作用机理和生物酶作用机理。

7.1 碱作用机理

Faison[53,85]通过两种限定营养的培养液对煤溶解活性的测定发现，在限定营养的培养液中，煤溶解所产生物质的光谱与碱对煤作用所产生物质的光谱是一样的，由此提出煤被生物溶解受到来源于微生物碱性催化剂的催化。1987 年，Strandberg[74] 根据链霉菌（Streptomyces setonii75viz）所产生的在煤溶解中起作用的物质是热稳定的，分子量较低以及对蛋白酶不敏感并指出：微生物在生长过程中产生碱性物质，例如氨、多胺和一些肽类的化合物参与煤的液化过程，这种物质具有热稳定性，而且能抗蛋白酶，其分子量在 1000～10000u 之间。他们由此推定这种物质不是生物酶，进而指出煤溶解过程是非酶的，与碱性缓冲溶液对煤的溶解作用相似。在进一步的研究中[71]，他们根据致使煤溶解的活性培养液的 pH 大小指出，溶煤活性组分是碱性多肽或聚胺。后来，他们又发现液化煤的量随培养液的 pH 值升高而增大，例如 Srandberg[74] 在 1988 年的实验中发现了表 7－1 的实验结果：培养基 pH 升高程度与培养基中所含的多肽和多胺的量有关。当然，不同微生物产生的碱性物种类和数量并不相同，因而煤生物溶解能力也不同。

表 7－1　煤炭生物降解转化过程中培养基 pH 变化

Tab 7－1　Degradation of transforming the process of change in culture medium pH

pH	7	7.5	8.2	8.5	9.5
降解转化率%	9.1	22.19	21.28	31.36	44.45

Dahlberg 发现，液体培养液与青霉菌的培养液的生物化学活性只有在 pH 增加到 7 以上时才能看到。同时，Cupta[166] 研究了链霉菌（Streptomyces viridosporus，setonii 和 badius）对褐煤和烟煤的溶解作用。他发现，链霉菌的培养液对煤的溶解作用总是伴随介质 pH 的明显增加而增加；当介质 pH 为碱性不变时，溶解活性可忽略不计；活性物是稳定的，其分子量小于 10000u。S. viridosporus 培养液的溶煤活性随 pH 降低而减小，但提高 pH 该活性可恢复，各种强度磷酸盐和 Tris 缓冲溶液在碱性条件下发生褐煤的非生物溶解作用。由此指出：Streptomyces 菌类溶解褐煤是由细胞释放到生长介质中的碱性产物作为媒介的。

1989 年，Quigley[167] 报道了真菌在合成培养基上产生碱性代谢物，微生物培养液在煤溶解期间的 pH 值不断升高，能够使低阶煤的酸性基团离子化，从而提高煤的亲水性。用红外光谱（FTIR）和紫外可见光谱（UV—Vis）分析煤生物溶解产物和不同 pH 缓冲溶液降解煤所得的产物，其结果很相似。由此提出了碱性物质的产生是微生物溶解煤的机理之一。

由产生碱而溶解煤的微生物包括真菌、单细胞细菌以及链霉菌。这些生物产生含氮碱（包括氨），它们增加了介质的 pH。煤生物溶解在这些情况下很大程度的依赖煤的氧含量，并且随煤氧含量增加而增强。

这种碱溶解机理有待验证，本书中使用黄孢原毛平革菌生物降解转化义马褐煤、硝酸处理义马褐煤和淮南次烟煤等，实验结果表明：在煤炭生物降解转化过程中，培养基 pH 不但不会上升，反而下降，且降解转化煤的量随培养基 pH 的值降低而增大，这恰恰与他们的结论相反。

从球红假单胞菌降解义马褐煤的实验来看，结果与 Quigley 报道的结果也不尽相同，在空白培养的过程中，所用的培养基 pH 值是在增大的。煤炭生物降解转化过程中，培养基的 pH 值也是升高的。但一般来说，其升高幅度比空白实验的幅度要低，即生物降解转化煤的量同培养基的 pH 值升高减慢的程度有一定的关系。

7.2 生物分泌的螯合剂的作用机理

低阶煤中有两种灰分存在：外在的灰分和内在的灰分。外在的灰分是作为混杂物存在的（黄铁矿和黏土等）；内在的灰分是结合到煤分子结构中的多价阳离子，是作为煤中化合物的金属络合物的灰分。这是与低阶煤的假定结构一致的，即它们是作为煤有机分子间的交联而起作用的[168-169]。因此，由任何方法脱除内在灰分将导致煤有机化合物的分子量变小，以及有大量自由的羧酸、醇和酚的产生，这些直接导致的结果是增加了煤炭生物降解转化及煤受侵蚀的机会。

Quigley 和 Ward[170-171]将非氧化煤用盐酸预处理，脱除其中成键的多价阳离子而导致生物降解转化或碱性缓冲溶液溶解煤数量的增加。由此指出：多价阳离子在煤的有机结构中有重要意义，它的络合及排除是微生物溶解低阶煤的另一机理。

另外，根据煤的生物降解转化产物中氧和氢以 2∶1 的比例增加的结果，Bean[89]指出氧化煤的生物降解转化与水有关。进而，由煤生物降解转化产物分子量的减小，生物降解物的 ^{13}C NMR 中羧基的出现，降解产物在弱碱中容易水解以及由煤降解转化微生物所产生的酶水解苯醚和氧化芳烃[172]，提出了氧化水解理论。

Fakoussa[173-174]提出了假单细胞菌（Pseudomonas）对煤的生物降解转化作用部分归因于表面活性剂的产生。表面活性剂使煤中的某些极性物质进入水溶液，而不引起共价键的断裂。但因煤聚合物的分子结构很大，表面活性剂对煤的溶解是有限的。Strandberg 发现表面活性剂（如十二烷基磺酸钠，吐温 80，十六烷吡啶氯化物）对煤（包括高度氧化的煤）的非生物溶解都是很少的，这证实了上述结论。

1998 年，Quigley 等[175-176]报道了褐煤中存在的多价金属离子，如 Ca^{2+} 、Fe^{3+} 和 Al^{3+} 在褐煤的分子结构中起桥梁的作用。金属离子联在两个羧基之间，人们发现，脱除这些多价金属后，能使煤更多地溶于稀碱，以及生物溶解增强，而此时发生的氧化作用却很少。Cohen 等[177]利用云芝溶解煤的实验中发现煤的溶解程度与草酸盐有关，草酸盐是一种螯合剂，能螯合煤中的多价金属离子，尤其是 Ca^{2+} 、Fe^{3+} 和 Mg^{2+} 等金属离子，实验表明：褐煤的金属离子经螯合剂作用后，煤的溶解性得到了提高，但是用昂贵的培养基培养微生物来产生碱性物质和螯合物，不但产生的速度慢、目标物的浓度低，而且副反应多，可见并不是一种经济有效的途径。研究表明，螯合物仅仅溶解一部分褐煤[173-174]，大部分褐煤并不能被它溶解；此外，利用这两种机制溶解煤不能使 C—C 键断裂，所以并不能使煤分子量真正降低。

7.3 生物酶作用机理

7.3.1 真菌生物降解转化煤炭机理探讨

从化学的角度看，一切活的生物体所参与的生物化学反应都是在生物催化剂酶的参与、催化和调控下进行的。生物学家早已知道，有些酶能改变或解聚木质素，如在褐煤中，尤其是在年轻褐煤中含有较多类木质素结构。因此，人们推测微生物使煤炭发生降解转化是通过木质素酶的作用，并且以能降解木质素的微生物作为筛选煤炭生物降解转化的微生物的最初基础。

Cohen[24]最早发现两种担子类（Dsidiornvcetes）真菌云芝和茯苓能使天然存在的煤发生生物降解转化，虽然没有提出作用机理，但云芝和茯苓的消化作用机理是清楚的。云芝通过消化含有芳香环结构的木质素聚合物来分解木质素组织，这种白腐作用是基于多酚氧化酶和过氧化酶以及在培养过程中产生的醌氧化还原酶。茯苓通过消化多醣分解木材，只破坏少量木质素，它的褐色腐败作用主要是基于产生的β一酣酶能侵蚀纤维素；也有人提出茯苓通过产生自由基来降解纤维素聚合物，而不是酶的催化作用。Cohen[81]在他的进一步研究中发现，将云芝胞外液加酸水解，导致煤生物降解转化速率的明显降低；将云芝胞外液中加入抗坏血酸（还原剂，使培养液中的任何氧化酶失活），导致煤生物降解转化作用降低90%；再通入氧时，煤的生物降解转化活性恢复（氧化抗坏血酸，以使其不再钝化培养液）。由此，他指出云芝胞外液对煤的生物降解转化作用来自氧化酶的作用。

Pyne[72]等人用离子交换树脂及凝胶过滤的方法，从具有液化风化褐煤作用的Coriolus versicolor培养物中分离并纯化了一种蛋白组分，这种组分对褐煤的液化既不是表面活性剂的作用，也不是螯合剂的作用，60℃加热30min明显降低该组分液化煤的活性，丁香醛连氮氧化酶抑制剂同样能抑制该组分对褐煤的液化能力。推测该组分具有丁香醛连氮氧化酶活性，正是这种酶参与了液化煤的过程。Pyne[178]等人在1988年又发现微生物胞外酶液化煤的过程是改变煤的结构产生一些羧化组分，这种胞外酶还具有一些漆酶的特性，但添加商品漆酶并不能明显增加液化煤的能力。Pyne在进一步研究中指出：生物降解转化活性少部分归于生物酶。Wondrack[82]等人在1989年还发现由粉状侧胞菌（Phanerochaete chrysporium）培养物中获得的木质素过氧化酶催化解聚了由褐煤和年轻烟煤得到的水溶性聚合物，分泌的纤维素酶能将煤中高分子量聚合物液化降解成低分子量物质。细菌中的Pseudomonas也被报道具有分泌胞外酶液化煤的能力[72]。后来还相继发现许多水解酶、氧化酶及还原酶都能液化部分褐煤[178]，尤其是能氧化酚的酶具有较强液化煤的能力。另外，如放线菌中的Streptonvces virdosporus[179]，真菌中的Phanerochaete chrysosporium[180]，细菌中的Pseudomonas[181]都能分泌过氧化物酶具有很强的液化煤的活性。

Scott[75]将风化褐煤加到含有二氧乙烷、缓冲溶液及酶（过氧化酶、加氢酶、脱氢酶以等份数存在）的混合物中，煤失重86.4%，而无酶时仅失重19.6%。由此提出，酶的作用能使煤溶解。Faison[86]在含水有机溶剂中加酶，也得到了煤的生物降解转化程度增大的结果。

Marayan[79]论述了微生物在厌氧和好氧条件下所产生的酶使煤炭生

物降解转化的特点：认为煤炭生物降解转化是生物酶作用的理论根据，植物是形成煤的主要原材料。有些研究者认为，褐煤是木质素经脱甲基脱水形成的，煤中还存留着木质素的一些典型结构。既然木质素能够被胞外的木质素降解酶系降解，煤也应该能被这种降解酶系降解。研究表明：木腐菌产生木质素酶或漆酶等酶，它们分别利用过氧化氢和分子氧对煤炭进行氧化作用，使连接于芳烃环上的脂肪链中的C—C键受氧化而断裂，其反应产物是较低分子量的醇、醛和羧酸等物质。自然界中能够生成木质素降解酶，可降解木质素的微生物大多是担子菌纲的白腐真菌。对黄孢原毛平革菌的基础研究和应用研究，无论是其降解规律及机理的阐述，降解对象化学物质的普查，满足其高效、彻底的降解反应工艺条件的探索，还是在各工业领域的利用研究等，其核心问题始终围绕着黄孢原毛平革菌参与降解活动的代表性酶种、生理生化和催化特点，及实现酶高产的营养生理、遗传和条件诸方面的调控进行的。

黄孢原毛平革菌酶学，是其生物学和生物技术的核心，是研究最为活跃和发展的领域。黄孢原毛平革菌对木质素和许多异类生物质的降解，依赖一些酶的产生和分泌。这些酶共同构成了称之为木质素降解系统（lignin－degrading system 或 ligninolytic system）的主体——木质素降解酶系统（ligninolytic enzyme system）或木质素修饰酶系统（lignin modifying enzymes，LME）。这一酶系统的主要成分，或束缚在细胞壁上，或分泌在胞外；它们各有分工，但又协同作用，为黄孢原毛平革菌独特的生物降解能力提供基础。

木质素氧化酶系包括需 H_2O_2 的过氧化氢酶和漆酶等酶系，其中需 H_2O_2 的过氧化氢酶为含铁的血红蛋白、胞外酶，均含 Fe^{3+}，由 H_2O_2 触发其氧化。而启动酶的催化循环，包括木质素过氧化物酶（LiP）和 Mn 过氧化物酶（MnP）。

（1）木质素过氧化物酶（LiP）直接与芳环底物反应，通过从芳环上取得电子，导致形成阳离子自由基，进而发生断裂反应。能氧化高氧化还原电位的化合物，催化酚类、非酚类物质氧化，参与木质素解聚。

（2）Mn 过氧化物酶（MnP）表现出对 Mn^{2+} 的绝对需要，MnP 催化 Mn^{2+} 转为 Mn^{3+}，Mn^{3+} 再去氧化大量的酚类底物。氧化高氧化还原电位相对低的化合物，如胺类、染料，在木质素解聚中有重要作用，可能还参与生产 H_2O_2。

（3）漆酶（Lac）为含铜多酚氧化酶，对于二酚氧化酶（p－

diphenol oxidase），以单酚、二酚、多酚类化合物为底物。虽然一度认为 Lac 对底物的进攻主要局限于酚类化合物，但是现以证明，它对于许多非酚类物质如蒽、苯并芘、多环芳烃等同样有高度的进攻性，还参与木质素的解聚和降解。Lac 催化 C—C 键、C—O 键的断裂，催化脱甲基、解聚和聚合反应，还参与产生色素反应，是特别受关注的一类酶。

木质素氧化降解酶系还包括其他一些酶系，但是国内外主要关注的是 LiP、MnP 和 Lac 这三种酶种，称为木质素氧化降解酶的代表酶种。一是它们在自然界较为罕见，二是它们的催化功能很特殊。煤炭生物降解转化正是利用了木质素氧化降解酶特殊的催化功能来实现煤炭的降解转化。因此，详细了解研究木质素氧化降解酶对深入研究煤炭的降解转化机理具有重要意义。

7.3.1.1 木质素过氧化物酶（LiP）

木质素过氧化物酶（LiP）是最早被发现的催化木质素及其他异生物质发生降解的酶，也是研究的相对深入和比较清楚的木质素降解酶。1983 年，Glenn 等首先在黄孢原毛平革菌中发现了该酶[182-183]。后来，在其他一些担子菌（Phlebia radiata[184]、Trametes versicolor[185]、Bjerkandera adusta[186]、Nematoloma frowardii[187]）和一株子囊菌(Chrysonilia sitophila)[188]中也发现了 LiP。LiP 是一种含血红素的糖蛋白，分子质量为 38～46ku，pI 为 3.3～4.7。根据 cDNA 克隆获得的氨基酸顺序表明：除了酶部位附近的序列以外，LiP（及 MnP）与植物和其他真菌的过氧化物酶具有非常低的同质性。从静止态酶到 LiPⅠ，再从 LiPⅠ到 LiPⅡ，又恢复回静止态酶，这样就形成了 LiP 的循环；同时伴随着对作为底物的化学物质（AH_2）的氧化性催化。这就是 LiP 的催化循环，具体如下：

$$LiP + H_2O_2 \rightarrow LiP\,I + H_2O$$

$$LiP\,I + AH_2 \rightarrow LiP\,II + AH^{\cdot +}$$

$$LiP\,II + AH_2 \rightarrow LiP + AH^{\cdot +} + H_2O$$

催化反应的第一步是 LiP 与 H_2O_2 反应，生成失去两个电子的氧化中间体 LiPⅠ；接着 LiPⅠ与一个底物分子反应，得到一个电子，生成 LiPⅡ和一个自由基产物；最后 LiPⅡ再得到一个电子还原成 LiP，同时再将一个底物分子变成一个自由基产物。LiP 的催化循环特点，同其他过氧化物酶（包括 MnP）类似。图 7－1 显示的正是过氧化物酶共同具有的催化循环简图。其中，RH 为催化的底物。

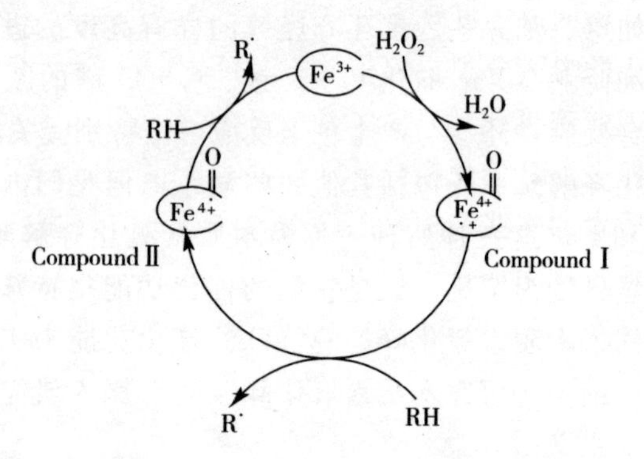

图 7－1　过氧化物酶的催化循环

Fig 7－1　Peroxidase catalytic cycle

可以成为 LiP 底物的范围很广，主要是非酚类的芳香族化合物（包括非酚类的木质素模式化合物和芳烃类污染物）等其他化学物质。煤炭作为含有大量类似木质素结构的芳烃类物质，LiP 在本质上可以对其进行生物降解转化。LiP 所能进行催化反应的类型并在黄孢原毛平革菌降解木质素过程中得到验证的有苄醇的氧化、C—C 键断裂（包括侧链断裂和开环）、羟基化、脱甲基、脱甲氧基和酚二聚化或聚合等。LiP 的作用是催化木质素中芳环发生单电子氧化。木质素聚合物的解聚可以认为是一个通过自由基调节的 C—C 键的断裂过程，这在煤炭生物降解转化的各种产物检测中也得到了验证。稳态动力学研究表明 LiP 催化氧化底物是双底物乒乓机制，如图 7－2 所示。LiP 能够氧化多种化合物，尤其是芳香族化合物。

许多研究表明，纯化的 LiP 具有降解煤大分子物质的能力。Wondtack 等发现美国北达科他州的褐煤和德国的次烟煤经硝酸处理后的煤聚合物可被部分提纯的 Phanerochae techrysosporium 的 LiP 部分解聚。溶于水和有机溶剂的煤聚合物（如 N，N－二甲基甲酰胺）可以被降解成溶于水的小分子片段，加入藜芦醇能增强这一解聚作用。Ralph[189] 等用黄孢原毛平革菌降解经碱处理的煤，经过 16d 的培养发现 85％的煤发生脱色。进一步的研究表明，解聚、脱色过程需要加入藜芦醇。藜芦醇在整个解聚过程中的作用并不十分清楚。有人认为，藜芦醇作为氧化还原中间体，但是藜芦醇阳离子自由基的半衰期太短并不能引起煤的降解。他们分别将分子量大于 30kDa 的甲基化和未甲基化的煤用部分纯化的 LiP 处理进行比较，发现两种煤的脱色程度分别是 39%和26%，而且甲基化的煤中发现有分子量小于 30kDa 的产物，显然在脱色过程中，甲基化的煤大分子更容易被 LiP 降解，大分子物质只有被甲基化后才发生真正的解聚作用。未经处理的碱溶煤不能作为 LiP 的底物，甲基化似乎可促进 LiP 催化煤分子键的断裂。很多研究者认为经甲基化的煤恢复了木质素的一些结构，因而更容易被 LiP 降解。煤经甲基化后溶于水的部分可转化为低分子量的产品，在产品中可检测到不同甲基化芳香族单体的存在。

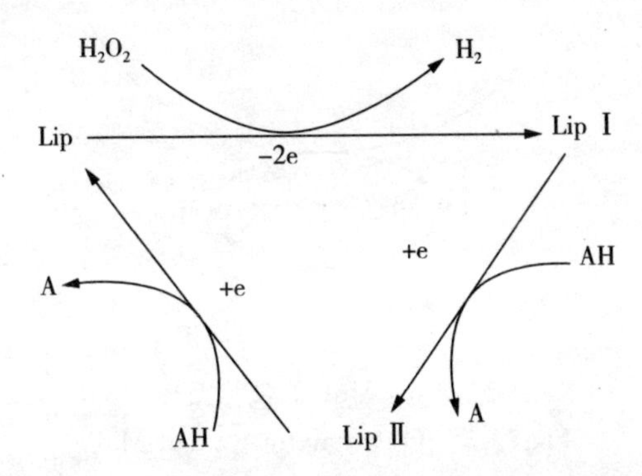

图 7-2　LiP 的催化氧化有机物（AH）机理

Fig 7-2　The catalytic mechanism of a lignin peroxidase

7.3.1.2　锰过氧化物酶（MnP）

锰过氧化物酶（MnP）[190-193]是最为普遍的木质素修饰过氧化物酶(lignin modifying peroxidase) 和糖基化的血红蛋白，分子质量通常为45～47ku，等电点 pI 为 4.2～4.9，由黄孢原毛平革菌分泌至其微环境中。1991 年，Warrishi 等证明 MnP 能解聚合成的木质素；1994 年，Bao 等证明 MnP 通过脂类过氧化作用可以降解难降解的芳香族化合物。MnP 与 LiP 相似，也是胞外酶、糖蛋白，并以血红素作为辅基，二者之间的主要区别是 MnP 在氧化还原反应中需要 Mn^{2+} 参与。MnP 的催化循环如图 7-3 和以下所示：

$$MnP + H_2O_2 \rightarrow MnP\,\mathrm{I} + H_2O$$

$$MnP\,\mathrm{I} + MnP\,(\mathrm{II}) \rightarrow MnP\,\mathrm{II} + MnP\,(\mathrm{III})$$

$$MnP\,\mathrm{II} + MnP\,(\mathrm{II}) \rightarrow MnP + MnP\,(\mathrm{III}) + H_2O$$

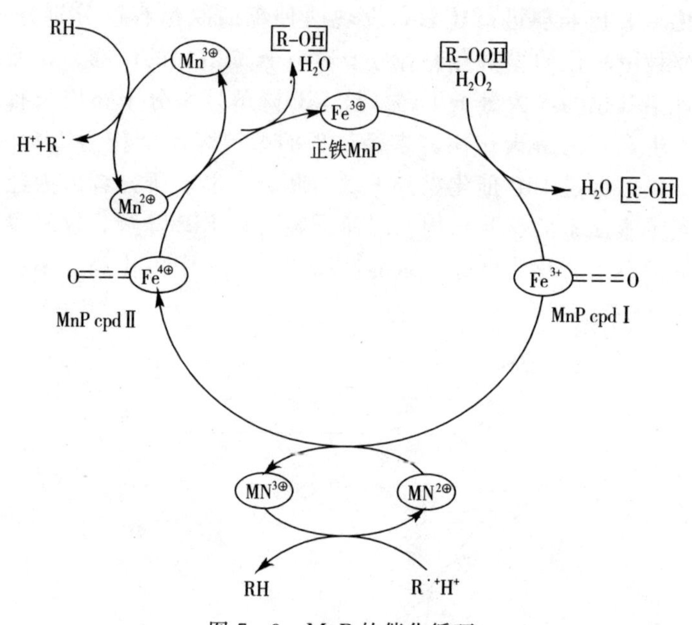

图 7-3 MnP 的催化循环

Fig 7-3 The catalytic cycle of MnP

同 LiP 相似，MnP 也生成酶的中间体 MnPⅠ和 MnPⅡ，但是 MnP 只有在 Mn^{2+} 存在的情况下才起作用，没有 Mn^{2+} 参与，MnP 将不能被还原成原酶。催化机制是将 Mn^{2+} 氧化成 Mn^{3+}，Mn^{3+} 再将其他有机物氧化，加入适量的硫醇或者脂质，不饱和脂肪酸及它们的衍生物能够提高 MnP 的酶活力。MnP 除了降解酚类物质之外，还对非酚类物质具有强大的降解作用，即被视为脂类过氧化作用的过程，又不饱和脂肪酸结构产生反应性的中间物（过氧化物自由基）。结果，强大的 MnP－脂类系统能充分降解木质素中的 C—C 和 β－苯醚键的断裂。另外，MnP 催化产生的羟自由基（HO·）在激烈的催化过程中推动芳环去除了甲醇，从而形成了 MnP 所能进攻的酚羟基，黄孢原毛平革菌的 MnP 对酚类木质素模式二聚物的降解产物（如图 7-4 所示）、非酚类木质素模式二聚物的氧化途径（如图 7-5 所示）、催化芳族类的木质素结构形成 CO_2 的假设途径（如图 7-6 所示）和催化不同底物形成的自由基（如图 7-7 所示）都显示出生物酶是降解转化煤炭的重要原因。Hofrichter 和 Fritsche 从 N. frowardii 中分离得到的 MnP 进行胞外解聚煤实验，发现煤原有的 450nm 的吸收峰消失，而低分子量的腐植酸的吸收峰出现。色谱分析表明，煤的分子量从 3kDa 降低到 0.7kDa。Hofrichter 等[93]还用 MnP 氧化带有^{14}C标记的腐植酸，实验中释放出含有^{14}C标记的$^{14}CO_2$，从而证明了 MnP 有降解煤的能力。MnP 催化氧化有机物如图 7-8 所示。

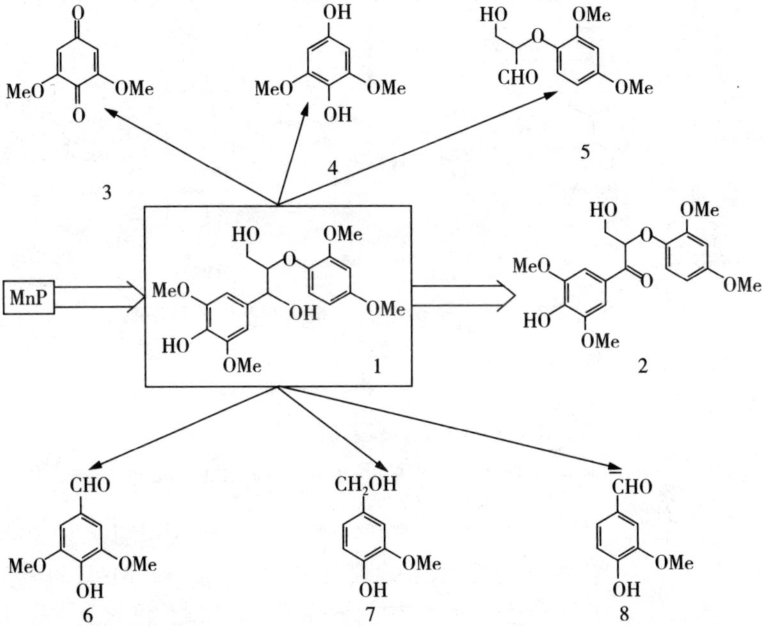

1—1-（3，5-二甲基-4-羟基苯）-2-［4-（羟甲基）-2-甲基苯氧基］-1，3-二羟丙烷；2—1 的酮式；3—2，6-二甲基-1，4-苯醌；4—2，6-二甲基-1，4-二羟基苯；5—2-［4-（羟甲基）-2-甲基苯氧基］-3-羟丙醛；6—3，5-二甲氧基-4-羟基苯甲醛（丁香醛）；7—3-甲氧基-4-羟基苯甲醛（香草醇）；8—3-甲氧基-4-羟基-苯甲醛（香草醛）

图 7-4 黄孢原毛平革菌的 MnP 对酚类木质素模式二聚物的降解产物

Fig 7-4 The degradation products of MnP of Phanerochaete chrysosporium on the phenolic lignin model dimer

1—非酚类木质素二聚物；2—1 相应的苯甲基自由基；
3—加 O_2 后形成的过氧化物自由基；4—1 的酮式；
5，6—2 的裂解产物；7—6 的酮式

图 7-5　MnP 对非酚类木质素模式二聚物的氧化途径

Fig 7-5　The oxidation pathway of MnP to non-phenolic lignin model dimer

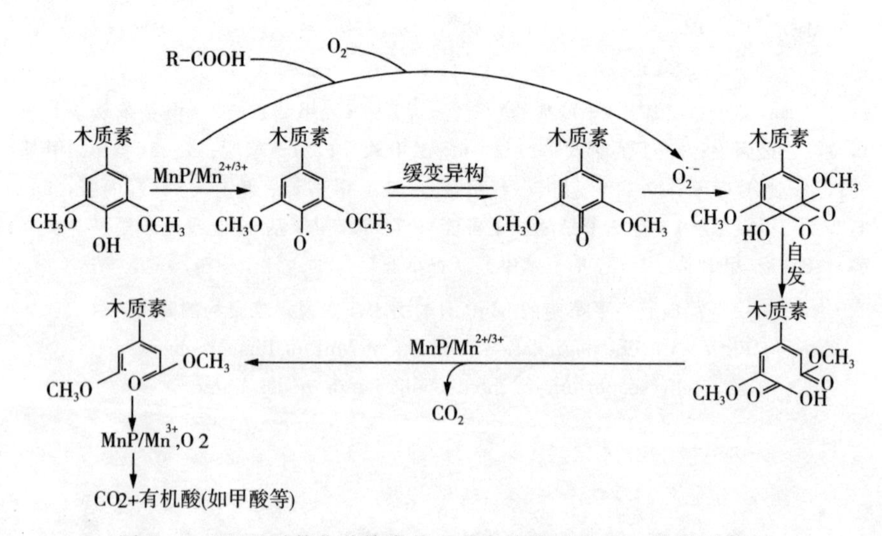

图 7-6　MnP 对催化芳族类的木质素结构形成 CO_2 的假设途径

Fig 7-6　The MnP catalytic aromatic type of lignin structure CO_2 ways

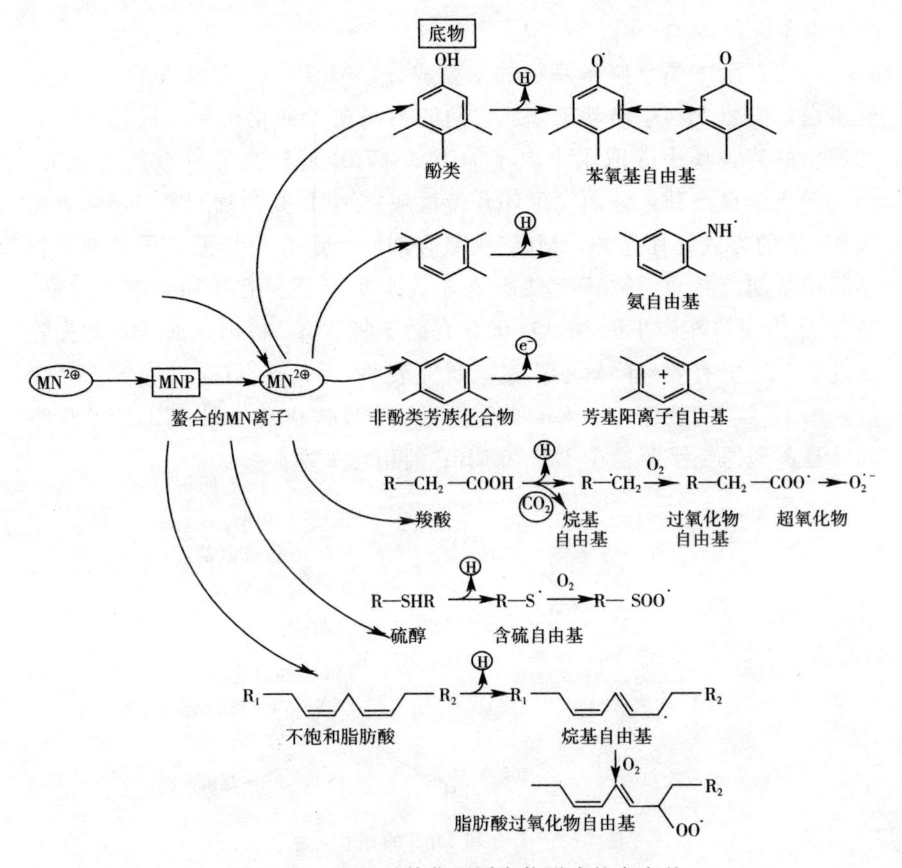

图 7-7　MnP 对催化不同底物形成的自由基

Fig 7-7　MnP catalytic different substrate to form free radicals

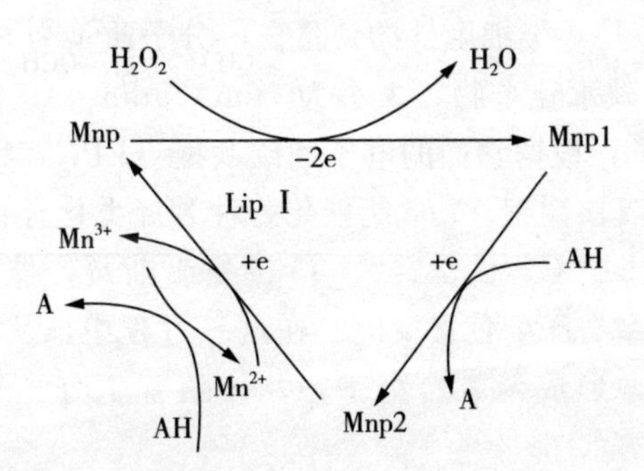

图 7-8　Mnp 催化氧化有机物（AH）的机理

Fig 7-8　The mechanism of the catalytic oxidation of organic matterof Mnp

7.3.1.3 MnP和LiP的相互关系

作为真菌木质素降解系统的主要成分，MnP 和 LiP 都是含 Fe 的血红蛋白，需要 H_2O_2 启动工作。它们的不同在于催化机制。通过从芳香族底物的芳香环中夺取单个电子的方式，LiP 直接与芳香族底物反应，形成阳离子自由基，继而发生环开裂反应。MnP 则是通过将 Mn^{2+} 氧化成 Mn^{3+} 的方式起作用的，Mn^{3+} 被螯合剂所稳定并充当低分子量的氧化还原调节剂。然而，MnP 和 LiP 在不同水平上还相互作用，彼此关联。MnP 作用而自然产生的 MnO_2 沉淀有助于将 Mn^{2+} 析出，而 Mn 的去除促进了 LiP 更有效地降解木质素。研究表明，MnO_2 可通过庇护 LiP 免遭周围 H_2O_2 的破坏，在木质素生物降解中发挥重要作用。图 7－9 反映的就是黄孢原毛平革菌中 LiP 和 MnP 的相互关系。

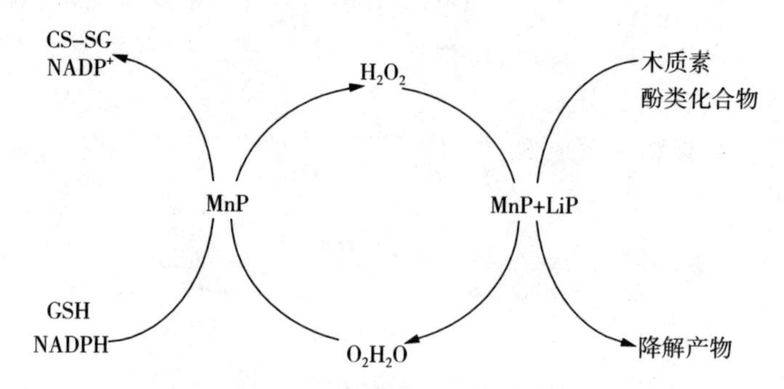

图 7－9 LiP 和 MnP 的相互关系

Fig 7－9 The relationship between LiP and MnP

7.3.1.4 漆酶（Lac）

漆酶（Lac）是一类细胞外的糖蛋白，分子质量为 60～100ku，其中约 15%～20%为碳水化合物，大小为 7nm×5nm×4.5nm。典型的 Lac 含有 4 个 Cu 原子，根据它们的电子顺磁共振（EPR）特征可分为蓝型、通常型和偶联的双核铜型。Lac 能催化各种芳烃类化合物（特别是酚类）的氧化，使得分子中 C—C 键、C—O 键发生断裂，催化脱甲基、解聚和聚合反应，还参与产生色素反应。在这一过程中，从酚类化合物的羟基中去除单电子，形成苯氧自由基，并伴随着 1 分子氧发生 4 电子还原，生成 2 分子的水。

对电子供体而言，Lac 具有非常宽的底物专一性。典型底物是各种酚类化合物，包括简单的二酚（如对苯二酚和邻苯二酚）、甲氧基取代物（如愈创木酚、2，6－二甲基苯酚）、氨基酚、多酚等。相对于易氧化具有相对高 IP（ionization potential，电离电位）的非酚类化合物的 LiP 和 MnP 而言，Lac 则能氧化具有相对低 IP 的非酚类化合物，还可以氧化各种木质素的非酚类亚单位、苯胺类、苯硫醇、丁香连氮、ABTS、各种染料、PAH 及多氯联二苯等。研究还表明，Pycnoperus cinnabarinus 的 Lac 对氯化羟基联二苯有脱卤作用，脱卤后发生 C－C 连接，形成低聚物，在离体条件下，Lac 还能氧化苊、蒽、苯并芘等。

Lac 的降解机理是：Lac 所催化的主要是氧化反应。Lac 和 LiP 一起催化 C－C 键和 C－O 键发生断裂的方式，参与木质素降解，在木质素生物降解中具有重要作用；Lac 还能使木质素脱甲基化。Lac 等能对包括木质素的酚类化合物在内的多种芳烃类底物进行氧化性聚合和解聚。Lac 的降解机理正好符合了其对具有大量类木质素结构低阶煤降解的特性。当前煤炭生物降解转化的研究表明，煤炭在生物降解转化过程中所发生的芳香聚合度、分子量有很大程度降低，官能团含量发生了变化，大量芳香类高聚物降解成低分子量类物质及其他类物质，与其降解机理是一致的。

7.3.2 黄孢原毛平革菌对煤炭降解转化机理的探讨研究

7.3.2.1 煤炭生物降解转化实验安排

实验研究采用煤样粒度为－0.2mm 的硝酸处理义马褐煤、义马褐煤、淮南潘二矿次烟煤。

取若干个 250mL 的锥形瓶，分别加入培养 5d 的黄孢原毛平革菌胞外酶液 100mL（制取真菌胞外酶液的原菌培养液按 100mL 培养后制取，在进行生物降解煤炭实验时，不足部分补黄孢原毛平革菌培养液至 100mL），加入消毒灭菌后的煤样后置入恒温振荡培养箱中，于 28℃、120r/min 下恒温振荡培养 10 天，过滤，离心。离心的上清液加 NaOH 溶液使其出现沉淀，过滤，得到煤微生物降解转化水溶性碱沉淀物，干燥，备用。

煤炭微生物降解率的测试方法按 2.2.2 中方法一执行。

煤炭生物降解转化实验开始时测定培养液的 pH 值，培养 10d 后，同样对每一个生物降解实验再进行一次 pH 值测定。

7.3.2.2 菌胞外酶液的制备

黄孢原毛平革菌的胞外酶液的制备采用的方法是：首先对培养 5 天

后的培养液用细纱布过滤，去掉菌丝体，再用滤纸过滤得到过滤液，然后再使用－0.22um 的针式菌过滤器过滤，即为菌胞外酶培养液。

7.3.2.3 试验流程图

黄孢原毛平革菌的胞外酶液降解煤炭的试验按照图 7－10 所示流程进行。

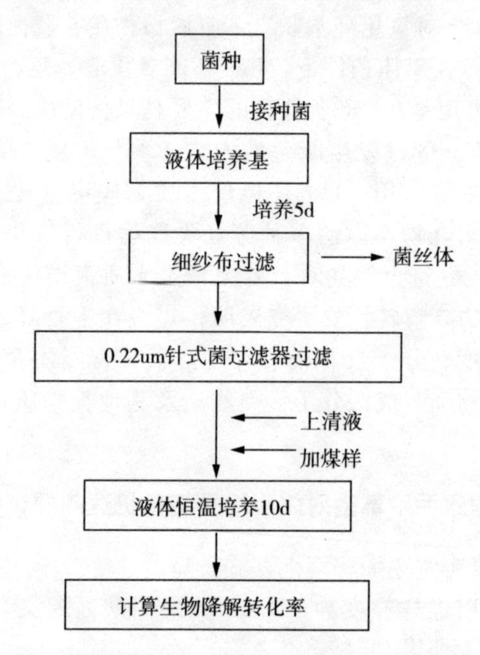

图 7－10 黄孢原毛平革菌的胞外酶降解煤炭的试验流程

Fig 7－10 The experiment process of degradation by extracellular enzyme of Phanerochaete chrysosporium

7.3.2.4 试验结果与讨论

黄孢原毛平革菌的胞外酶液对义马褐煤和硝酸处理义马褐煤的试验结果如表 7－2 和图 7－11、图 7－12 所示。

黄孢原毛平革菌的胞外酶液对淮南潘二矿次烟煤的试验结果如表 7－3、图 7－13 和图 7－14 所示。

表 7-2 黄孢原毛平革菌的胞外酶液对义马褐煤和硝酸处理义马褐煤的试验结果

Tab 7-2 The results of degradation on Yima lignite and Yima lignite pretreated by nitric acid in extracellular enzyme of Phanerochaete chrysosporium

煤　样	1#	2#	3#	4#	5#	6#
初始 pH	5.5	5.5	5.5	5.5	5.5	5.5
培养后 pH	4.5	5.5	4.7	4.55	4.45	4.65
降解转化率 η	5.3	6.1	28.4	33.72	31.3	31.84

注：1#硝酸处理义马褐煤空白对照试验；2#义马褐煤空白对照试验；3#黄孢原毛平革菌的胞外酶液对硝酸处理义马褐煤生物降解试验；4#黄孢原毛平革菌对硝酸处理义马褐煤生物降解试验；5#黄孢原毛平革菌的胞外酶液对义马褐煤生物降解试验；6#黄孢原毛平革菌对义马褐煤生物降解试验。

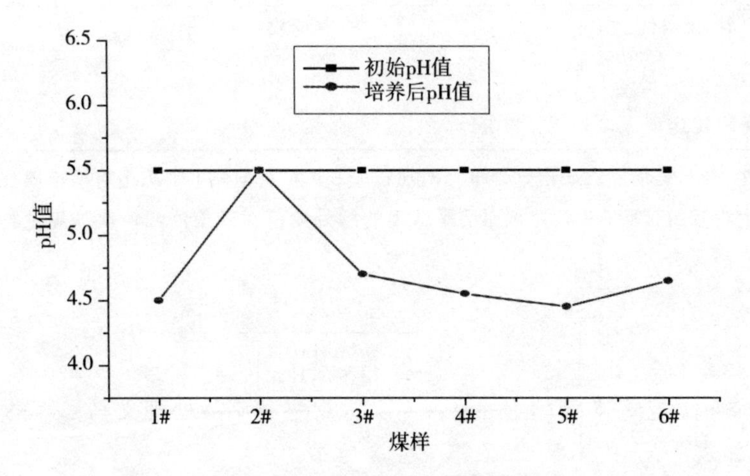

图 7-11 培养前后 pH 值变化

Fig 7-11 The changes in pH values before test and after the test

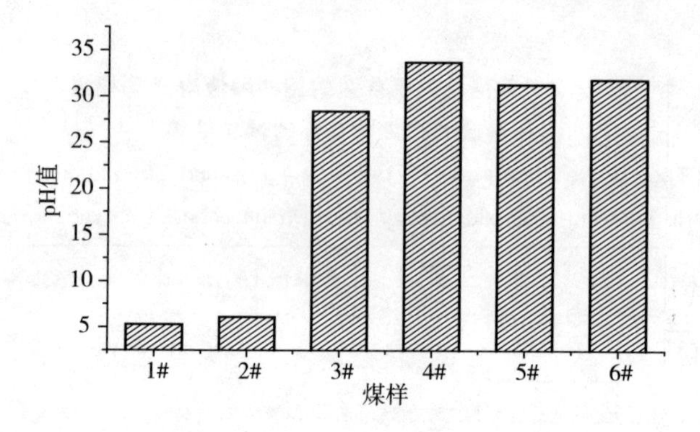

图 7－12　煤炭生物降解转化率

Fig 7－12　Biodegradation of coal conversion

表 7－3　黄孢原毛平革菌的胞外酶液对淮南潘二矿次烟煤的试验结果

Tab 7－3　The results of degradation on subbituminous coal ofHuainan in extracellular enzyme of Phanerochaete chrysosporium

煤　样	1＃	2＃	3＃
初始 pH	5.5	5.5	5.5
培养后 pH	5.5	4.75	4.85
降解转化率 η	3.3	28.71	26.6

注：1＃淮南潘二矿次烟煤空白对照试验；2＃ 黄孢原毛平革菌对淮南潘二矿次烟煤生物降解试验；3＃ 黄孢原毛平革菌的胞外酶液对淮南潘二矿次烟煤生物降解试验。

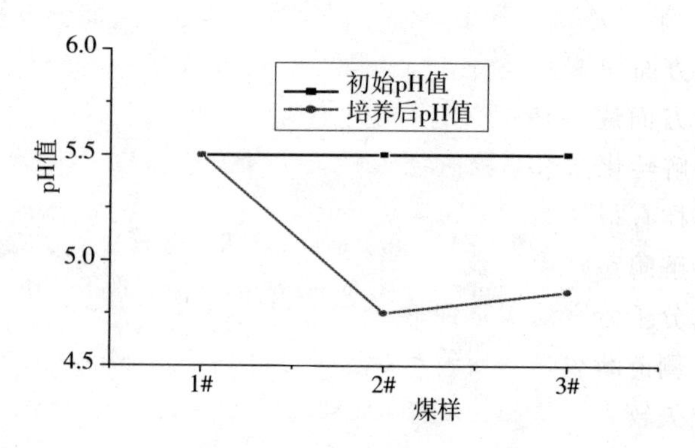

图 7－13　培养前后 pH 值变化

Fig 7－13　The changes in pH values before test and after the test

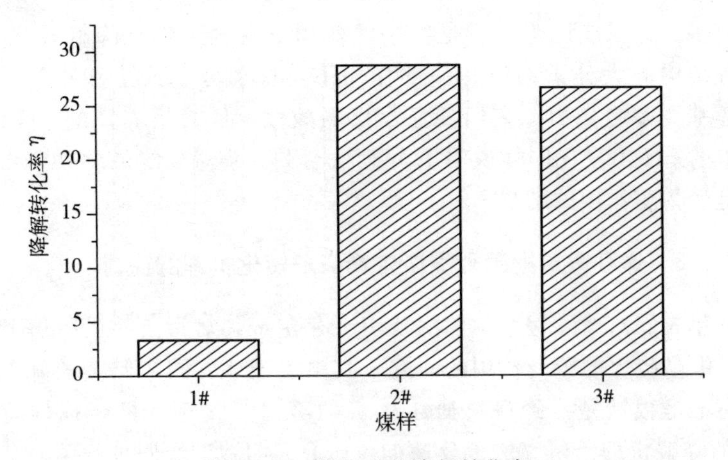

图 7-14 煤炭生物降解转化率

Fig 7-14 Biodegradation of coal conversion

分析以上实验，观察表 7-2、7-3 和图 7-12、图 7-14 发现，这些数据之间有一共同的特点：黄孢原毛平革菌和黄孢原毛平革菌的胞外酶液对煤炭的生物降解转化，无论是义马褐煤、硝酸处理义马褐煤，还是淮南潘二矿次烟煤，其生物降解转化率变化不大，都小于 5%误差以内；同时，实验前后培养基 pH 值变化大，pH 值下降较多。其原因分析如下：

实验过程中煤样失重主要有如下几个方面。第一是黄孢原毛平草菌胞外酶对煤的降解作用，使煤样降解转化为水溶性的物质而失重；第二是经过长期浸泡水化溶解而损失，煤并没有发生降解（当然，溶解是降解的前提）；第三是试验误差和清洗过程中的损失。第二方面损失量并不大，第三方面损失量可由空白试验来确定其大小。煤样的转化主要是由于第一个方面原因造成的，即黄孢原毛平革菌胞外酶对煤的攻击作用，使之降解转化为水溶性的物质而失重，实验说明了黄孢原毛平革菌胞外酶对煤样有很强的生物降解转化作用。黄孢原毛平革菌分泌到胞外的木质素降解酶包括木质素过氧化合物酶、锰过氧化合物酶、漆酶等，对煤样中大分子芳香结构基团进行攻击，使煤样中芳香结构中大分子物质的支链、侧链断裂，变成较小的小分子物质而溶解于水中，使得煤残渣的重量损失较大，从而说明了黄孢原毛平革菌对煤炭的生物降解转化机理是生物酶作用的结果。

从试验中的 pH 值变化来看，实验前后培养基 pH 值变化大，pH 值下降较多。这只能说明煤样是在酶的作用下发生了生物降解转化作用，煤芳香结构的大分子物质在酶的作用下，有部分生成了羧基类、酸羟基、醇基类等混合物，它们都显示出弱酸性，使得培养基的 pH 降低。试验中的 pH 值变化同样说明了黄孢原毛平革菌对煤炭的生物降解转化机理是生物酶作用的结果。

7.3.3 球红假单胞菌对煤炭生物降解转化机理的探讨

以往人们对球红假单胞菌的认识只存在于其对污染物的降解和对煤炭净化中高硫煤的脱硫作用的研究，其中关于球红假单胞菌的降解机理目前还不是很清楚。经过科研工作者的努力，其对有机硫标样化合物 DBT 的降解机理已研究的十分透彻。研究表明：球红假单胞菌对化合物 DBT 的降解机理是生物酶作用的结果，球红假单胞菌的 DszA，B，C 和还原酶能对化合物 DBT 结构中芳香结构进行攻击，使其转化成为小分子可溶解于水的物质。本实验室已故教授王龙贵在实验中已证明了煤炭在生物降解转化中、煤样中硫份有着不同程度的降低，从而证明了球红假单胞菌对煤炭生物降解转化作用的机理是生物酶作用的结果。球红假单胞菌对煤炭生物降解转化起作用的酶如以下所述。

7.3.3.1 球红假单胞菌对二苯并噻吩（DBT）的专一性脱硫机理

在球红假单胞菌脱硫研究中，常把二苯并噻吩（DBT）作为杂环有机硫化物的模型化合物。研究者发展了高效的筛选技术并获得了一些所期望的专一脱硫菌，深入研究后提出“DBT 专一脱硫”途径[194-195]，简称“4S”途径。如图 7-15 所示，在球红假单胞菌脱硫酶催化作用下，DBT 经过 DBT5′—亚砜（DBTO），DBT5′—砜（$DBTO_2$）和 2′—羟基联苯基—2—亚磺酸盐（HBPS），最终被代谢成 2—轻基联苯（2—HBP）。所以在红球菌专一催化脱硫过程中，DBT 只是被作为唯一的硫源而不是碳源，脱硫酶专一性地断裂 C—S 键，生成油溶性的 2—轻基联苯（2—HBP），化合物的碳骨架完好无损，不破坏燃料的热值。

在此之前，微生物对 DBT 的代谢仅限于降解途径[196-197]，对 DBT 脱硫的同时也破坏了碳骨架，导致油品燃烧值降低和回收率下降，不利于工业应用。相比之下，球红假单胞菌催化脱硫的选择性高，不破坏燃料的热值，适于工业化以生产超低硫石油产品。

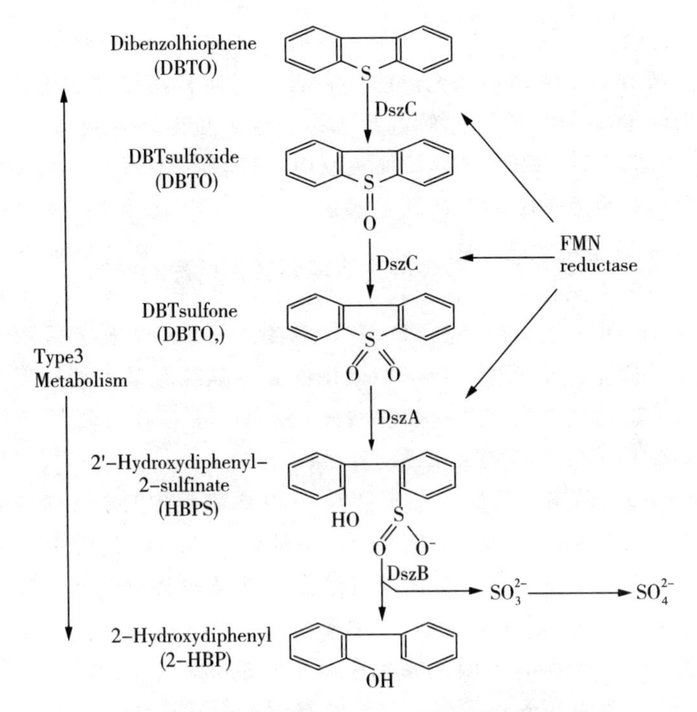

图 7-15　球红假单胞菌对 DBT 脱硫的“4S”途径

Fig 7-15　Sulfur specific pathway for microbial desulfurization of DBT without cleaveage of carbon—carbon bonds

7.3.3.2　红球菌脱硫的四个酶组份

1996 年，Ohshiro 等第一个用 R. erythropolis D—1 进行了 DBT 脱硫酶的研究，发现 NADH 在酶催化脱硫中是很重要的辅因子[198]，在无细胞系统中，黄素辅酶能激活酶[199]。生物脱硫过程需要辅助因子这一发现，改变了 EBC 拟用非活性细胞作为催化剂这一想法，大大促进了生物脱硫研究的发展。Ohshiro 等用 R. erythropolis D—1[200] 和一株 DszC 超量表达的 E. coli 菌[201]，首先纯化 DszC 到均质并对其特征作了具体研究，DszC 参加两步连续的单加氧反应：DBT→DBTO→$DBTO_2$。在纯化过程中 DszC 的活力有所下降，原因是脱除了一种必需的蛋白组分。第二个氧化酶 DszA，它的催化活力也需要黄素还原酶[202]，可以推测 DszA 和 DszC 作为氧化酶，不是直接用 NAD(P)H。

所有参与 DBT 脱硫的这四种酶，DszA，B，C 和还原酶都从 R. erythropolis IGTS8 中纯化得到。它们天然的分子量为：DszA，100

—kDa，二聚体；DszB，40—kDa，单体；DszC，180—kDa，四聚体。分离出的所有 Dsz 蛋白均是无色的，表明不存在紧密伴随的生色团。研究结果表明 Dszc 参于两步连续的单加氧反应：DBT→DBTO→$DBTO_2$；DszA 参与 $DBTO_2$→HBPS 的单加氧反应；DszB 被认为与 DszA 共同作用，催化终产物 2—HBP 和硫酸盐的形成。定量研究 IGTS8 的无细胞提取物的酶脱硫过程发现，在一定程度上积累的唯一中间产物是 HBPS，未检测到稳定中间物，DszA 的反应速率比 DszC 高 5—6 倍。因此催化过程中没有 $DBTO_2$ 的积累；DszB 能催化 HBPS 脱磺酸根形成 2—HBP，此反应是三步酶催化反应中最慢的，被认为是整个脱硫反应中的控制步骤，迄今还未发现其他酶能催化这一反应。

7.3.3.3 Dsz 单加氧酶体系的特点

Dsz 单加氧酶与一般的单加氧酶有一些差别。首先，一般的氧化酶都伴随着一个紧密结合的黄素辅因子，它能被 NADH 或 NADPH 还原；然而纯化的 DszA 和 DszC 没有紧密结合的黄素辅因子，因为在 300—700nm 之间没有吸收峰。第二，单加氧酶体系（包括氧化酶，电子转运蛋白和还原酶）的所有基因都簇生在微生物的质粒上，相反，Dsz 基因簇的克隆没有涉及黄素还原酶，基本的基因分析表明编码黄素还原酶的基因不在 Dsz 基因簇周围。第三，Dsz 氧化酶用黄素还原酶来提供自由的 $FMNH_2$，可能因此而形成一组新的单加氧酶，无论从理论研究上还是从实用角度出发，都很有意义。

7.3.3.4 球红假单胞菌对煤炭生物降解转化机理的探讨

目前，球红假单胞菌对煤炭生物降解转化机理的探讨仅停留在其分泌的 DszA，B，C 和还原酶能对化合物 DBT 结构中 C—S 键具有攻击作用，使煤炭（煤炭脱硫标样化合物 DBT）转化成为小分子可溶解于水的物质和脱出硫份的层面上。我们知道煤炭的结构是十分复杂的，而煤炭的生物降解转化过程同样是个十分复杂的生理生化过程，所以球红假单胞菌对煤炭的生物降解转化同样值得以后进一步探讨研究，如其分泌的 DszA，B，C 和还原酶之间的相互关系及其对煤炭结构中其他键型是否存在如同 C—S 一样的攻击作用，是否具有如同对 DBT 脱硫作用一样的既打开结构，又不破坏燃料的热值的特殊特性。

7.3.4 球红假单胞菌、黄孢原毛平革菌的跨界融合子对煤炭生物降解转化机理的探讨

球红假单胞菌、黄孢原毛平革菌的跨界融合子菌胞外酶液的制备和试验流程图如7.3.2中黄孢原毛平革菌对煤炭生物降解转化机理的探讨研究一样，采用培养5d的球红假单胞菌、黄孢原毛平革菌的跨界融合子菌胞外酶液对硝酸处理义马褐煤进行5d的生物降解转化，对义马褐煤采用培养5d的球红假单胞菌、黄孢原毛平革菌的跨界融合子菌胞外酶液对义马褐煤进行7d的生物降解转化，结果如表7-4、图7-16和图7-17所示。

表7-4 球红假单胞菌、黄孢原毛平革菌的跨界融合子菌胞外酶液对义马褐煤和硝酸处理义马褐煤试验结果

Tab 7-4 The results of degradation on Yima lignite and Yima lignite pretreated by nitric acid in extracellular enzyme of protoplast fusants for Phanerochaete chrysosporium and R. s

煤 样	1#	2#	3#	4#	5#	6#
初始pH	5.5	5.5	5.5	5.5	5.5	5.5
培养后pH	4.5	5.5	4.5	4.65	4.55	4.75
降解转化率η	5.3	6.1	83.14	79.83	68.07	68.22

注：1#硝酸处理义马褐煤空白对照试验；2#义马褐煤空白对照试验；3#球红假单胞菌、黄孢原毛平革菌的跨界融合子对硝酸处理义马褐煤生物降解试验；4#球红假单胞菌、黄孢原毛平革菌的跨界融合子菌胞外酶液对硝酸处理义马褐煤生物降解试验；5#球红假单胞菌、黄孢原毛平革菌的跨界融合子对义马褐煤生物降解试验；6#球红假单胞菌、黄孢原毛平革菌的跨界融合子菌胞外酶液对义马褐煤生物降解试验。

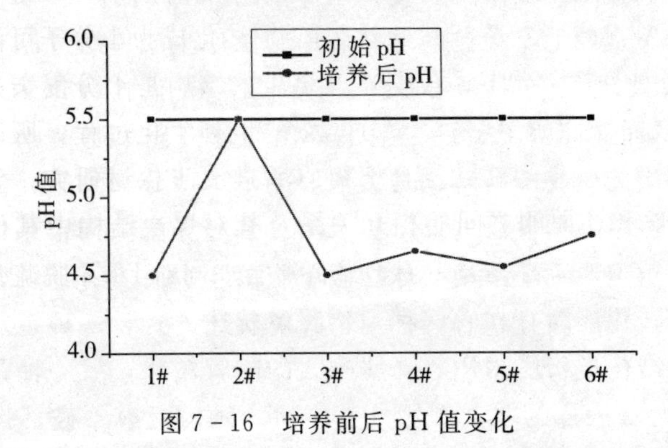

图7-16 培养前后pH值变化

Fig 7-16 The changes in pH values before test and after the test

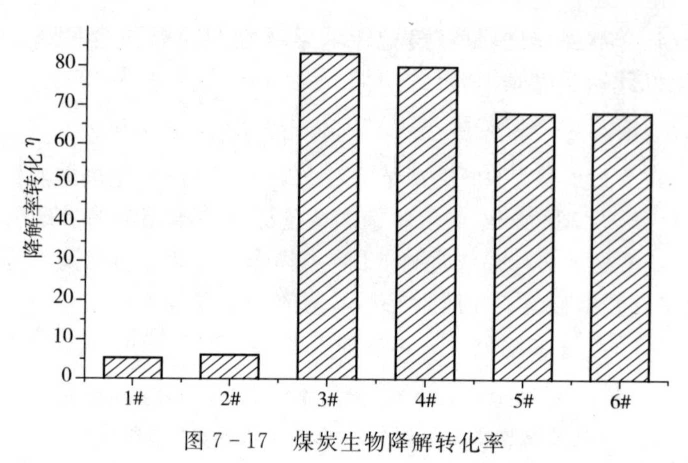

图 7-17　煤炭生物降解转化率

Fig 7-17　Biodegradation of coal conversion

从表 7-4、图 7-16 和图 7-17 我们可以看出，在相同条件下黄孢原毛平革菌与球红假单胞菌原生质体跨界融合子及跨界融合子菌胞外酶液生物降解转化硝酸处理义马褐煤和义马褐煤分别为 83.14% 和 79.83%、68.07%和 68.22%，其生物降解转化率都小于 5%误差以内；从而说明了对煤炭的生物降解转化机理是生物酶作用的结果。

如同黄孢原毛平革菌分泌到胞外的木质素降解酶对煤炭的生物降解转化一样，试验前后培养基 pH 值变化大，pH 值下降较多，从而说明了黄孢原毛平革菌与球红假单胞菌原生质体跨界融合子菌胞外酶液对煤炭的生物降解转化机理是生物酶作用的结果。综上所述，煤芳香结构的大分子物质在酶的作用下，有部分生成了羧基类、酸羟基、醇基类等混合物，它们都显示出弱酸性，使得培养基的 pH 降低。

又因为黄孢原毛平革菌与球红假单胞菌原生质体跨界融合子菌胞外酶液对硝酸处理义马褐煤和义马褐煤的生物降解转化为 79.83% 和 68.22%，从而又证明了黄孢原毛平革菌与球红假单胞菌原生质体跨界融合子对煤炭的生物降解转化是黄孢原毛平革菌分泌到胞外的木质素降解酶和球红假单胞菌分泌的 DszA，B，C 和还原酶共同作用的结果，由此又说明了黄孢原毛平革菌与球红假单胞菌原生质体跨界融合子对煤炭的生物降解转化同时存在着两种生物降解转化方式，一种是对煤炭结构中类木质素结构进行的木质素降解酶式的降解转化，另一种是对煤炭结构中如同 C—S 一样的攻击作用，其中后一种因具有不破坏燃料的热值的特殊特性而更具有优势。总之，试验达到了预期设想，黄孢原毛平革菌与球红假单胞菌原生质体跨界融合子具有能同时分泌两套酶的特殊功能，但是在深层次上是因为这两套酶都具有打开芳环类物质的能力，或者说在某种程度上这两套酶系统对煤炭的生物降解转化是简单的功能叠加，还是具有交互作用使得生物降解转化能力倍增，这是很值得今后进一步研究探索的课题。

8 结 论

一、煤炭的生物降解转化——绿色煤炭技术

绿色煤炭技术是一种生物技术和矿物加工以及煤化工技术相结合的跨学科、跨专业的生物工程创新研究，是进行多学科技术的融合和整合，是煤炭的“绿色”洁净转化技术之路，意义十分重大。煤炭的生物降解转化开辟了一条实现煤炭工业可持续发展的新道路，这在当前全球能源危机和环境保护问题日益紧迫的形式下，对维护全球的健康发展有着重要贡献和深远意义。

煤炭的生物降解转化利用与传统的工业转化方法相比，具有能耗低、转化条件温和和绿色环保等优越性，日益受到人们的重视和关注，研究正方兴未艾，是突破瓶颈、解决矛盾、实施中国洁净煤战略的必由之路。

本书研究的内容是煤炭的生物降解转化——绿色煤炭技术。基于我国是储量、生产和使用煤炭的“超级大国”，如何高效清洁的使用煤炭是我国长期面临的课题。故煤炭的生物降解转化——绿色煤炭技术，是一项前瞻性的基础研究课题。

二、煤炭生物降解转化菌种的选择、改良和创造及其煤炭生物降解转化研究方面

煤炭生物降解转化的核心技术是煤炭生物降解转化菌种的选择及其在此基础上的改良和利用现代基因技术进行的菌种创造，本书采用一些我们前期已经研究和被证实具有一定煤炭生物转化效果的球红假单胞菌和美国系 BKM - F - 1767 黄孢原毛平革菌进行煤炭生物降解转化实验，并对菌种进行改良和细胞融合、基因重组方面的尝试，力求从根本上改造煤炭的转化菌种，获得煤炭降解转化的高效工程菌，力争尽快实现煤炭生物降解转化的产业化。本书研究取得的结论如下：

1. 美国系 BKM－F－1767 黄孢原毛平革菌及其改良菌种进行煤炭生物降解转化实验

(1) 对煤炭生物降解转化影响的顺序为：煤样粒度＞菌液用量＞降解时间。在煤样粒度－0.2mm、菌液用量 20mL/100mL、降解时间 14d 的最优工艺条件下，其对义马褐煤、硝酸处理义马褐煤、淮南潘二矿次烟煤、山西晋城白煤的生物降解转化分别达到 31.84％、32.55％、28.71％和 28.2％。

(2) 黄孢原毛平革菌经紫外诱变辐射改良育种，在致死率 58.8％的情况下，此时义马褐煤及硝酸处理义马褐煤和淮南潘二矿次烟煤的生物溶解转化率分别达到 37.6％、51.62％和 54.59％；在致死率 71.2％的情况下，山西晋城白煤的生物降解转化率达 38.61％；诱变后的孢子萌发时间提前，菌球直径变小但数量增多。

(3) 黄孢原毛平革菌经微波诱变辐射改良育种，在致死率达 98.96％的情况下，煤炭生物降解转化效果最好，对义马褐煤及硝酸处理义马褐煤的降解率分别达到 64.71％和 46.47％，这与传统理论相符；本实验效果好于 2001 年 Gokcay 用黄孢原毛平革菌对 Elbistan 褐煤降解率为 60％的结果。另外，对淮南潘二矿次烟煤和山西晋城白煤的生物降解转化率分别达到 38.61％和 54.59％；诱变后的孢子萌发时间提前，菌球直径变小但数量极速增多。

2. 球红假单胞菌及其改良菌种进行煤炭生物降解转化实验

(1) 对煤炭生物降解转化影响的顺序为：煤样粒度＞煤浆浓度＞降解时间＞菌液用量。在煤样粒度－0.2mm、菌液用量 10mL/100mL、煤浆浓度 0.3g/50mL 和降解时间 14d 的最优工艺条件下，其对义马褐煤、硝酸处理义马褐煤、淮南潘二矿次烟煤、山西晋城白煤的生物降解转化分别达到 7.82％、78.05％、10.41％和 21.23％。

(2) 球红假单胞菌经紫外诱变辐射改良育种，对义马褐煤、硝酸处理义马褐煤、淮南潘二矿次烟煤和山西晋城白煤的最大生物降解转化率分别达到 41.31％、80.29％、14％和 38.32％，煤炭最大生物降解转化率并非完全同最大细菌辐射致死率相对应。

(3) 球红假单胞菌经微波诱变辐射改良育种，对义马褐煤、硝酸处理义马褐煤、淮南潘二矿次烟煤和山西晋城白煤的最大生物降解转化率分别达到 35.31％、79.68％、15％和 37.45％。如同细菌的紫外诱变辐射改良育种，煤炭最大生物降解转化率并非完全同最大细菌辐射致死率相对应。

3. 球红假单胞菌原生质体的制备与再生、诱变育种及其用于煤炭降解转化实验研究

（1）研究结果表明，影响球红假单胞菌原生质体形成率的因素顺序为：蔗糖浓度＞溶菌酶浓度＞EDTA浓度＞作用时间；影响球红假单胞菌原生质体再生率的因素顺序为：蔗糖浓度＞溶菌酶浓度＞EDTA浓度＞作用时间。球红假单胞菌原生质体的最优条件为：蔗糖浓度20%，溶菌酶浓度0.5mg/mL，EDTA浓度0.2%，反应时间40min，此时球红假单胞菌原生质体形成率为76.6%，再生率为9.8%。

（2）球红假单胞菌原生质体经紫外诱变辐射改良育种，在原生质体的死亡率达到91.5%时，球红假单胞菌对义马褐煤的降解转化率最大，为46.32%；在原生质体的死亡率达到95.6%时，球红假单胞菌对硝酸处理义马褐煤和淮南潘二矿次烟煤的生物降解转化率为82.65%和18%；在原生质体的死亡率达到88.2%时，对山西晋城白煤的生物降解转化率达41.62%。

（3）球红假单胞菌原生质体经微波诱变辐射改良育种，在原生质体的死亡率达到67.32%时，球红假单胞菌对义马褐煤、淮南潘二矿次烟煤和山西晋城白煤的降解转化率最大，为38.68%、18.33%和38.56%；在原生质体的死亡率达到85.2%时，球红假单胞菌对硝酸处理义马褐煤的生物降解转化率达80.65%。

4. 黄孢原毛平革菌原生质体的制备与再生、诱变育种及其用于煤炭降解转化实验研究

（1）研究结果表明，黄孢原毛平革菌萌发的分生孢子是制备原生质体的理想材料，在其最优原生质体制备与再生条件下，原生质体形成率为85%，黄孢原毛平革菌原生质体的再生率为9%。

（2）黄孢原毛平革菌原生质体经紫外诱变辐射改良育种，在原生质体的死亡率达到96.5%时，黄孢原毛平革菌对义马褐煤、硝酸处理义马褐煤和淮南潘二矿次烟煤的降解转化率最大，为42.6%、60.16%和60.2%；在原生质体的死亡率达到88.2%时，黄孢原毛平革菌对山西晋城白煤的生物降解转化率达40.55%。实验中没有出现同黄孢原毛平革菌的紫外诱变育种一样的真菌形状的变化。

（3）黄孢原毛平革菌原生质体经微波诱变辐射改良育种，在原生质体的死亡率达到88.2%时，黄孢原毛平革菌对义马褐煤、硝酸处理义马

褐煤、淮南潘二矿次烟煤和山西晋城白煤的降解转化率最大，为66.15%、55.4%、42.62%和51.13%。

5. 球红假单胞菌、黄孢原毛平革菌的跨界融合及其煤炭降解转化实验研究

（1）采用加入适量浓度的Pc和Nt制成的选择培养基是能够筛选出球红假单胞菌、黄孢原毛平革菌的跨界融合子的技术关键。

（2）研究表明，影响球红假单胞菌与黄孢原毛平革菌双亲原生质体融合率的因素顺序为：钙离子浓度>温度>PEG浓度>作用时间。双亲的最佳融合条件为Ca^{2+}浓度50m mol/L，PEG浓度30%，温度30℃，融合时间10min，此时球红假单胞菌与黄孢原毛平革菌原生质体融合率为6.8×10^{-6}。

（3）对球红假单胞菌与黄孢原毛平革菌原生质体跨界融合子对煤炭降解转化采用单因素实验研究，结果表明：跨界融合子生物降解转化硝酸处理义马褐煤在降解转化时间为5d时达到最大，（加盐酸沉淀）生物降解转化率和（煤沉淀）生物降解转化率分别达到72.61%和84.47%，融合子生物降解转化义马褐煤在降解转化时间为7d时达到最大，为52.28%；跨界融合子生物降解转化硝酸处理义马褐煤在菌液用量为15ml时达到最大，（加盐酸沉淀）生物降解转化率和（煤沉淀）生物降解转化率分别达到137.74%和83.14%。融合子生物降解转化义马褐煤在菌液用量为10ml时达到最大，（加盐酸沉淀）生物降解转化率和（煤沉淀）生物降解转化率分别达到83.24%和68.07%。

三、煤炭生物降解转化产物的特征、产物的XRD、MS、FTIR和热分析研究方面

（1）煤炭生物降解转化产物是一种油状的水溶性物质，极易溶于水，微溶于甲醇和乙醇溶剂。

（2）从煤结构和煤的生物降解转化产物参数La、Lc、d_{002}的对比可知，微晶层片直径、层片堆砌高度及层间距都有一定规律的变化，升高或降低；煤经生物降解转化作用后，晶片尺寸、芳香聚合度发生了一定程度的减小和降低。

（3）对煤样和煤的生物降解转化产物的MS图谱分析对比发现：原煤经抽提出的高分子有机物是一复杂的化合物，以大分子为主、小分子量物质比例较少，原煤的抽提物最高分子量大约在4万u；经菌株作用

后，其水溶性降解物质也是一复杂化合物的混合物，小分子量类物质为主，大分子所占比例较小，最高分子量在 2 万 u 以下。总之，煤经过生物降解转化作用后，煤的结构发生了很大程度的降解转化，分子量整体下移，转变为以低分子量类物质为主。

（4）次烟煤比褐煤难以被生物降解转化，在相同的条件下，降解产物的分子量也比褐煤降解产物的分子量大。煤样经生物降解转化作用后，其芳香烃结构发生了降解，环数降低。对于褐煤，其芳环降解较大，次烟煤降解幅度相对于褐煤较小。

（5）根据 TG－DTA 分析，褐煤降解前后物质的热性质发生了变化，降解前的硝酸处理煤样与沉淀物的总失重率发生了变化，后者高于前者，且沉淀物热分解时间比较长；从 DTA 得到降解后的沉淀物与降解前的硝酸处理煤在热分解过程中发生的反应也不同，沉淀物含有多个放热峰和多个吸热峰，反应比较复杂。

四、煤炭的生物降解转化机理研究方面

（1）黄孢原毛平革菌对煤炭生物降解转化机理的实验探讨研究表明：黄孢原毛平革菌和黄孢原毛平革菌的胞外酶液对煤炭的生物降解转化，无论是义马褐煤、硝酸处理义马褐煤还是淮南潘二矿次烟煤，其生物降解转化率变化不大，都小于 5％误差以内；同时，实验前后培养基 pH 值变化大，pH 值下降较多，符合煤炭的生物酶降解转化机理原则。

（2）目前，球红假单胞菌对煤炭生物降解转化机理还停留在其分泌的 DszA，B，C 和还原酶能对化合物 DBT 结构中 C—S 键进行选择性攻击，使煤炭（DBT）转化成为小分子可溶解于水的物质和脱出硫份的层面上。由于煤炭结构的复杂性和煤炭的生物降解转化复杂的生理生化过程，所以球红假单胞菌对煤炭的生物降解转化同样值得以后进一步探讨研究。

（3）球红假单胞菌、黄孢原毛平革菌的跨界融合子对煤炭生物降解转化机理的实验探讨研究表明：在相同条件下，黄孢原毛平革菌与球红假单胞菌原生质体跨界融合子及两菌跨界融合子菌胞外酶液生物降解转化硝酸处理义马褐煤和义马褐煤的结果小于 5％误差以内；同样，实验前后培养基 pH 值变化大，pH 值下降较多。对硝酸处理义马褐煤和义马褐煤超高的生物降解转化率，说明了对煤炭的生物降解转化机理是两种生物酶共同作用的结果。

五、展望

发展煤炭的生物降解转化绿色技术，使煤炭高效清洁的利用和转化生产高附加值的化工品或燃料，是一项具有深远意义的研究课题，对人类的生存具有重大的贡献意义，其前景十分广大。今后的主要研究工作应在以下方面进行：

（1）在菌种的选择与培育上：选择能高效降解低变质程度煤的天然菌种和采用质粒育种、基因工程等手段来培育、改造和创造菌种，使煤炭转化成油类燃料或使得降解产物为单一或接近单一的化合物，如甲烷、甲醇和乙醇等洁净燃料。

（2）由于读博时间上的局限和条件上的限制，本书未就利用基因工程新构建的物种（球红假单胞菌和黄孢原毛平革菌的跨界融合子菌）进行生物安全性、动力学、生物生化特征和应用机理等方面进行更深层次上的研究，同时也未就新物种应用范围进行拓展，本人将在今后的日子里继续进行研究，不断充实、完善和提高该项研究，达到一个新的高度。

（3）鉴于煤炭生物降解转化研究的重要价值，在今后的研究中应进一步加强煤炭生物降解转化的机理和动力学的研究，争取在理论的本源上取得质的突破，使煤炭生物降解转化更上一个台阶，为该研究的工业化奠定一个开端。

（4）降解产物的特性研究上：产物组成、成分、物理化学性质的进一步分析与测定方面，对各种菌种转化降解煤炭机理和降解规律的掌握十分重要。

（5）降解产物的分离、提取及利用上：能从降解过程中提炼、抽提出高附加值的化工原料及其他类物质，开展多领域、多用途有经济价值的利用研究。

[1] 陈清如．发展洁净煤技术 推动节能减排 [J]．中国高校科技与产业化，2008 (03)：65～67.

[2] 陈文敏，李文华，等．洁净煤技术基础 [M]．北京：煤炭工业出版社，1996.

[3] 王龙贵，张明旭，欧泽深．生物技术在煤炭加工处理中应用 [J]．煤质技术，2004，4 (2)：61～63.

[4] 武丽敏．微生物降解褐煤的研究 [J]．煤炭加工与综合利用. 1995 (1)：26～28.

[5] 戴和武，谢可玉．褐煤利用技术 [M]．北京：煤炭工业出版社，1999.

[6] 郑平．煤炭腐植酸的生产和应用 [M]．北京：化学工业出版社，1991.

[7] 舒歌平，等．煤炭液化技术 [M]．北京：煤炭工业出版社，2003.

[8] 魏贤勇，宗志敏，等．煤液化化学 [M]．北京：科学出版社，2002.

[9] 崔之栋，李嘉珞．煤炭液化 [M]．大连：大连理工大学出版社，1993.

[10] 王龙贵，张明旭，欧泽深，沈国娟．煤炭微生物转化技术研究状况与前景分析 [J]．洁净煤技术，2006，12 (3)：62～66.

[11] 王龙贵，张明旭，欧泽深，等．生物技术在煤炭加工处理中的应用 [J]．煤质技术，2004. 2～3.

［12］Shinn J H. From Coal to Single-Stage and Two-Stage Products：A reactive Model of Coal Structure ［J］. Fuel，1984，63（9）：1187～1196.

［13］贺永德．现代煤化工技术手册［M］．北京：化学工业出版社，2004.

［14］张明旭，王龙贵，沈国娟，欧泽深．煤炭的生物转化技术研究［C］. 2005 年全国选煤学术会议．

［15］Zhang Mingxu. Biosurface modification in the seperation of Chinese High Chinese Sulphur Coal by froth flotation ［C］. 20th Annual International Pittsburgh Coal Conference，Pittsburgh，USA，September 24～27，2003.

［16］王东方，王秋颖，闫菲，等．液固 DBD 等离子体煤液化研究［A］．中国工程热物理学会燃烧学学术会议论文集［C］．天津：中国工程热物理学会，2007：956～959.

［17］Kamei O，Onoe K，Marushima W，et al. Brown Coal Conversion by Microwave Plasma Reactions under Successive Supply of Methane ［J］. Fuel，1998，77（13）：1503～1506.

［18］Simsek E H，Karaduman A，Olcay A. Liquefaction of Turkish Coals in Tetralin with Microwaves ［J］. Fuel Processing Technology，2001，73（2）：111～125.

［19］王桃霞，丁明洁，张佳伟，等．微波辐射下神府煤的催化加氢［J］．化工进展，2006，25（10）：1204～1207.

［20］Amestica L A，WolfE E. Catalytic liquefaction of Coal with SupercriticalWater/CO/solventmedia ［J］. Fuel，1986，65（9）：1226～1232.

［21］王秋颖，王东方，顾璠，等．煤液化技术研究新进展［J］．能源研究与利用，2008，12（3）：30～35.

［22］吴边华，颜星月．煤液化在中国［J］．今日科苑，2008，35（14）：37～38.

［23］Fakoussa R M. coal a Substrate for Microorganism：Investigarion with Microbial Conversion of National Coal ［D］. Bonn：Friedrich Wilhelms University，1981.

［24］Cohen M S. Gabriele P D. Degradation of coal by the fungi Polyporous Versicolor and Poria placenta ［J］. Applied and Environmental

Microbial. 1982，44（1）：23～27.

［25］ Scott C D. strandberg G W，Lewis S N. Microbial Solubilization of Coal［J］. Biotechnology Progress 1986，2（3）：131～139.

［26］ Bean R M . Microbial conversion of coal. Washington：EPRI，1989.

［27］ Faison B D，Woodward C A，Bean R M. Microbial Solubilization of a Preoxidized Subbituminous Coal：product charaterization［J］. Applied biochemistry and Biotechnology，1990，24：831～841.

[28] Polmna J K，Berekede C R，Stoner D L，et al. Biologieally Derived Value-added Porduets from Coal [J]. Apple Biotechnol，1995，54（1－3）：249～255.

[29] Cactheaide D E A，Ralph J R. Biological poreessing of coal [J]. Appl Microbiol Bioteehnol，1999，52（1）：16～24.

[30] Narayan，R，Nancy，W. Y. Ho，priprent of papers presented (the 196th ACS National Meeting Divition Fuel Chemistry，33，4，(1988).

[31] 张明旭，王龙贵，沈国娟，欧泽深. 煤炭生物转化技术研究及其进展 [J]. 安徽理工大学学报，2005，25（4），64～68.

[32] 张明旭，王龙贵，沈国娟，欧泽深. 煤炭的生物转化技术研究 [C]. 2006年全国选煤学术会议.

[33] Anna Juszezak，et al. Microbial Desulfurization of Coal with Thiobacillus ferrooxidans bacteria［J］. Fuel，1995，74（5）：725～728.

[34] 张明旭，李庆，王勇，唐军. 皖南高硫煤微生物—浮选法脱硫的研究 [J]. 煤炭学报，2001，26（6），434～438.

[35] 张明旭. 中国西南高硫煤的微生物新菌种的表面改性、浮选脱硫研究 [C]. 第十届全国煤炭分选及加工学术研讨会，2004.12 中国徐州.

[36] 张明旭. 草分技杆菌选择性絮凝脱除煤中黄铁矿的研究 [J]，中国科技论文在线，2004，(3).

[37] Kitae Baek，et al. Microbial desulfurization of solubilized coal

[J] . Biotechnology Letters，2002，24：401～405.

[38] 王龙贵，张明旭，欧泽深，沈国娟 . 煤炭生物转化研究 [J] . 中国煤炭，2006，32 (1)：54～55.

[39] 任雁秋 . 煤的微生物脱硫的实验研究 [M] . 北京：冶金工业出版社，1997.

[40] 虞继舜，煤化学 [M] . 北京：冶金工业出版社，2000.

[41] J. Klein，F. Pfeifer，F. Pfeifer，Lewis S N，et al. Environmental aspects of bioconversion processes [J] . Fuel ProcessingTechnology. 1997，52 (2)：17～25.

[42] 蒋挺大 . 木质素 [M] . 北京：化学工业出版社，2001.

[43] 石碧，狄莹 . 植物多酚 [M] . 北京：科学出版社，2000.

[44] 李慧蓉 . 白腐真菌生物学和生物技术 [M] . 北京：化学工业出版社，2005.

[45] 张明旭，欧泽深，王龙贵 . 几种木质素降解菌的筛选及其协同作用降解煤炭的研究 [J] . 煤炭学报，2007，32 (6)：634～638.

[46] 周申范，唐婉莹 . 白腐真菌及其在有机废水中的应用与研究 [J] . 重庆环境科学，1982，20 (6)：22～25.

[47] 李清彪，吴娟，等 . 白腐真菌菌丝球形成的物化条件及对铅的吸附 [J] . 环境科学方法 . 1999，20 (1)：33～39.

[48] 中野隼三 . 木质素的化学——基础与应用 [M] . 高洁泽 . 北京：轻工业出版社，1988.

[49] 贺延龄，陈爱侠 . 环境微生物学 [M] . 北京：轻工业出版社，2001.

[50] 徐虹，章军，等 . PAHs 降解菌的分离、鉴定及降解能力测定 [J] . 海洋环境科学，2004，23 (3)：61～64.

[51] 邱俊珊，张杰，等 . 不同石油污染区微生物修复技术研究 [J]. 微生物学杂志，2003，23 (3)：24～26.

[52] 韩如晻，闵航，等 . 石油降解细菌的表型特性和系统发育分析 [J] . 生物多样性，2002，10 (2)：202～207.

[53] Faison. B. D，lewis. B. D. Production of Coal-solubilizing Activity by Paeci-lomyces Sp. During Submerged Growth in Defined Liquid Medium，Applied Bio-chemistry and Biotechnology，1989，20/21，743～752.

[54] Couch G R. Recent progress in coal bioprocessing research

inEurope [J] . Resources Conservation and Recycling [J] .1988, 1 (3): 207～221.

[55] Kafman E N. Scott C D, Woodward C A, et al. Comparison of batchstirred and electrospray reactors for biodesulfurization of dibenzothiophene in crude oil and hydrocarbon feedstocks [J] . Applied Biochemistry and Biotechnology, 1995, 54, 233～247.

[56] Kitamura k, Ohmura N, Hiroshi S. Bioprocessing of coal: microbial hydrogenation of coal and effect of liquefaction [J] . Applied Biochemistry and Biotechnology. 1993, 38: 1～13.

[57] Ackerson M D, Johnson N L, LE M, et al. Biosolubilization and liquid fuel production from coal [J] . Applied Biochemistry and Biotechnology, 1990, 24/25 (1): 913～927.

[58] Ralph J P, Catcheside D E A. Decolourisation and Depolymerisation of Solubilised Low-rank Coal by the White-rot Basidiomycet Phanerochaete Chysosporium [J] . Appled Microbiol Biotechnology, 1994, 42: 536～543.

[59] Ralph J P, Catcheside D E A. Extracellular Oxidases and the Transformation of Solutilised Low-rand Coal by Wood-rot Fungi [J]. Appled Microbiol Biotechnology, 1996, 46: 226～232.

[60] Ralph J P, Catcheside D E Involvement of Manganese Peroxidase in Transformation by Phanerochaete Chysosporium [J]. Appled Microbiol Biotechnology, 1998, 49: 778～784.

[61] Ralph J P, Catcheside D E A. Transformation of Macromolecules from Coal by Lignin Peroxsidase [J] . Apple Microbiol Biotechnol, 1999, 52: 70～77.

[62] Ralph J P, Catcheside D E A. Recovery ans Analysis of Solubilised Brown Coal from Cultures of Wood-rot Fungi [J] . Journal of Microbiological Methods. 1996, 27: 1～11.

[63] 柳丽芬，阳卫军，成莹，等．鹤岗风化煤的微生物降解研究 [J]．大连理工大学学报．1996，36 (4)：443～444.

[64] Scott. C. A, Woodward. J. E, Thompson. S. L. Blankinship. Coal solubilization by enhanced enzyme activity in organic solvents [J]. Applied Biochemistry Biotechnology. 1990, 24 (3): 799～815.

[65] Ward, B. Quantitative measurements of coal solubilization by fungi [J] . Biotech Techniques, 1993, 7 (3): 213～216.

[66] 王龙贵，张明旭，欧泽深，沈国娟．白腐真菌对煤炭的降解转化试验 [J] ．煤炭学报，2006，31 (2)，241～244.

[67] Rajinder K. Gupta1, Lee A. Deobald1 and Don L. Crawford1. Biological-chemical treatment of soils contaminated with exploration and production wastes [J] . Applied biochemistry and Biotechnology, 1998, 70/72 (1): 709～718.

[68] Gupta R K, Deobald L A, Crawford D L. Depolymerization and chemical modification of lignite coal by Pseudomonas cepacia strain DLC-07 [J] . Appl Biochem Biotechnol, 1990, 24/25: 899～911.

[69] Moolick T T, Linden J C, Karim M N. Biosolubilization of Lignit [J] . Appl Biochem Biotechnol, 1989, 20/21: 731～735.

[70] Quigley D R, Ward B, Crawford D L, et al. Evidence That Microbially Produced Alkaline Materias Are Involved in Coal Biosolubilization [J] . Appl Biochem Biotechnol, 1989, 20/21: 753～763.

[71] Strandberg G W, Lewis S N. Te Solubilization of Coal by an Extracellular Product from Streptomyces Setonii 75VI2 [J] . Ind Microbiol, 1987, 1 (6): 371～375.

[72] Dr Pyne J W, Stewart D L, et al. Solubilization of Leonardite by an Extracellular Fraction from Coriolus versicolor [J] . Applied Environmental Microbiology, 1987, 53 (12): 2844～2848.

[73] Reiss J. Influence of different sugars on the metabolism of the tea fungus [J] . Applied Biochemistry and Biotechnology, 1992, 28/29: 341～351.

[74] Strandberg, G. W. , Lewis, S. N. Factors affecting coal solubilization by the bacterium steptomyces setonii75viz and by alkaline buffers, Applied biochemistry and Biotechnology, 1988, 18: 355～361.

[75] Scott C D, Lewis S N. Biological Solubilization of Coal Using Both in Vivo and in Vitro Processes [J] . Applied Biochemistry and Biotechnology, 1988, 18: 403～412.

[76] Wondrack L, Szanto M, Wood W A. Peroxidase-catalyzed Depolymerization of Water Soluble Polymer Derived from Subbituminous Coal and Lignite [J] . Appl Biochem Biotechnol, 1989, 20/21: 765～780.

[77] Ward B. Quantitative measurements of coal solubilization by fungi [J] . Appl Biochem Biotechnol, 1993, 7 (3): 213～216.

[78] Stewart D L, Bean R M, et al . Microbial Conversions of Low Rank Coals [J] . nature biotech nology, 1991, 9: 951～956.

[79] Narayan R, Nancy W Y. Objectives of Coal Bioprocessing and Approaches [C] . Preprints of Papers at the 196th ACS National Meeting Division of Fuel Chemistry. 1988, 33 (4): 487～495.

[80] Faison B D. Lewis S N. Prcduction of coal-solubilizing activity by paecilomyces sp. During submerged growth in defined liquid media [J] . Appl Biochem Biotechno, 1989, 20/21: 743～75.

[81] Cohen M S, Bowers W C, Aronson H, et al. solation and I-dentification of the Coal-solubilizing Agent Produced by Trametes Versicolor [J] . Appl Environ Microbiol, 1987, 53: 2840～2843.

[82] Wondrack L, Szanto M, et al. Lignin Peroxidase-catalyzed Depolymerization of Water Soluble Polymer Derived from Subbituminous Coal and Lignite [C] . Preprints of Papers at the 196th ACS National Meeting Division of Fuel Chemistry. 1988, 33 (4): 652～656.

[83] Cohen, M. S. et al, Degradation of Coal by the Fungi Polyporous versicolor and Poria placenta [C] . Priprent of papers presented the 196th ACS National Meeting Divition Fuel Chemistry, 1988, 33 (4): 530～539.

[84] Catcheside, D. E. A. , et al. , Priprent of papers presented the 196th ACS National Meeting Divition Fuel Chemistry, 1988, 33 (4): 597～602.

[85] Davison. B. H, Nicklaus. D. M, et al. Utilization of Microbially Solubilized Coal: Preliminary Studies on Anaerbic Conversion [J]. Applied Biochemistry and Biotechnology, 1989, Vol. 25/25, 447～456.

[86] Faison B D, Scott C D, et al. Biosolubilization of Coal

inAqueous and Non-aqueous Media [C] . Preprints of Papers at the 196th ACS National Meeting Division of Fuel Chemistry. 1988，33 (4)：540～547.

[87] Quigley D R. et al. Proceedings of the Biological Treatmint of Coal Workwshop [J] . Conservation and Recycling，1987，151～164.

[88] Strandberg，G. W. ，Lewis，S. N. Factors affecting coal solubilization by the bacterium steptomyces setonii75viz and by alkaline buffers [J] . Applied biochemistry and Biotechnology，1988，18：355～361.

[89] Bean R M，et al. Characterization of Biodegraded Coals [C] . Preprints of Papers at the 196th ACS National Meeting Division of Fuel Chemistry. 1988，33 (4)：657～664.

[90] 韩威，佟威，杨海波，等．煤的微生物溶（降）解及其产物研究 [J] ．大连理工大学学报．1994，34 (6)：56～58.

[91] 张明旭，徐敬尧等．真菌的固体溶煤转化研究 [J] ．中国科技论文在线论文，2008，(12) ．

[92] Ziegenhagen D，Hofrichter M. Degradation of humic acids by manganese peroxidase from the white-rot fungus Clitocybula dusenii [J]. J Basic Microbiol，1998，38：289～299.

[93] Hofrichter M，Scheibner K，SchneegaI. Mineralization of Synthesis Humic Substances by Manganese Peroxidase from the White Rot Fungus Nematolont Frowardii [J] . Appl Microbiol Biotechnol，1998，49：584～588.

[94] 杨海波．利用高等真菌降解褐煤及其产物的初步分析 [D]：[学位论文] ．大连：大连理工大学，1992.

[95] 佟威．煤的微生物分解及其产物研究 [D]：[学位论文] ．大连：大连理工大学，1993.

[96] Wilson B W，Bean R M，Franz J A. Microbial Conversion of Low Rank Coal：Characterization of Biodegraded Product [J] . Energy Fuels，1987，1 (1)：80～84.

[97] 王龙贵．煤炭的微生物转化与利用 [M] ．北京：化学工业出版社，2006.

[98] Faison B D，Scott C D，Davison B H. Biosolubilization of Coal

in Aqueous fnd Non-Aqueous Media [J]. Applied biochemistry and Biotechnology，1988，24/25：831～841.

[99] Faison B D. Biological Coal Conversions [J]. Critical Reviews in Biotechnology，1991，1 (14)：347～366.

[100] Klein J，Catcheside D E A，Fokoussa R，et al. Biological Processing of Fossil Fuels，Rsume of the Bioconversion Session of ICCS' 97 [J]. Appl Microbiol Biotechnol，1999，52 (1)：2～15.

[101] Catcheside D E A，Ralph J P. Biological Processing of Coal [J]. Appl Microbiol Biotechnol，1999，52 (1)：16～24.

[102] Klasson K T，Ackerson M D，Clausen E C，et al. Biological Conversion of Coal and Coal-Derived Synthesis Gas [J]. Fuel，1993，72 (12)：1673～167.

[103] Ralph J P，Cacheside D E A. Transformations of Low-rnak Coal by Phanerochaete ChrysosporiumFungi [J]. Fuel Processing Technol，1997，52：79～93.

[104] 杨革．微生物学学习指导 [M]．北京：科学出版社，2007.

[105] 胡卫红，陈有为，李绍兰，等．激光辐照微生物的研究概况 [J]．激光生物学报，1999，8 (1)：66～69.

[106] 杨生玉，卫军，刘宇鹏，等．双向复合磁场在诱变育种中增变作用的研究 [J]．微生物学通报，2003，30 (5)：82～87.

[107] 伍时华，方杰，陈宁．L-亮氨酸高产菌的代谢控制育种 [J]．生物技术通讯，2001，12 (3)：27～31.

[108] 高先富，高年发．丙酮酸高产菌育种原理的研究进展 [J]．微生物学杂志，2003，23 (1)：33～36.

[109] Ferencezy L，Kevei F，Zsolt J. Fusion of fungal Protoplast [J]. Nature，1974，248：793～794.

[110] Pesti M，Konszky E，Polga J，et al. Fifth international protoplast symposium，1979：54.

[111] Hopwood D A，Wright H M，Bill M J，et al. Genetic recombination through protoplast fusion in streptomyces [J]. Nature，1977，268：171～173.

[112] Muralidhar R V，Panda T. Fungal protoplast fusion-a revisit [J]. Bioprocess Engineering，2000，22 (5)：429～431.

[113] 周东坡，张宝国．通过灭活原生质体融合选育啤酒酵母新菌株 [J]．微生物学报，1999，39 (5)：454～460.

[114] 成亚利，朱宝成．荧光标记金针菇原生质体融合 [J]．微生物学通报，1997，24 (6)：331～333.

[115] 彭智华，曾广文．大杯蕈原生质体菌株筛选的研究．园艺学报 [J]．2000，27 (3)：193～197.

[116] 方霭祺，李绍兰．耐热酵母与酿酒酵母原生质体融合的研究 [J]．生物工程学报，1990，6 (3)：224～229.

[117] 林红雨，陈策实，尹光琳．欧文氏菌和棒杆菌的属间融合研究 [J]．微生物学通报，1999，26 (1)：3～6.

[118] Costerton J W. Nutrition and methabolism of marine bacteria [J]．bacteriology，1997，11：1764～1777.

[119] Hopwood D A. Genetic studies with bacterial protoplasts [J]. Ann Rev Microbial，1981，35：237～259.

[120] 王金盛，李春波．电场诱导棘孢小单胞菌原生质体融合 [J]. 生物技术，1998，8 (6)：6～8，13.

[121] 陈五岭，姚胜利．氦氖激光在红霉素链霉菌和龟裂链霉菌灭活原生质体融合中的应用 [J]．光子学报，1998，27 (7)：651～655.

[122] 陈海昌，唐屹，张岭花，等．原生质体融合技术提高啤酒酵母凝絮性的研究 [J]．微生物学通报，1994，21 (4)：213～217.

[123] Richard H. Balt Z. Genetic Recombination by Protoplast Fusion in Streptomyces [J]．Industrial Microbiology & Biotechnology. 2001，22 (4/5)：460～471.

[124] 贺敏霞，史济平，褚志文．诺卡氏菌原生质体融合重组研究 [J]．生物工程学报，1989，5 (4)：303～308.

[125] 林荣团，杨毓芬．天然无抗菌活性链霉菌种间原生质体融合与活性重组体的分离 [J]．生物工程学报，1990，6 (2)：134～139.

[126] 曾洪梅，张震霖．原生质体融合提高农抗武夷菌素的效价 [J]．微生物学报，1995，35 (5)：375～380.

[127] 王金盛，郝德阳．棘孢小单胞菌原生质体的融合育种 [J]．山东大学学报：(自科版) 1999，34 (2)：219～223.

[128] 朱昌雄，李永慧．中生菌素高产菌株的选育 [J]．中国生物防治，1996，12 (1)：15～19.

[129] 庞小燕，王吉瑛．构建直接发酵淀粉产生酒精的酵母融合菌株的研究 [J]．生物工程学报，2001，17 (2)：165～169.

[130] 高年发，王淑豪．酿酒酵母与粟酒裂殖酵母属间原生质体融合选育降解苹果酸强的菌株 [J]．生物工程学报，2000，16 (6)：718～722.

[131] 高玉荣．原生质体融合葡萄酒酵母用于葡萄酒降酸 [J]．酿酒科技，2001，(3)：59～60.

[132] Kumari J, Panda T. Intergeneric hybridization of trichoderma reesei QM9414 and saccharomyces cerevisiae NCIM 3288 by protoplast fusion [J] . Enzyme and Microbial Technology, 1994, 16 (10): 870～882.

[133] 赵华，赵树欣．运用紫外线灭活原生质体融合技术选育高产酯酒精酵母的研究 [J]．酿酒科技，1996，(5)：13～16.

[134] 王昌禄，杜连祥．利用紫外线致死原生质体融合技术选育嗜杀啤酒酵母 [J]．食品与发酵工业，1993，(6)：1～7.

[135] 杜连祥，姜悦．糖化酵母在干啤酒生产中应用的研究（Ⅱ）[J]．食品与发酵工业，1995，(4)：1～5.

[136] 文铁桥，赵学慧．克鲁维酵母与酿酒酵母属间原生质体融合构建高温酵母菌株 [J]．菌物系统，1999，18 (1)：89～93.

[137] 张清文，张素琴．多糖产生菌 T 与 β 胡萝卜素产生菌 C_{1B} 的融合研究 [J]．应用与环境生物学报，1999，5 (2)：195～198.

[138] 韦革宏，陈文新．豌豆根瘤菌与新疆中华银瘤菌原生质体的属间隔合研究 [J]．生物工程学报，2001，17 (5)：534～538.

[139] Jianxiu Y, Pang Y, Mujin T, et al. Highly Toxic and Broad-Spectrum Insecticidal Bacillus thuringiensis Engineered by Using the Transposon Tn917 and Protoplast Fusion [J] . Current Microbiology, 2001, 43 (2): 112～119.

[140] 唐宝英，朱晓慧．硅酸盐细菌和苏云金芽孢杆菌原生质体融合 [J]．生物技术．1998，8 (5)：19～21.

[141] 陈五岭，张芳琳．双亲灭活原生质体融合技术在苏云金杆菌菌种选育上的应用研究 [J]．西北大学学报：（自然科学版）1998，28 (5)：419～422.

[142] 张修军，周启．利用同源菌株融合改良农抗 5102 产生菌：融

合子的检出筛选 [J]. 中国抗生素杂志，1999，24 (2)：93～95.

[143] 王雅平，刘伊强. 利用原生质体融合技术选育防治植物病虫害的基因重组菌株 [J]. 遗传学报，1993，20 (6)：524～530.

[144] 许燕滨，江霞. 高效含氯有机化合物降解工程菌的构建研究 [J]. 重庆环境科学，2001，23 (2)：46～48.

[145] 周德明. 原生原体融合构建高效降解工程菌的研究 [J]. 中南林学院学报，2001，21 (2)：42～46.

[146] 程树培，邓良伟. 光合细菌与酵母原生质体融合子连续发酵豆制品废水研究 [J]. 环境科学学报，1997，17 (3)：372～377.

[147] 程树培，崔益斌. 酿酒酵母与热带假丝酵母融合子多功能性研究 [J]. 环境污染与防治，1995，17 (1)：9～12.

[148] 选煤标准使用手册编委会编，选煤标准使用手册. 中国标准出版社，1999：355～356.

[149] 白浚仁，刘凤歧，等. 煤质分析 [M]. 北京：煤炭工业出版社，1990：381～386.

[150] 煤炭科学研究总院北京煤化学研究所编. 煤炭试验方法标准及其说明. 中国标准出版社，1992：386～399.

[151] 范秀容，沈萍. 微生物学试验 [M]. 北京：人民教育出版社，1981.

[152] 谢克昌. 煤的结构与反应性. 北京：科学出版社，2002：115～117.

[153] 北京大学化学系仪器分析教学组. 仪器分析教程. 北京：北京大学出版社，1997：53～67.

[154] 刘振海，畠山立子 [日]. 分析化学手册第六分册热分析. 北京：化学工业出版社，1994：1～14.

[155] 刘振海. 热分析导论. 北京：化学工业出版社，1991：33～61.

[156] BarrB P，AustSD. Mechanismswhite rot fungiused to degrade pollutants [J]. Environ Sci Techno. l，1994，28 (2)：78～87.

[157] 徐复铭，杨凌霄，周申范，等. 用白腐菌脱除重庆高硫煤中硫的研究 [J]. 煤炭学报，1999，24 (4)：424～428.

[158] Bhaskara，etal. Use of microwave energy for the eradiation of seedborne diaporthe phaseolorum in soybean and its effect on seed

quality [J] . The Journal of Microwave Power and Electrom agnetic Energy, 1995, 30: 199~204.

[159] Prakash A, et al. Assessment of microwave sterilization of food using intrinsic chemical m arkers [J] . The Journal of Microwave Power and Electrom agnetic Energy, 1997, 32: 50~57.

[160] Li Yongquan, He Xiaorong. Studies on the screening of high-yielding Demethylchlorote tracy cline strain by combining laser irradiation with microwave irradiation [J]. Chinese Journal of Biotechnology, 1998, 14 (4): 445~448.

[161] 李永泉. 微波诱变选育木聚糖酶高产菌 [J]. 微波学报, 2001, 17 (1): 51~53.

[162] Gokcay C F, Kolankaya N, Dilek F B, Microbial Solubilization of Lignites [J] . Fuel, 2001, 80: 1421~1433.

[163] 李维, 张义正. 黄孢原毛平革菌原生质体的制备与再生 [J]. 四川大学学报, 2000, 37 (10): 171~174.

[164] Zapanta L S, Tien M. The Roles of veratryl alcohol and oxalate in fungal lignin degradation [J] . Biotechnol. 1998, 64: 93~102.

[165] Buravis S, Gaines A F, et al. The Infrared Spectra of Tertiary Lignites [J] . Fuel, 1970, 49: 180~187.

[166] Gupta. R. K, et al. Biotransformation of Coal by Liginolytic Streptomyces [J] . Microbiol, 1988, 34, 667~674.

[167] Quigley D R, Wey. J. E, et al. the Influence of pH Biological Solubilization of Oxidized Low-rank Coal [J] . Conservation and Recycling, 1988, 1: 163~174.

[168] Huttinger K J, Michentelder A W. Molecular Structure of a Brown Coal [J] . Fuels. 1987, 66: 1164~1165.

[169] Bishop M, Ward D L. the Direct Determination of Mineral Matter in Coal. Fuel [J] . 1958, 37: 191~192.

[170] Quigley D R, Ward B, et al. Effects of Multivalent Cations on Low-rank Coal Solubilization in Alkaline Solubilization and Microbial Cultures [J] . Energy Fuels. 1989, 39 (5): 571~574.

[171] Quigley D R, Ward B, et al. Effects of Multivalent Cations

Found in Coal on Alkali and Bio-Solubilities. Preprints of Papers at the 196th ACS National Meeting Division of Fuel Chemistry [C] 1988, 33 (4): 580~586.

[172] Campbell J A, Stewart D L, et al. Biodegradation of Coal Related Model Compouds [C] Preprints of Papers at the 196th ACS National Meeting Division of Fuel Chemistry, 1988, 33 (4): 514 ~521.

[173] Fakoussa R M, Willmann G. Investigations into the Mechanism of Coal Solubtilisation Liquefaction: Chelators. In: EPRI & US-Dept of Energy Proceedings of Coal [J] . San Diego: Calif, 1990, 23~29.

[174] Fakoussa R M . The Influence of Different Chelators on the Solubilization/liquefaction of Different Pretreated and Natural Lignites [J] . Fuel Process Technol, 1994, 40: 182~192.

[175] Quigley D R, BrecKeridg C R, Dugan P R. Effect of Multivalent Cations Found in Coal on Alkali-and Biosolubilities [J] . Am Chem Soc Div Fuel Chem Prep. 1998, 33: 580~588.

[176] Quigley D R, BrecKeridg C R, Dugan P R. Effect of Multivalent Cations Found in Coal on Low Rank Coal Solubilities in Alkaline Solutions and Microbially Cultures [J] . Energy Fuels. . 1998, 3: 571~575.

[177] Cohen M S, Feldman K A, Brown C S. et al, Isolation and Identification of the Coal-solubilizing Agent Produced by Trametes Versicolor [J] . Appl Environ Microbiol, 1990, 56: 3285~3291.

[178] Dr Pyne J W. Stewart D L, et al. Enzymic Degradation of Low-rank Coals by a Cell-free Enzymic System from Coriolus versicolor [J] . Resources Conservation Recycling, 1988, 1: 185~195.

[179] Spiker J K, Crawford D L, Oxidation of phenolic and non-phenolic substrates by the lignin peroxidase of Streptomyces viridosporus [J] . Appl Microbiol Biotechnol, 1992, 37: 518~523.

[180] Kirk T K, Farrell R L. Lignin Biodegradation Summary Perspectives [J] . Resources Conservation Recycling, 1987, 41: 465 ~505.

[181] Crawford D L, Nielsen E P . Lingin Degradation by

Streptomyces viridosporus Intermediate [J]. Appl Biochem Biotechnol, 1995, 54: 223～231.

[182] Glenn J K, Morgan M A, Mayfield M B et al. An Extracellular H_2O_2 Tequiring Enzyme Preparation Involved in Lignin Biodegradation by the White Tot Basidiomycete Phanerochaete Chrysosporium [J]. Appl Biochem Biophys, 1983, 242: 329～341.

[183] Tien M, Kirk T K. Lignin-degrading Enzyme from the Hymenocete Phanerochaete Chrysosporium Burds [J]. Science, 1983, 221: 661～663.

[184] Hatakka A, Kantelinen A, Tervila W A, et al. Production of ligninases by Phlebiar adists in agitated conditions [J] FEMS microbial Rev, 1987, 3, 335～340.

[185] Didson P J, Evans C S, Harvey P H, et al. Production and properties of an extracellular Peroxidase from Coriolus versicolor which chcatalyses Cα-Cβ cleavage in a lignin midel compound [J]. FEMS Microbial Lett, 1987, 42: 17～22.

[186] Kimura Y, Asada y, Kuwahara M. Milcular analysis of a Bjerkanderra adusta lignin Peroxidase gene [J]. Appl Microbiol Biotechnol, 1991, 35: 510～514.

[187] Hofrichter M, Fritsche W. Depolymerization of low-rank coal by extracellular fungal enzyme system. Ⅱ. The ligniolytic enzymes of the coal-humic-acid-degrading fungus Ne matoloma frowardii b19 [J]. Appl Microbiol Biotechnol, 1997, 47: 419～424.

[188] Duran N, Ferrer I, Rodriguez J. Ligninases from Chtysonilia sitophila (TFB-2744) [J]. Appl Microbiol Biotechnol, 1987, 16: 157～167.

[189] Ruttimann C, Salas L, Cullen D, et al. Ligninolytic enzymes of the white-rot basidiomycete. Phliebia brevispora and Ceriporiopsis subvermispora [J]. Appl Microbiol Biotechnol, 1992, 16: 64～76.

[190] Becker H G, Sintsyn A P Mn-peroxidase from Pleurotus ostreatus theaction on lignin [J]. Biotech nol Lett. 1993, 15: 289～294.

[191] Bonnen A M, Anton L H, Orth A B Lignin-degrading enzymes of commercial button mushroom Agaricus bisporus [J] . Appl Environn Microbiol, 1994, 60: 960～965.

[192] Schneeba B I, Hofrichter M, Scheibner K, et al. Purification of the main manganes peroxidase isoenzyme Mnp2 from the white-rot fungus Nematoloma frowardii [J] Appl Microbiol Biotechnol, 1997, 48: 602～605.

[193] Ziegenhagen D, Hofrichter M . Degradation of humic acids by manganese peroxidase from the white-rot fungus Clitocybula dusenii [J] . J Basic Microbiol, 1998, 38: 289～299.

[194] Gallagher J R, Olson E S, Stanley D C. Microbial desulfurization of dibenzothiophene: A sulfur-specific pamway [J] . FEMS Mrcrobiol. Lett, 1993, 107: 31～36.

[195] Olson E S, Stanley D C, Gallagher J R. Characterization of intermediates in the microbial desulfurization of dibenzothiophene [J] . Energy Fuels, 1993, 7: 159～164.

[196] Lizaina H M, Wilkins L A. Dibenzothiophene sulfur can serve as the sole electron acceptor during growth by sulphate-reducing bacteria [J] . Biotechnol. Lett. , 1995, 17: 113～116.

[197] Armstrong S M, Sankey B M, Voordouw G. . Conversion of dibcnzothiophene to biphenyl by sulphate-reducing bacteria isolated from oil field production facilities [J] . Biotechnol. Lett. , 1995, 17: 1133～1136.

[198] Ohsiro T, Hine Y. Enzymatic desulfurization of dibenzothiophene by acell-free System of Rhodococcus erythropolis D-1 [J] . FEMS Microbiol. Lett. , 1994, 118: 341～344.

[199] Ohsiro T, Kanbayashi Y, Hine Y, Izumi Y. Involvement of flavin coenzyme in dibenzothiophene from degrading enzyme system Rhodococcus erythropolis D-1 [J] . Biosci. Bioteehnol. Biochem, 1995, 59 (7): 1349～1355.

[200] Ohsiro T, Suzuki K, Izumi Y. Dibenzothiophene (DBT) degrading enzyme responsible for the first step of DBT desulfurization by Rhodococcus erythropolis D－1: purification and characterization [J] .

Ferment Bioeng.，1997，83：233～237.

[201] Lei B F，Tu S C. Gene overexpression，purification and idetification of a desulfurization enzyme from Rhodococcus sp. strain IGTS8 as a sulfide/sulfoxide monooxygenase. J. Bacteriol，1996，178：5699～5705.

[202] Xi L，Squires C H，Monticello D J，Childs J D. A flavin reductase stimulates DszA and DszC proteins of Rhodococcus erythropolis IGTS8 in vitro [J] . Biochem Biophys. Res. Commun.，1997，230：73～75.

本书所涉及的研究工作是在安徽理工大学党委书记、博士生导师张明旭教授的精心指导和关心下完成的。从选题、实验研究及专著的撰写、修改和定稿，始终得到导师的悉心指导。导师开阔的眼界、渊博的知识、严谨创新的学风、孜孜不倦的精神和宽厚随和的师者风范使我受益匪浅；在学习、工作等诸多方面给予了我无微不至的关怀，从学习、工作到为人处世都给我很大的影响，他必将成为我今后人生学习的楷模；本人在学业上点点滴滴的进步无不铭刻着导师的关怀厚爱与殷切期望。在此，谨向导师致以崇高的敬意和衷心的感谢。

在研究过程中得到安徽理工大学材料科学与工程学院张东晨教授、闵凡飞教授、刘海增副教授和化学工程学院的王君教授等老师的大力帮助，在此表示衷心的感谢！

对在攻读学位期间给予本人热情关心、大力支持和多方面帮助的领导、同事和朋友们，在此致以衷心的感谢。

特别感谢父母、妻女在我整个研究期间的理解、支持和帮助，从而使得我能够专心致志地从事研究和论著的写作。

感谢国家自然科学基金项目、安徽省教育厅自然科学基金项目及淮南市科技计划项目的资助。

作者愿借此机会向本书所引用文献的作者们表示衷心感谢。

徐敬尧

2011 年 10 月 28 日